APEC

THE FIRST APEC LOW-CARBON MODEL TOWN
—— YUJIAPU FINANCIAL DISTRICT LOW-CARBON INDEX SYSTEM RESEARCH

首例低碳示范城镇

——于家堡金融区低碳指标体系研究

于家堡低碳示范城镇指标体系课题组 著

中国建筑工业出版社
CHINA ARCHITECTURE& BUILDING PRESS

图书在版编目（CIP）数据

APEC首例低碳示范城镇——于家堡金融区低碳指标体系研究 / 于家堡低碳示范城镇指标体系课题组著. — 北京：中国建筑工业出版社，2014.10
ISBN 978-7-112-17169-9

Ⅰ. ①A… Ⅱ. ①于… Ⅲ. ①节能—生态城市—城市建设—研究—天津市 Ⅳ. ①X321.221.3

中国版本图书馆CIP数据核字（2014）第226502号

责任编辑：李　鸽
书籍设计：肖晋兴
责任校对：陈晶晶　党　蕾

APEC首例低碳示范城镇
——于家堡金融区低碳指标体系研究
THE FIRST APEC LOW-CARBON MODEL TOWN
——YUJIAPU FINANCIAL DISTRICT LOW-CARBON INDEX SYSTEM RESEARCH

于家堡低碳示范城镇指标体系课题组　著

*

中国建筑工业出版社出版、发行（北京西郊百万庄）
各地新华书店、建筑书店经销
北京晋兴抒和文化传播有限公司制版
北京缤索印刷有限公司印刷厂印刷

*

开本：880×1230毫米　1/16　印张：$19^1/_2$　字数：359千字
2015年2月第一版　2015年2月第一次印刷
定价：172.00元
ISBN 978-7-112-17169-9
(26061)

编委会和课题组人员名单

序

2014年是亚太经合组织中国年。2014年11月在北京召开的亚太经合组织（APEC）第二十二次领导人非正式会议，成为推动亚太区域一体化的历史性盛会，取得了载入亚太经合组织史册的历史性成果。会议通过了《北京纲领：构建融合、创新、互联的亚太——亚太经合组织领导人宣言》、《共建面向未来的亚太——亚太经合组织成立25周年声明》，秉承亚太经合组织“相互依存，共同利益，坚持开放”的宗旨，共建面向未来的亚太伙伴关系；会议批准了《亚太经合组织推动实现亚太自由贸易区路线图》，决定启动亚太自由贸易区进程；会议批准了《亚太经合组织互联互通蓝图》，确立了2025年前实现加强软件、硬件和人员交流互联互通的远景目标；会议决定实施全球价值链、供应链合作倡议，批准上海设立示范电子口岸网络运营中心，天津设立绿色供应链合作网络示范中心等。

天津市全面推进改革开放、经济建设和社会发展，充分发挥市场在资源配置中的决定性作用和更好发挥政府作用，推动经济发展和转型升级。综合利用法律、市场、科技和行政手段，组织实施科学开发和有效利用能源资源、防治大气污染和加强环境保护等规划和方案，环保节能降耗减排工作取得了显著成效。天津从2008年开始规划建设于家堡金融区，基于对人口、资源、环境关系的认识，致力于打造“低碳于家堡，智慧金融区”。2010年6月在日本福井举行的亚太经合组织第九届能源部长会议，确定“于家堡金融区为APEC首例低碳示范城镇”。

天津滨海新区中心商务区管委会和天津新金融投资有限责任公司组织实施于家堡金融区低碳示范城镇建设，包括低碳建筑、低碳能源、低碳交通、低碳系统管理、低碳公共服务及低碳设施设备等规划、方案、标准和导则。天津新金融投资有限责任公司组织编制《于家堡低碳示范城镇指标体系》，已于2014年5月在昆明举行的APEC能源工作组会议上发布，并在亚太经合组织部分成员中推广和应用。这一指标体系确定了总体目标、思路理念和发展愿景等总体架构，明确了规划设计、建筑安装和运营管理等程序内容，编制了基准、标准和工程学、方法学等技术规范，规定了总体规划、分步实施和实现路径等工作方法，是于家堡金融区低碳建设和绿色发展的指导，是学习借鉴世界各国成熟经验的成果，是亚太经合组织推动共同绿色增长目标的范例。

2012年12月，中国环境与发展国际合作委员会（国合会）批准天津开展“绿色供应链试点”。天津市同时组织实施于家堡金融区低碳示范城镇建设和绿色供应链试点，制定和推行绿色政府采购办法、绿色设备评价标识管理办法、绿色建筑材料评价标准、绿色建筑设备评价标准、绿色住宅生产标准以及绿色冶金产品标准等，绿色供应链试点取得了积极成果。亚太经合组织（APEC）第二十二次领导人非正式会议通过的《领导人宣言》称：“我们积极评价亚太经合组织绿色发展高层圆桌会议及《亚太经合组织绿色发展高层圆桌会议宣言》，同意建立亚太经合组织绿色供应链合作网络。我们批准在中国天津建立首个亚太经合组织绿色供应链合作网络示范中心，并鼓励其他经济体建立示范中心，积极推进相关工作。”亚太经合组织建立绿色供应链合作网络天津示范中心，旨在制订国际规则、建立国际标准、加强国际合作，促进绿色生产、绿色贸易和绿色发展。

天津市高度重视并积极推进于家堡金融区低碳示范城镇建设和绿色供应链合作网络天津示范中心建设，国家有关部门和亚太经合组织支持指导，国内外专业机构和专家学者共同参与，天津新金融投资有限责任公司组织实施，天津市新金融低碳城市设计研究院、天津绿色供应链中心承担任务，不仅取得了首批可供复制推广的成果，而且具备了建立国际合作网络的基础。我们期待着亚太经合组织成员和社会各界继续支持和共同参与亚太经合组织于家堡金融区低碳示范城镇建设和亚太经合组织绿色供应链合作网络天津中心建设，探索城市化、工业化、现代化的低碳建设和绿色发展方式，减少自然资源消耗和温室气体排放，共同建立新的生产方式和生活方式。

2015年1月15日

目录

绪论

1. 研究背景

自2006年7月，国务院批复天津的城市建设定位为中国北方金融中心。于家堡金融区便是天津市落实国务院关于把天津滨海新区建设成为全国综合配套改革试验区，在金融领域的各个方面开展先行先试的一个载体。滨海新区（图1粉色区域）位于天津东部沿海地区，环渤海经济圈的中心地带，总面积2270平方公里。于家堡金融区（图1紫色区域中的红色圆点部位及图2红色口袋状区域）位于滨海新区中心商务区（图1滨海新区内部紫色区域）的核心地带，坐落于海河北岸，东、西、南三面环水，有着良好的滨水景观优势，与上海浦东陆家嘴金融区的环境特点十分相似。于家堡金融区占地面积3.86平方公里，规划120个地块，总建筑面积达到970万平方米，建成后将是目前世界最大的金融区，并且是一个集市场会展、现代金融、城际车站、酒店会议中心、行政服务中心、滨河公园和中央大道等于一体的超大规模国际级的金融区（图2）。

图1 天津滨海新区区位图

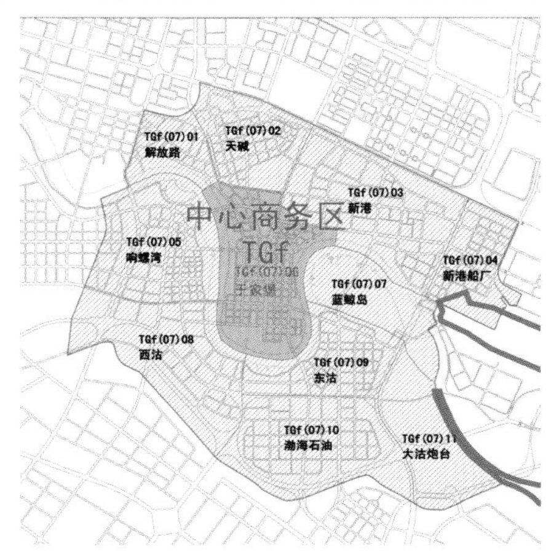

图2 于家堡区位图

2010年6月19日，第九届APEC能源部长会议在日本横滨举行，会议通过了中日两国政府提出的启动“APEC低碳示范城镇项目”的议题，并确定于家堡金融区为首例APEC低碳示范城镇。

2010年11月，胡主席在日本横滨举行的APEC领导人非正式会议上发表讲话时提到了“加强低碳城镇示范项目合作，促进节能减排和提高能效领域合作”，于家堡低碳示范城镇被外交部列为胡主席参加本次会议的三大成果之一。

在第十九次APEC领导人峰会宣言中，首次强调“将低排放发展战略整合至我们的经济成长计划，将努力促进这一计划的实施，包括建立低碳模范城镇等项目”。

张高丽在中共天津市第十次党代会报告中提到“推进国家循环经济示范试点城市、国家低碳城市试点和于家堡金融区亚太经合组织首个低碳示范城镇建设”。

在此之后，于家堡进行了广泛而深入的研究，取得了显著的成果，从城市的角度，系统地研究减排的措施、手段和技术路线，形成细化的指标体系，带动于家堡金融区低碳城镇建设，把于家堡金融区建设成为在全国具有领先地位和独具特色的低碳智慧金融创新基地。

2. 研究意义

于家堡金融区低碳城镇指标体系的建立具有非常重要的现实意义，目前国内还没有类似的针对金融CBD的系统化碳排放控制指标体系。于家堡建设刚刚起步，指标体系对全过程控制意义重大，是实现总体减碳目标的保证，并能指导于家堡的低碳规划、建设，对低碳示范城镇进行量化约束。于家堡低碳城镇指标体系能够使于家堡在高密度金融CBD新城建设中推动区域低碳发展，从低碳、智慧、金融三个方面为新型CBD建设提供探索与示范。对于APEC而言，也能向各成员国展示中国低碳城市示范的先进性。

于家堡金融区指标体系是引领金融区朝着低碳城镇建设目标的重要抓手，是低碳城镇建设和管理的基准。同时，于家堡低碳城镇指标体系有助于树立于家堡低碳品牌，形成无形资产，以低碳理念奠定金融创新基地的基础，形成天津低碳理念、技术、管理及文化的超前竞争力。它为金融区的规划、建设和管理提供指导并控制实施，同时也是衡量于家堡金融区建设成效的重要标尺。此外，于家堡低碳城镇指标体系也将为于家堡申请国家绿色生态示范城区创造条件。

3. 研究思路

于家堡金融区低碳城镇研究通过排放清单研究确立低碳目标，针对于家堡城市定位及特色进行低碳路径及模式研究，然后制定低碳指标体系，对于家堡减碳重点领域进行专项研究，最终形成低碳城市的实施方案（图2）。

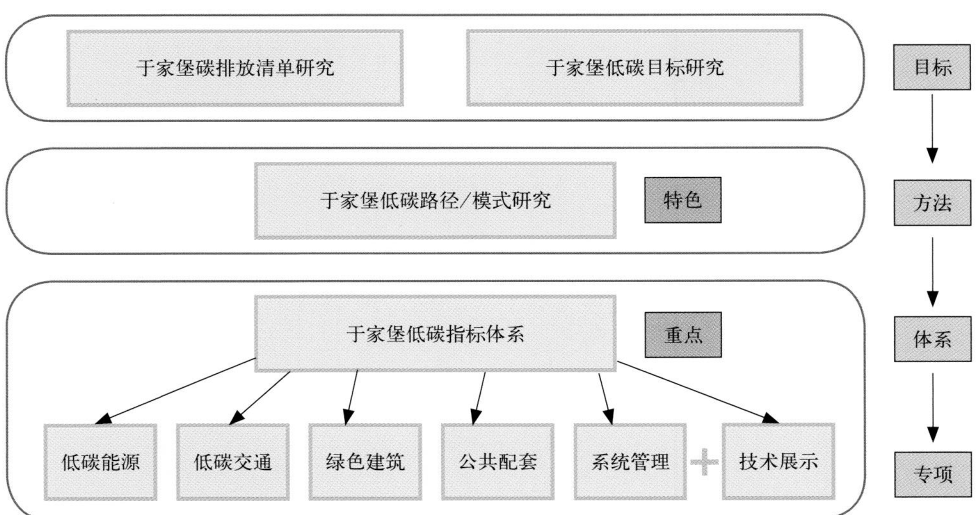

图2 于家堡金融区低碳城镇研究思路

于家堡金融区低碳城镇指标体系研究内容与核心研究成果，详见图3。

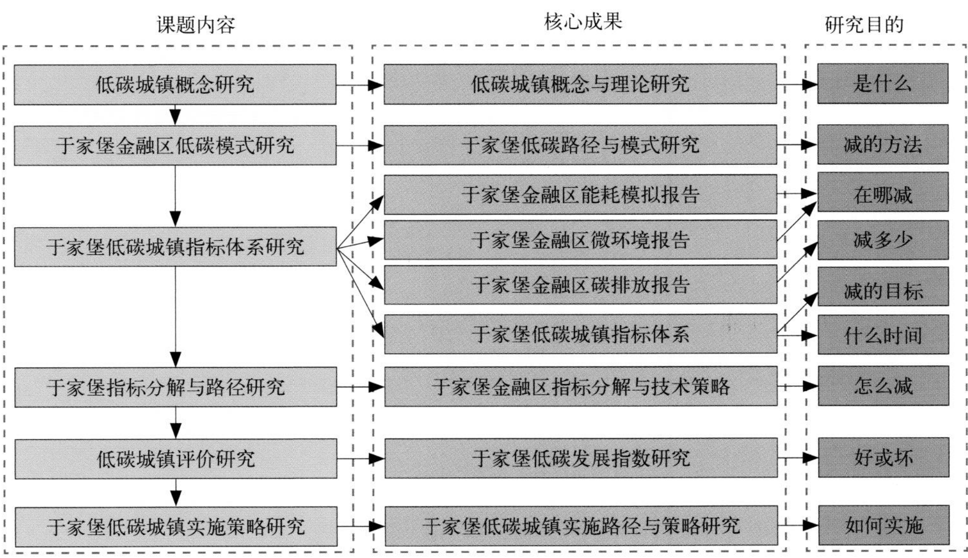

图3 于家堡金融区低碳城镇研究内容

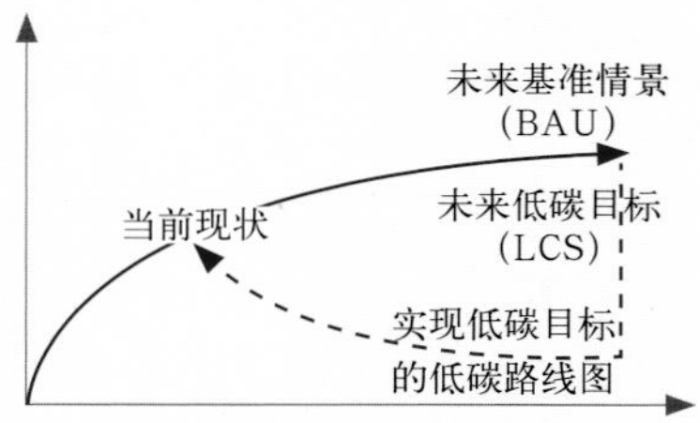

图4 反溯法示意图

（图片来源：蔡博峰. 低碳城市规划[M]. 北京：化学工业出版社.2011：65.）

4.研究方法

本报告确定于家堡金融区减碳目标的方法是反溯法，反溯法的核心是：首先根据某种期望目标建立可行和合理的场景；其次由未来场景反推到现实系统，找到实现最佳场景的途径和方法（图4）。

在研究于家堡地区2020年及2030年的低碳城市发展目标时，我们对于家堡地区的经济增长与二氧化碳的关系采用了相对情景分离的分析方法。

在进行于家堡城镇温室气体清单编制时采用的是以排放为中心的IPCC和WRI/WBCSD温室气体排放模型方法。在进行碳排放量化研究时采用的是排放因子法。

在进行于家堡低碳城镇指标体系的研究时，我们采用了个案研究法、频率排序法、问题导向法、比较分析法、德尔菲法、专题研讨会。

在进行于家堡低碳城市综合指数研究时采用了德尔菲法、层次分析法与鉴别力分析法。

5.技术路线

课题研究在前期进行了大量的资料收集、理论研究与调研工作，通过国内外理论的分析研究，界定低碳城镇的概念及减排控制要素，通过大量的低碳城镇案例经验建立低碳城镇指标数据库。后期主要针对于家堡区域特征，估算其城镇碳排放情况，确定其减碳目标及关键低碳指标，通过单一指标分解确定其减碳路径及策略，通过于家堡低碳综合指数研究确定其低碳城镇建设成效的评价体系。

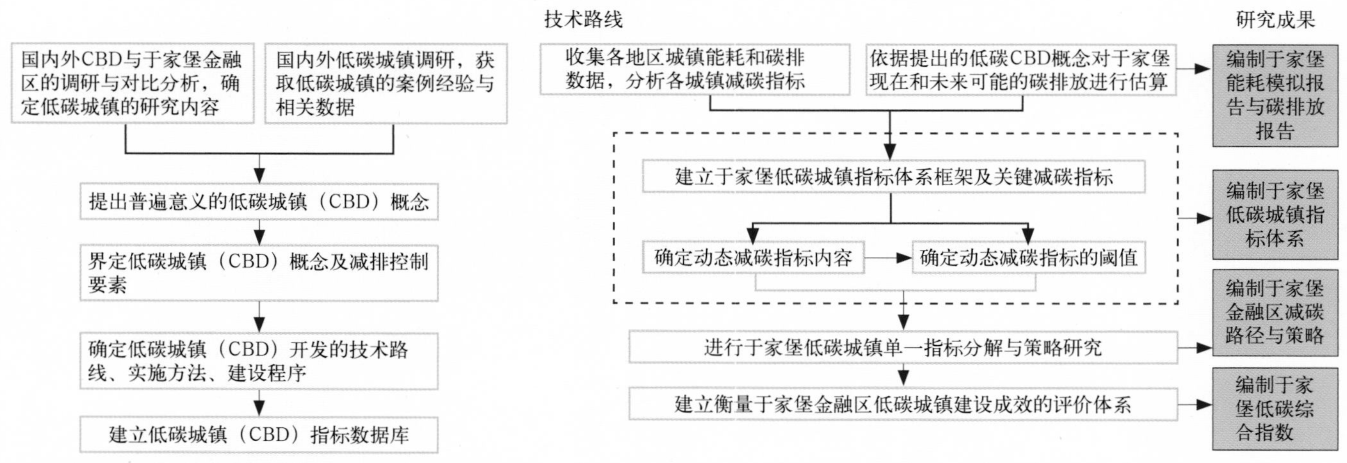

图5 于家堡金融区低碳城镇指标库建立的技术路线图

图6 于家堡金融区低碳城镇指标体系研究的技术路线图

6.研究框架

于家堡低碳示范城镇指标体系研究内容主要包括前期背景研究、于家堡低碳发展研究、指标体系研究、于家堡低碳城镇指标体系研究、指标分解与实施路径研究几部分的内容，详见图7。

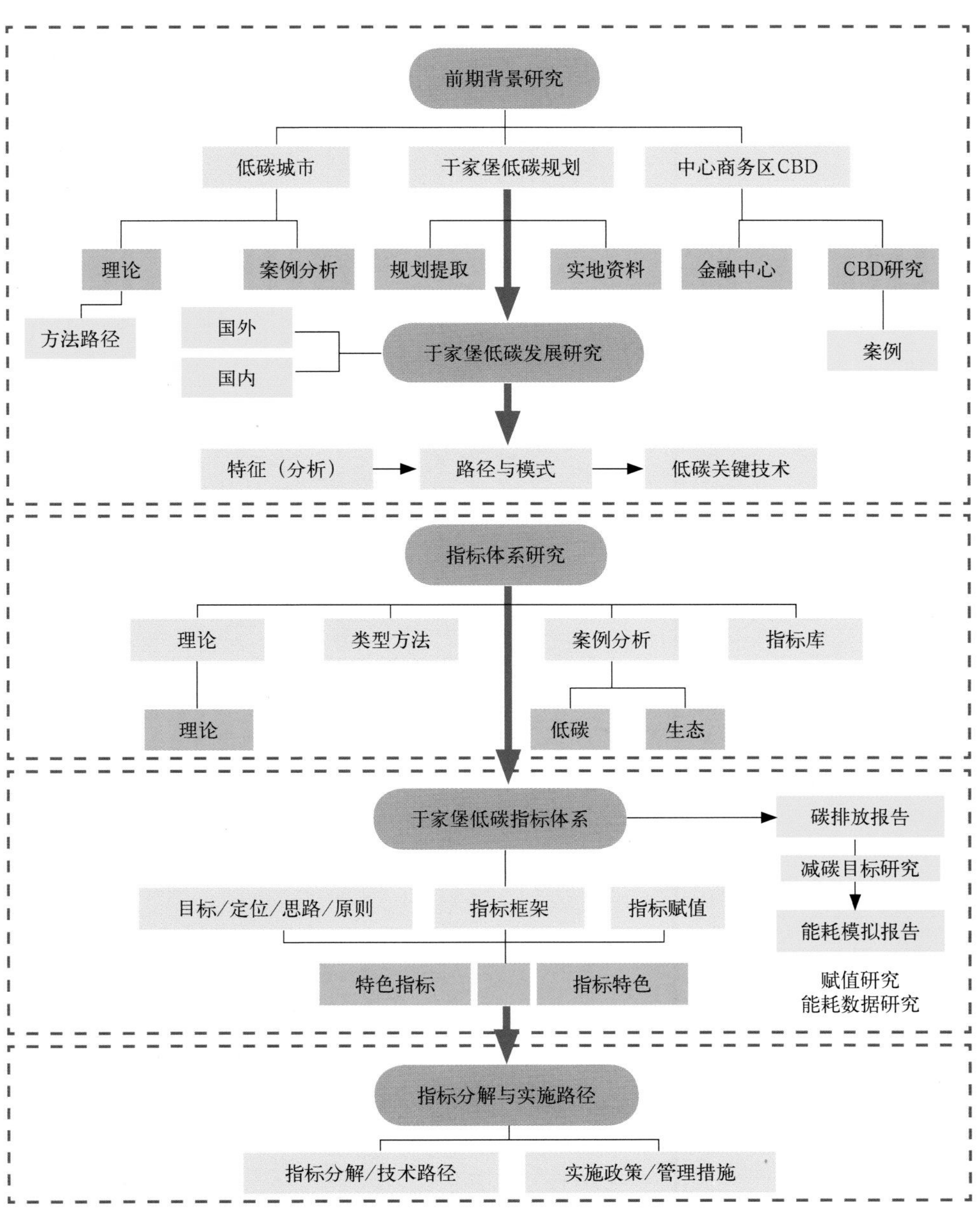

图7 于家堡金融区低碳示范城镇指标体系研究框架图

7.工作过程

于家堡低碳城镇指标体系的研究过程如表1所示：

于家堡低碳城镇指标体系研究工作过程 表1

日期	工作内容
2012年09月	低碳院与天津新金融投资有限公司签约，指标体系课题正式启动
2012年09月～10月	开展低碳城市理论研究与资料收集、研读与分析
2012年11月	开展于家堡低碳城市构建的思路研究工作
2012年12月	开展于家堡碳排放清单研究工作
2013年01月～02月	开展于家堡减碳目标研究工作
2013年03月～04月	开展于家堡低碳路径与模式研究工作
2013年05月～06月	进行于家堡金融区低碳示范城镇指标的筛选、赋值，开始编制初始指标体系
2013年07月～08月	发出调查问卷，收集反馈信息，对初始指标体系及其赋值进行专向调研、讨论与研究，并编制完成中期报告
2013年8月12日	邀请天津市规划院、天津大学环境科学学院、天津大学建筑学院等单位的专家进行中期报告评审
2013年8月21日	邀请北京市城市规划设计研究院、北京中创碳投有限公司、北京御道工程咨询公司等单位的专家进行中期报告评审
2013年9月7日	邀请国家发展和改革委员会能源研究所能源效率中心、清华大学建筑学院、弘达交通顾问有限公司、日建公司、浙江省农科院等多家机构的专家进行中期报告评审
2013年10月～12月	根据专家意见对中期报告进行修改和完善，形成简版的中期报告
2014年01月～02月	完成于家堡金融区低碳示范城镇指标体系终期研究报告初稿的编写
2014年03月～04月	邀请美国、澳大利亚、加拿大、新加坡、泰国、韩国、越南等APEC专家进行网上评审，并根据专家意见对终期报告进行修改
2014年05月19日	于云南昆明APEC第47届能源工作组会议上发布于家堡低碳示范城镇指标体系研究报告

第一章

低碳城市与低碳金融区研究

1.1 低碳城市的发展与理论

1.1.1 低碳城市的概念

1.1.1.1 定义

低碳城市是在全球气候变化以及能源不断出现危机的背景下提出的。随着21世纪90年代西方国家率先倡议和发起“气候保护运动”，以及IPCC组织成立和关注气候变化国际会议的陆续召开，尤其是1997年《京都议定书》对发达国家碳减排任务的提出，到2003年英国政府发布了《我们能源的未来：创建低碳经济》白皮书，以政策制定者的姿态首次提出“低碳”一词，在低碳相关理论研究的支撑下，越来越多的城市将“低碳城市”定位为城市发展目标。低碳城市到目前为止世界各国都没有给出确切定义，以下是国内外学者和组织机构对其给出的不同侧重的概念释义。

低碳城市的概念理解和比较　　表1.1

提出者	概念描述	重点/角度
世界自然基金会[1]	在经济高速发展的前提下，保持较低水平的能源消耗和二氧化碳排放	经济—能源—碳排放（角度：城市经济）
气候组织[2]	在城市内践行低碳经济，实现城市的低碳排放，甚至是零排放	经济—碳排放（角度：碳排放）
中科院[3]	以城市空间为载体，发展低碳经济，实施绿色交通，兴建绿色建筑，转变居民消费观念，创新低碳技术，从而达到最大限度地减少温室气体排放的城市	城市—经济—交通—建筑—观念—技术—碳排放（角度：碳排放）
付允等[4]	在城市发展低碳经济，创新低碳技术，改变生活方式，最大限度减少城市的温室气体排放，彻底摆脱以往大量生产/大量消费和大量废弃的社会经济运行模式，形成结构优化/循环利用/节能高效的经济体系，形成健康/节约/低碳的生活方式和消费模式，实现城市的清洁/高效/低碳和可持续发展	经济—技术—生活方式—生产模式—消费模式—发展（角度：城市发展）
戴亦欣[5]	是通过消费理念和生活方式的转变，在保证生活质量不断提高的前提下，有助于减少碳排放的城市建设模式和社会发展方式	消费理念和生活方式—生活质量—碳排放—城市发展（角度：由人的转变至社会的发展）
顾朝林[6]	城市经济以低碳产业为主导模式，市民以低碳生活为理念和行为特征，政府以低碳社会为建设蓝图的城市；目标一是通过自身低碳经济发展和低碳社会建设，保持能源的低消耗和二氧化碳的低排放；另一方面是通过大力推进以新能源设备制造为主导的“降碳产业”的发展，为全球二氧化碳减排作出贡献	低碳产业/低碳生活/低碳社会/能源消耗/新能源设备制造的降碳产业（角度：市民—政府—经济）

由上表可见，国内外组织或学者定义低碳城市多从经济、社会、能源、碳排放等角度强调生产方式、生活方式的转变，通过低碳理念的贯彻和能源、交通、建筑

1　CCICED—WWF.RePortonEcologicalFootPrintinChina[EB/OL][R]. httP://Www.FootPrintnetwork.org/

2　ClimateChange2007—TheFourthIPCCAssessmentRePort[R/OL].httP://www.iPcc.ch/Publications_and_data.

3　中国科学院可持续发展战略研究组.中国可持续发展战略报告——探讨中国特色的低碳道路[R].北京:科学出版社，2009

4　付允，汪云林，李丁.低碳城市的发展路径研究[J].科学对社会的影响，2008，2:5-10.

5　戴亦欣.中国低碳城市发展的必要性和治理模式分析9[J].中国人口·资源与环境，2009，19(3):12-1

6　顾朝林，谭纵波，韩春强，等.气候变化与低碳城市规划[M].南京:东南大学出版社，2005:16.

和技术等方面的实施路径，实现城市的低碳排放。

由此，低碳城市可定义为：在保证生活质量不断提高的前提下，以低碳经济为主导模式、以低碳生活为理念和行为特征，来进行低碳环境和低碳社会建设，有效减少碳排放和人类活动碳足迹，保持碳排放指标持续或维持在低水平，从而促进城市的全面协调可持续发展。

1.1.1.2 低碳城市的内涵

低碳城市的定义可以体现出其如下三个方面内涵的内容。

（1）温室气体排放量的减少是低碳城市的基本目标

低碳城市作为继生态城市后最新提出的城市发展方向，正是把生态城市中宏观的环境生态愿景更为具体直接地落实到可量化的温室气体排放因子中。低碳城市概念的提出就是要解决石化能源紧张和温室气体排放的问题。通过目标的设定，指标体系的设计以及城市建设的落实和有效管理，在减源增碳的策略下实现降低温室气体的排放量，达成低碳城市的目标。在把二氧化碳减排作为低碳城市发展的目标，选定减排的衡量指标和具体减排领域将是城市管理者具体需要考量的重点。根据具体城市的资源禀赋和发展特点，选取衡量指标可以是人均二氧化碳排放量或地均二氧化碳排放量或单位GDP的二氧化碳排放量等。

（2）低碳经济是城市发展的支撑

与传统的经济模式不同的是，低碳经济遵循“资源—产品—再生资源”的物质循环方式，克服了传统的经济模式的“资源—产品—废物”的物质流动方式[1]，这使得低碳经济注重于资源能源的合理限度的投入、产品的较高水平的产出以及碳排放水平的较低的排放。这要求政府在处理与市场的关系上，在低碳理念倡导下，通过政策引导和市场调节作用下，发展低能耗，低污染的以清洁生产机制为核心的低碳生产，通过以城市合理规划产业布局为核心的低碳管理，通过以满足生态需要为核心的低碳消费和生活方式，实现低碳城市目标推进低碳城市发展。

（3）低碳生活方式是低碳城市社会可持续发展的源泉

城市的发展离不开人的创造性的消费行为。低碳的消费理念影响着人们日常的生活方式，低碳的生活方式应以满足生态需要为前提，注重消费的合理性，摒弃高消费，不合理消费、铺张浪费，通过消费行为的低碳化提高消费的可持续性，促进低碳城市社会可持续发展。

1 卢婧，中国低碳城市建设的经济学探索[D].吉林：吉林大学.2013

1.1.1.3 基本特征

从低碳城市的定义可知低碳城市是要保持碳排放指标持续或维持在一个低的水平，这也体现了低碳城市最基本的特征，即可测度性。纵观国内外的低碳城市案例，但凡一个城市在以低碳发展为目标框架下，都提出了总的减碳指标并分解至各个可测度的指标中。一般地，在我国定义一个城市为低碳城市[1]，都认为它应满足1）人均二氧化碳排放量低于全国同类城市排放量平均水平；2）地均二氧化碳排放量低于全国同类城市平均水平；3）单位GDP的二氧化碳排放量低于全国“100强”城市平均水平；4）该城市的人类发展指数（HDI）高于0.8。在实现途径上，可以是多样的，但一般都是在设定一个基准上通过“碳审计”方法对各个实施路径上的碳排放指标进行测定衡量。

1.1.1.4 低碳城市和生态城市、碳中和城市辨析

从发展过程上，生态城市在1971年联合国教科文组织在人与生物圈计划中正式提出的，是基于生态学原则建立的涉及环境说、理想说和系统说的复杂生态系统。[2] 低碳是在2003年英国在其能源白皮书《我们未来的能源：创建低碳经济》中首次提出的，是在全球气候变化的宏观背景下，指向资源与能源的高效利用、降低城市活动产生二氧化碳机会的共同作用领域和纵深化发展平台，是对生态城市在实现议程上的现实而有力的推动。若按照2006年新牛津英语字典收录“碳中和”为碳中和城市概念的正式提出的话，碳中和城市的发展也就是近几年的事，它是随着碳交易体系的逐渐成熟而慢慢发展起来的。

如前文所述，低碳城市是指在保证生活质量不断提高的前提下，以低碳经济为主导模式、以低碳生活为理念和行为特征，来进行低碳环境和低碳社会建设，有效减少碳排放和人类活动碳足迹，保持碳排放指标持续或维持在低水平，从而促进城市的全面协调可持续发展。

生态城市是指是一种趋向尽可能降低对于能源、水或是食物等必需品的需求量，也尽可能降低废热、二氧化碳、甲烷与废水的排放的城市（联合国教科文组织）。

碳中和城市[3]是在碳中和的理念下在城市框架范围内实现碳中和的城市。英国标准协会定义碳中和为“标的物相关的温室气体排放，并未造成全球排放到大气中的温室气体产生净增量”。它是在降低碳排放量基础上，通过碳补偿机制购买碳信用抵消无法减少的碳排放量达到碳中和。

公开提出碳中和城市的有丹麦哥本哈根（计划在2025年实现碳中和城市）、

---

1 蔡博峰. 低碳城市规划[M].北京：化学工业出版社.2011.

2 仇保兴.兼顾理想与现实：中国低碳生态城市指标体系构建与实践示范初探.[M].北京：中国建筑工业出版社.

3 邓明君，罗文兵，尹立娟. 国外碳中和理论研究与实践发展述评.[J].资源科学.2013, 35(5):1084-1094.

德国弗莱堡、加拿大温哥华和道森克里克市（2012年成为碳中和城市）、澳大利亚布里斯班（目标是2026年成为碳中和城市）等。各国的策略主要是植树和生物能、太阳能、风力、地热等可再生能源使用和碳交易机制。

从字面上，生态城市强调的是城市生态功能，城市与自然生态的各方面关系，注重城市的宜居性和系统性，人与自然的和谐共生。低碳城市强调的是城市低碳化的发展，减少城市碳排放提高碳汇，注重城市低碳经济（低碳技术）、低碳社会和低碳的消费理念。碳中和城市强调的是碳排放后与碳汇的中和。

从涵括范围上，生态城市涵盖的范围广于碳中和城市和低碳城市。生态城市包括人、自然、社会最宏观的城市层面的大生态系统。低碳城市包括资源、能耗能效、人的消费行为和观念、城市建筑交通规划等具有中观层面上的策略和措施，目标直接和明确。碳中和城市则是在低碳化的发展过程中强调在城市范围内的碳汇中和，涵盖内容大于低碳城市。

从以上层面来看，低碳城市的发展可以认为是更现实，更实际，目标指向更明确。

1.1.2 低碳城市的理论研究和发展现状

1.1.2.1 国内外低碳城市理论研究

国内外学者对低碳城市理论的研究可认为是从城市碳排放、城市规划和土地以及城市建设等的三个角度进行理论的充实和发展的（表1.2）。

国内外低碳理论比较 表1.2

理论	主要内容	研究角度
世界自然基金会（WWF）“CIRCLE”[1]	发展紧凑型城市以遏制城市蔓延、倡导负责任的个人消费行动（Individual）、减少资源消耗的潜在影响（Reduce）、减少因消耗能源而产生的碳足迹（Carbon）、保持土地的生态和碳汇功能（Land）、提高能效和发展循环经济（Efficiency）	城市建设
Jenny Crawford和Will French[2]	降低城市碳排放的关键是增加城市规划的科学性，通过优化城市空间布局减少居民生活的碳排放量	城市规划
美国布鲁金斯学会[3]	城市碳排放中来自建筑物的碳排放平均约占39%，来自交通工具的碳排放平均约占33%，来自工业生产的碳排放平均约占28%	城市碳排放
英国学者普雷斯科特[4]	英国80%的化学燃料是由建筑和交通消耗的，城市是最大的二氧化碳排放者	城市碳排放
W.K Fong[5]	城市土地的使用强度增加和混合的土地开发策略可以降低交通碳排放；紧凑的城市增加了集中供热、集中制冷和热电联产的效率，减少了建筑碳排放	城市规划和土地研究

1 CCICED——WWF.RePorton EcologicalFootPrintinChina[EB/OL][R]. httP://Www.FootPrintnetwork.org/

2 Jenny Crawford, Will French. A Low-carbon Future: Spatial planning's Role in Enhancing Technological Innovation in the Built Environment [J]. Energy Policy, 2008, (12):4575-4579.

3 Brookings. Bluepmat for Ameriean ProsPerity. 2008.

4 普雷斯科特.低碳经济遏制全球变暖——英国在行动[J].环境保护, 2007, (11):74.

5 Wee-Kean Fong. Energyonsumption and Carbon Dioxide Emission Considerations in the Urban planning Process [J]. Energy policy 2007, (11):3665-3667.

续表

理论	主要内容	研究角度
赵鹏军[1]	紧凑城市形态能有效抑制交通能耗和碳排放增长;TOD是区域综合交通发展的最优目标模式;超高密度对于减少碳排放具有负面影响	城市规划
叶祖达[2]	①城市发展远景和减排目标;②城市发展战略政策;③土地利用/总体规划;④详细规划及规划许可;⑤城市设计及绿色建筑设计等五阶段组成的城市规划“无碳化”综合决策框架	城市规划
顾朝林[3]	“低碳城市—低碳社会—全球气候变化”之间的科学问题联结。包括①低碳城市规划理论框架及技术和数据支持系统研究。②低碳城市总体规划创新研究，其中包括“城市设计低碳编制技术创新研究”。③低碳城市专项规划创新研究，其中包括低碳城市生活模式、能源系统、交通与物流系统以及扩大碳汇系统等研究。④低碳城市规划技术方法和指标体系研究。⑤低碳城市规划制度建设与实施机制研究	城市规划
戴亦欣[4]	城市经济以低碳产业和低碳化生产为主导模式、市民以低碳生活为理念和行为特征、政府以低碳社会为建设蓝图的城市	城市经济
诸大建[5]	城市的经济增长与碳排放量相脱钩，从经济活动的进口、转化、出口这三个环节入手降低碳排放，相对应的措施是使用低碳能源，发展低碳生产和增加碳汇	城市经济

1.1.2.2 低碳城市技术路径与实现途径

1.低碳城市的技术路径

从国内外低碳城市理论研究来看，世界自然基金会（WWF）提出低碳城市的技术路径可遵循“CIRCLE”原则，即发展紧凑型城市以遏制城市蔓延（Compact）、倡导负责任的个人消费行动（Individual）、减少资源消耗的潜在影响（Reduce）、减少因消耗能源而产生的碳足迹（Carbon）、保持土地的生态和碳汇功能（Land）、提高能效和发展循环经济（Efficiency）。国内低碳城市技术路径研究的成果包括：紧凑城市形态能有效抑制交通能耗和碳排放增长；TOD是区域综合交通发展的最优目标模式；超高密度对于减少碳排放具有负面影响；低碳城市形态的主要特征是高密度、高容积率、高层的“紧凑型城市”。许多学者提出通过提高土地利用密度、混合使用，增加土地利用及交通整合、推动就业与住房平衡，强调公交引导的土地开发模式等综合议题框架。

从低碳城市总体规划角度，低碳技术无外乎减少碳排放和增加城市地区自然固碳两个方面，主要从城市整体的形态构成、土地利用模式、综合交通体系模式、基础设施建设以及固碳措施等方面来考虑。通过低碳城市整体形态研究，从而得出不同于以往的城市空间形态。低碳城市土地利用形式和结构研究。低碳城市道路系统规划研究，包括模式的相互配合（比如TOD）、公共交通、轨道交通以及多种选

1 赵鹏军.城市形态对交通能源消耗和温室气体排放的影响——以北京为例[D].北京:北京大学，2010.

2 叶祖达.城市规划管理体制如何应对全球气候变化[J].城市规划，2009，33(9):31-3.

3 顾朝林，谭纵波，韩春强，等.气候变化与低碳城市规划[M].南京:东南大学出版社，2005:16.

4 戴亦欣.中国低碳城市发展的必要性和治理模式分析[J].中国人口·资源与环境，2009，19(3):12-17

5 诸大建主编.生态文明与绿色发展[M].上海:上海人民出版社，2008:213，206.

择的交通。低碳城市交通系统规划包括慢速交通系统规划、公共交通系统规划、高效高速交通系统规划，及通过规定私人汽车碳排放标准，限制城市私家车作为交通工具。除此之外，将低碳居民生活模式纳入城市规划体系非常必要。低碳城市生活模式研究主要包括：（1）低碳生活行为规律研究；（2）低碳生活消费模式研究；（3）碳预算生活方式研究。

在低碳城市概念框架研究上，低碳城市技术路径可从四个方面进行确定：源头——减量排放；过程——循环利用；终端——废物资源化；循环——可持续利用的碳排放与城市运行关系链。在具体技术路径选择上，不同地区、不同规模、不同发展阶段的城市还应确定分区引导原则，包括发展理念、政策保障、行为模式等三大方面以及低碳产业、能源利用、水资源利用、城市规划、低碳社区、绿色建筑、绿色交通、生态基础设施、废弃物处理、数字城市等技术领域。

从碳排放机制研究来看，低碳城市的技术路径包括：确定合理的人口规模、建筑密度、规划紧凑型空间布局、城市功能混合利用，从而达到高效、集约利用土地。在产业发展方面，主要是产业结构调整，通过节能减排、清洁生产和循环经济工作的开展，挖掘节能减排潜力，提高资源和能源利用效率，建立生态产业体系，实现物质和能源的高效循环利用，减少对外部环境的依赖，以循环经济模式引导城市发展。对于交通模式主要是交通结构和交通管理。基础设施方面，主要是发展热电联产，城镇生活垃圾和污水的集中处理处置，提高市政管网覆盖率，优化和完善市政基础设施，使其规模化发展以集约利用资源能源。能源利用主要关注能源结构和能源消耗。从低碳城市的能源路径研究来看，低碳城市技术路径包括3个维度：使用低碳能源（decarburization）、分散产能（decentralization）、减少需求（demand reduction）。

从低碳城市形态的研究来看，低碳城市的技术路径主要有以下几点：合理的产业结构、城市能源结构中化石燃料的比例在50%以下[1]；紧凑、多中心、组团化和网络式的空间布局；通过城市气候设计完成城市总体规划；所有废弃物实现循环利用；集约型多功能的社区，用先进的ICT技术减少交通需求；舒适的无缝换乘公共交通系统，自行车与步行优先的道路网络；所有建筑都按绿色建筑标准建造，建筑节能水平高于国家标准；保留天然混地、绿地、发展都市农业，形成城市碳汇和碳库。狭义上，低碳城市形态可总结为高密度、高容积率、高层的紧凑型城市。

综上所述，低碳城市技术路径主要包括低碳产业、低碳能源、低碳规划、低碳交通、低碳建筑、低碳景观、低碳生活几个方面。具体的技术包括紧凑型城市、TOD公交导向开发模式、城市功能混合使用、发展绿色建筑、减少能源需求、选择低碳能源、提高能源效率、废弃物减量及循环处理、鼓励公共交通及慢行交通、增

1　赵鹏军.城市形态对交通能源消耗和温室气体排放的影响——以北京为例[D].北京:北京大学，2010.

加自然景观碳汇。

2.低碳城市的核心要素

据国内外研究表明，从碳排放的领域来看，二氧化碳的排放75%在能源活动上，25%由土地利用变化引起的。这些温室气体的排放主要集中在交通、建筑、工业、林业、农业和基础设施上。因此低碳城市的核心是基于能源和土地上的碳源碳汇二者含碳物质的循环。低碳城市的核心要素可以归纳为下图1.1[1]。从城市系统碳循环构成来看，碳物质循环包括固定碳源、移动碳源、过程碳源与碳汇四种城市低碳物质要素（图

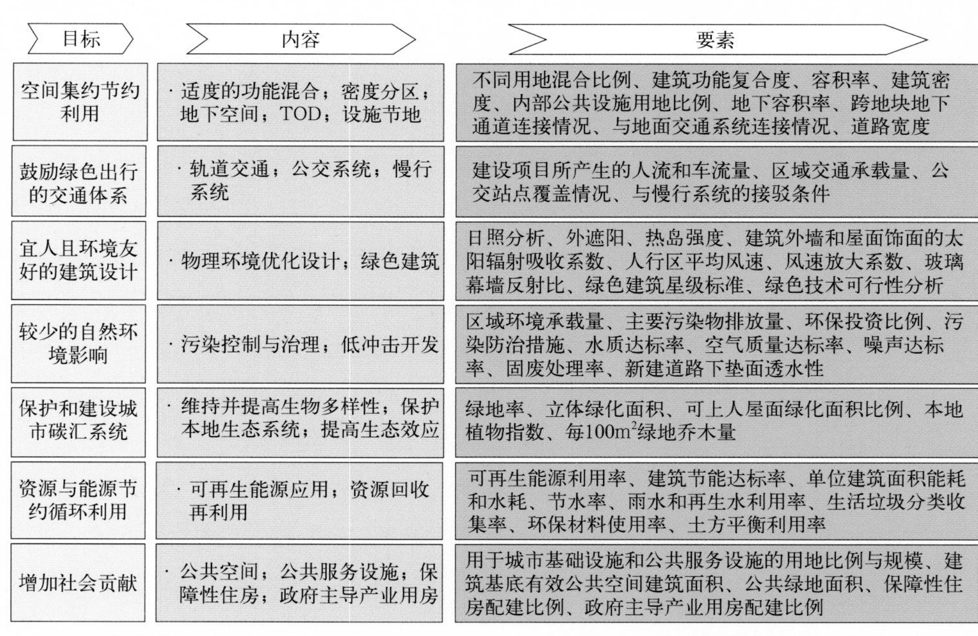

目标	内容	要素
空间集约节约利用	· 适度的功能混合；密度分区；地下空间；TOD；设施节地	不同用地混合比例、建筑功能复合度、容积率、建筑密度、内部公共设施用地比例、地下容积率、跨地块地下通道连接情况、与地面交通系统连接情况、道路宽度
鼓励绿色出行的交通体系	· 轨道交通；公交系统；慢行系统	建设项目所产生的人流和车流量、区域交通承载量、公交站点覆盖情况、与慢行系统的接驳条件
宜人且环境友好的建筑设计	· 物理环境优化设计；绿色建筑	日照分析、外遮阳、热岛强度、建筑外墙和屋面饰面的太阳辐射吸收系数、人行区平均风速、风速放大系数、玻璃幕墙反射比、绿色建筑星级标准、绿色技术可行性分析
较少的自然环境影响	· 污染控制与治理；低冲击开发	区域环境承载量、主要污染物排放量、环保投资比例、污染防治措施、水质达标率、空气质量达标率、噪声达标率、固废处理率、新建道路下垫面透水性
保护和建设城市碳汇系统	· 维持并提高生物多样性；保护本地生态系统；提高生态效应	绿地率、立体绿化面积、可上人屋面绿化面积比例、本地植物指数、每100m^{2}绿地乔木量
资源与能源节约循环利用	· 可再生能源应用；资源回收再利用	可再生能源利用率、建筑节能达标率、单位建筑面积能耗和水耗、节水率、雨水和再生水利用率、生活垃圾分类收集率、环保材料使用率、土方平衡利用率
增加社会贡献	· 公共空间；公共服务设施；保障性住房；政府主导产业用房	用于城市基础设施和公共服务设施的用地比例与规模、建筑基底有效公共空间建筑面积、公共绿地面积、保障性住房配建比例、政府主导产业用房配建比例

图1.1 低碳城市核心要素

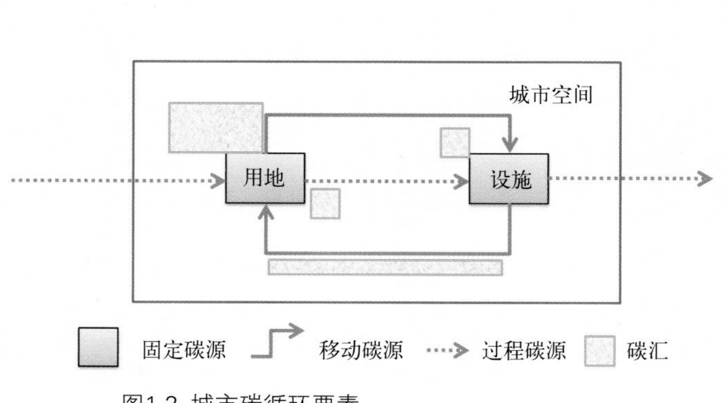

图1.2 城市碳循环要素

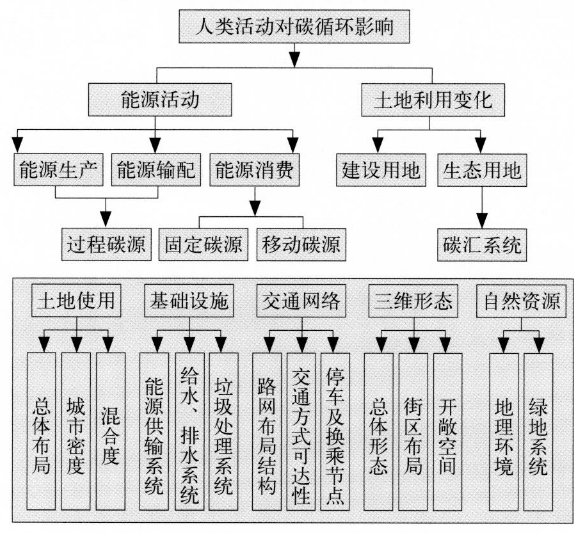

图1.3 城市人为碳活动与城市设计低碳要素的关系

1 邱红.以低碳为导向的城市设计策略研究[D].哈尔滨工业大学：2011.

1.2）[1]。这些低碳物质要素又和城市不同领域发生复杂而又交叉的关系（图1.3）[2]。

3.低碳城市实施途径

低碳城市实施策略可以归结为“减源增汇”，在具体实施路径上可归纳为如下四类：

（1）降低固定碳源碳排放

建筑碳排放是城市固定碳排放的主要来源。主要通过全面覆盖绿色建筑，建立建筑与气候的和谐生态系统，降低建筑能源需求，拓宽建筑用能渠道。

（2）降低移动碳源碳排放

移动碳源排放是指城市内各种交通工具的排放，它分为对外客货运、室内民用交通和公共交通。优化出行方式和缩短出行里程是降低移动碳源碳排放的策略。主要通过限制私家车，诱导非机动车出行，鼓励“公交+慢行”和TOD的出行方式以及以促进短路径出行为原则的土地混合使用、以减少长距离物资运输需求为目的的城市产业布局和以畅通和有序为原则的路网形式和密度。低碳交通规划的原则应①为大多数人所使用；②强调人的可达性优于车辆的移动性；③重新强调定位交通体系；④增进人的活动率，非机动车的速率；⑤各种交通方式的协调和联运；⑥城市空间区域的调整。低碳交通模式的发展上以发展TOD模式、快速公交系统如BRT专线、轨道交通、步行和自行车。

（3）降低过程碳源碳排放

过程碳排放主要是食物、材料、水资源、能源以及废弃物在加工、处理或运输过程中的能源消耗和温室气体排放。主要通过可再生能源利用如太阳能和建筑一体化设计，能源的循环再利用如热点联产联供、废热收集，与景观设计相结合的雨洪利用，中水回用，分散与集中相结合的设施设置，奖励与惩罚相结合的制度调适。

（4）促进自然碳汇碳清除

自然碳汇清除是指改变土地利用性质，增强生态系统的功能扩大碳汇碳清除的作用。主要建设林地、农地和水体等三种碳汇类型形成碳汇系统，并在城市空间三维层面进行屋顶绿化、墙面绿化、阳台绿化、窗台绿化、架廊绿化、栅栏绿化、立交桥绿化，固碳释氧，清除二氧化碳。

国内学者和研究机构对低碳实施路径可总结见表1.3：

国内学者低碳实施路径汇总 **表1.3**

提出者	实现路径		
	空间性	技术性	社会性
辛章平等	绿色规划、绿色建筑	新能源技术应用；清洁技术应用	低碳消费
林姚宇等	形态低碳（紧凑城市/生态网络）；支撑低碳（绿色交通）	基地低碳（能源更新/低碳技术）	结构低碳（产业转型/循环经济）；行为低碳

1 赵鹏军.城市形态对交通能源消耗和温室气体排放的影响——以北京为例[D].北京:北京大学，2010.

2 同上。

续表

提出者	实现路径		
	空间性	技术性	社会性
陈飞等	城市空间紧凑化（紧凑化的城市空间/填充化的开发模式/宜人化的城市环境/公共化的交通都市）	物质生产循环化（调整产业结构/提高能源效率/加强技术革新）	城市生活低碳化（建筑使用节能化/开发模式低碳化/建筑产品规范化/生活消费公共化）
中科院可持续发展研究组	低碳建筑和公共住宅；公共交通和轨道交通；多中心/紧凑型/网络化的城市空间格局	优化能源结构；加强技术创新	转变生活方式；调整产业结构

从城市系统碳循环过程来看，削减大气中二氧化碳浓度的方法，一是在垂直方向上减低碳源对二氧化碳的排放，并增加碳汇对二氧化碳的吸收；二是在水平方向上优化碳流的流通方式，以减少城市运行过程中的损耗和排放。城市空间在不同层次上的碳中和网络和能量循环网络见图1.4[1]。

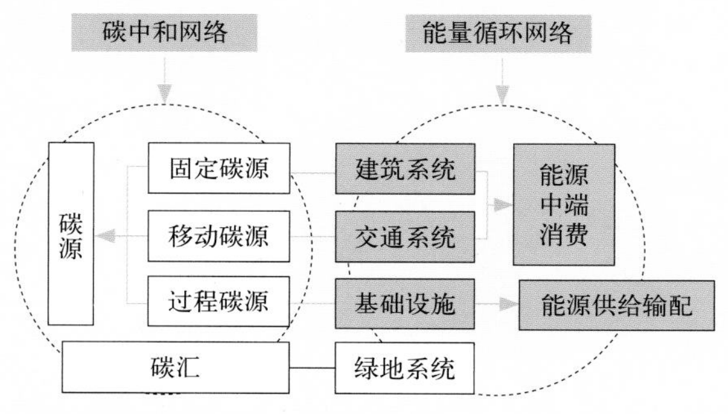

图1.4 碳中和和能源循环网络

因此，低碳城市的设计是围绕这4个核心议题，即：①如何通过规划设计手段优化城市微气候以降低固定碳源碳排放；②如何通过规划设计手段调控交通需求和交通模式以降低移动碳源碳排放；③如何通过规划设计手段优化城市用地和设施配置以降低过程碳源碳排放；④如何通过规划设计手段保护和维护城市碳汇资源以促进碳汇对温室气体的清除。

在碳削减路径上，针对各贡献因子，梳理低碳设计因子，分层次和对象进行规划，见下表1.4[2]。

碳削减因子 **表1.4**

对象	贡献因子	低碳设计因子	层次
固定碳源碳削减	1.热岛效应缓解（室外风/热环境质量）	平均体形系数（S/V），天空平均视角系数，日照系数，道路朝向，绿地覆盖率，环境质量指数，噪声达标率，采光通风满意度，绿色开放空间排氧能力	三维空间形态/自然资源基底/基础设施支撑/土地使用结构
	2.城市环境优化（室外声/光/空气环境质量）		
	3.建筑节能设计（绿色建筑发展水平/建筑结构/建筑设备/可再生能源利用）	屋顶绿色、太阳能电池板面积，窗墙比，遮阳装置配备率，屋顶绿化率，外表面材料热反射率	
	4.场地节能设计（节能设施使用比率）	节能路灯、节能景观、路面材料热反射率	
移动碳源碳削减	1.土地合理利用（土地使用与交通设施配合指数、社会基础设施完备程度、土地使用方式合理程度）	区域内职住配比率、中低收入住房比例、500米范围内享有基本服务功能住房比例、活动中心与交通站点耦合度、地块绕行系数、地块尺度、地块混合度	交通网络流通/三维空间形态/自然资源基底/土地使用结构
	2.交通网络发展（慢行网络连通度和质量/公共交通数量和可达性/路网形式和密度/换乘节点便利性和可达性）	公交出行分担率，高峰时段小汽车出行比例，到达交通枢纽的平均步行距离，人均慢行道公里数，换乘系数，公交线网覆盖率，低碳强度交通工具比例	
	3.交通管理政策（停车管理/远程办公/慢行设施和管理/汽车共享）	停车位配建比	

1 邱红. 以低碳为导向的城市设计策略研究[D]. 哈尔滨工业大学：2011.

2 同上。

续表

对象	贡献因子	低碳设计因子	层次
过程碳源碳削减	1.能源结构优化/输配效率提升（可再生/清洁能源利用水平/分布式能源规模与发展水平）	能源减少标准、可再生能源使用标准	三维空间形态/自然资源基底/基础设施支撑/土地使用结构
	2.水资源循环利用（雨水收集利用水平、废水处理水平、再生水利用率）	不透水路面比率，暴雨渗透标准，水资源量，节水措施利用率，污水分类收集建筑比率	
	3.废弃物循环利用（废物产生量；废物处理水平）	垃圾资源化利用率，废弃物分类家庭、企业比例	
绿地碳汇碳清除	1.植被碳汇质量（公园绿地面积与分布均匀程度、道路绿地面积与建设水平、森林与自然保护区面积、能源林栽植面积）	固碳物种选择指数、本地植物指数、林分郁闭度、乔灌草垂直复层群落比重，人均公共绿地面积、道路绿化普及率、森林覆盖率、绿地服务半径；公共绿地密度，绿廊连通度，绿带宽度，有效日照面，立体绿化比例（屋顶、立高架、墙面阳台、停车场、地下空间）	三维空间形态/自然资源基底/土地使用结构
	2.水体碳汇质量（湿地/水体面积与质量）	岸线绿化覆盖率、可渗水路面比例、水体清洁度、景观优美度	

1.1.2.3 国内外低碳城市目标

1.国外典型城市的低碳发展目标

尽管各城市现状发展水平不同，社会、环境、文化和城市规划也各有千秋，但以低碳为城市发展目标的国内外城市在提出具体低碳发展目标时都基本上从人均碳排放、碳排放强度和碳排放总量三个指标来衡量，国际典型城市碳排放情况和低碳目标见表1.5，表1.6：

国际典型城市的碳排放情况（数据取自于2000～2006年之间） **表1.5**

城市	人口	GDP	温室气体排放	人均排放	碳排放强度
	百万人	10亿美元	百万吨	吨/人	吨/百万美元
东京	35.53	1191	174	4.9	146
纽约	18.65	1133	196	10.5	173
洛杉矶	12.22	639	159	13	249
巴黎	9.89	460	51	5.2	112
首尔	9.52	218	39	4.1	179
芝加哥	8.8	460	106	12	230
伦敦	7.61	452	73	9.6	162
香港	7.28	244	25	3.4	102

国际典型城市低碳发展目标 **表1.6**

城市	所属国家	低碳目标
斯德哥尔摩	瑞典	2015 年人均碳排放降低到 3t（2007 年为 4t）；2050 年温室气体排放水平比 1990 年下降 60% ～ 80%；2050 年成为零化石能源城市。
丹佛	美国	2012年人均碳排放比1990年降低10%，2020年将二氧化碳排放降低到1990年水平。

续表

城市	所属国家	低碳目标
柏林	德国	2020年二氧化碳排放比1990年减少40%。
哥本哈根	丹麦	2015年温室气体排放比2005年减少了20%；2025年实现碳中和的城市。
东京	日本	2020年温室气体排放比2000年减少25%。
芝加哥	美国	2020年相对1999年减排25%，到2050年减排80%。
西雅图	美国	2012年相对1990年减排7%，2024年减排30%，2050年减排89%。
墨尔本	澳大利亚	2010年相对1990年减少50%，到2020年实现净排放为零。
首尔	韩国	2020年相对1990年减排25%，2030年实现温室气体排放比1990年降低40%的目标。
曼谷	泰国	力争2007年至2012年间将室温气体排放削减15%。

由表中数据可以看出，国际上低碳领先的城市温室气体排放量为19~73百万吨，人均二氧化碳排放量为3.4~5.2吨/人，二氧化碳排放强度为102~230吨/百万美元。

而著名的金融中心城市，如东京、纽约、巴黎和香港，其温室气体排放量分别为174百万吨、196百万吨、51百万吨和19百万吨；人均二氧化碳排放量分别为4.9吨/人、10.5吨/人、5.2吨/人和3.7吨/人；二氧化碳排放强度分别为146吨/百万美元、173吨/百万美元、112吨/百万美元和102吨/百万美元。

国外城市的低碳目标都是在一个基准年的基础上提出温室气体排放的减量，总体目标都是排放总量的绝对减排。如哥本哈根提出2015年比2005年减少20%，纽约提出2030比2005年降低30%。

2.国内典型城市的低碳目标

国内城市的低碳发展是以国家发展和改革委员会推动的5省8市和全球性保护组织WWF（世界自然基金会）选定的上海和保定两市作为首批低碳城市试点开始的。5省8市包括广东、辽宁、湖北、陕西、云南5省和天津、重庆、深圳、厦门、杭州、南昌、贵阳、保定8市。表1.7，表1.8是国内典型城市的低碳发展目标和碳排放情况：

国内典型城市发展目标 **表1.7**

城市	总量目标	强度目标	其他
香港	二氧化碳排放较2005年下降19%~33%	2020年碳排放强度较2005年下降50%~60%，人均二氧化碳排放较2005年下降27%~42%	
保定		2020年万元GDP二氧化碳排放量比2010年下降35%以上	
天津		2015年单位GDP二氧化碳排放量比2010年下降15.5%；单位GDP能耗比2010年降低15%左右	
厦门	2020年二氧化碳排放总量控制在6864万吨	2020年单位能耗较2005年下降60%	
成都		2015年万元GDP二氧化碳排放降至1.15t以下	2015年非石化能源占全市能源总消费量的30%以上，森林覆盖率提高到38%以上

续表

城市	总量目标	强度目标	其他
贵阳		2020年万元GDP能耗比2005年下降40%；2020年二氧化碳排放强度从2005年的3.77降低到2.07~2.24	
南昌		2015年万元GDP 二氧化碳较2005年降低38%。2020年单位GDP 二氧化碳较2005年降低45%~48%	
无锡		2015年碳排放强度较2005年降低45%	可再生能源消费比达20%

国内典型城市的碳排放情况（2010年） 表1.8

城市	人口	GDP	GHG排放	人均排放	碳排放强度
	百万人	10亿美元	百万吨	吨/人	吨/百万美元
上海	12.63	139	148	11.7	1063
北京	10.85	99	110	10.1	1107
天津	9.39	45	104	11.1	2316
武汉	6.18	38	21	3.4	554
重庆	5.06	35	19	3.7	535

由此可以看出，我国绝大多数城市以强度目标为主，仅香港、厦门提出了总量减排目标。就强度目标（总量）而言，大部分城市制定的目标为2015年万元GDP能耗较2010年降低15%~20%，2020年万元GDP能耗较2005年降低40%~50%（其中厦门为60%）。

1.1.3 低碳城市建设实践

1.1.3.1 低碳城市建设步骤

各国在探索低碳城市发展过程中总结出了一些发展步骤和流程，其中以IPCC提出的低碳城市建设流程被大多数城市建设广为借鉴[1]（图1.5）：

通过对城市碳源的排放进行核查，在形成的温室气体排放清单的基础上，进行前景分析提出低碳发展目标和实现愿景，采用由上而下的方法和由下而上的不同方法

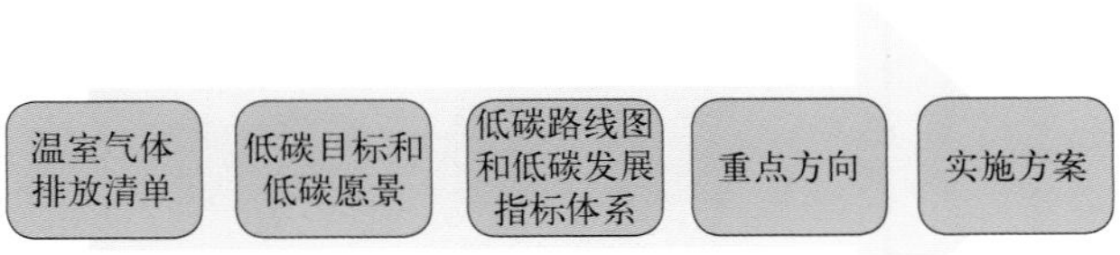

温室气体排放清单 → 低碳目标和低碳愿景 → 低碳路线图和低碳发展指标体系 → 重点方向 → 实施方案

图1.5 IPCC提出的低碳城市建设流程
（图片来源：蔡博峰．低碳城市规划 [M]. 北京：化学工业出版社 .2011：58.）

1 蔡博峰．低碳城市规划[M].北京：化学工业出版社.2011.

结合社会经济发展情况总结出低碳路线图，搭建整个低碳发展的指标体系框架，针对指标体系的分解项梳理出低碳城市的重点发展方向，从而制定具体的实施方案。

于家堡低碳城市建设过程中亦可参照此流程按照对区域内温室气体的排放碳源进行分析核查，通过设定总体目标和低碳愿景，由上而下地进行目标的分解，找到适宜的减源增汇途径，抓住重点领域和低碳化的实施和管理从而达成低碳城市目标。

1.1.3.2 国内外低碳城市建设实践

从全球范围来看，发达国家的低碳城市实践已经走在前列，如英国制定了以建筑和交通为重点的低碳城市规划；日本将交通、住宅、工业、消费行为、土地与城市形态等作为低碳转型的重点；美国将低碳城市建设与应对能源危机进行立法；成立有关节能减排与低碳经济发展的专项基金，开展碳减排与碳交易的市场项目等。

从城市规划和设计实践上，国外低碳城市建设可分为两类趋势：一类是在现有规划框架内，通过综合运用土地、生态、交通、能源、水及废物回收系统等低碳技术和方法实现低碳减排发展目标，如日本横滨、美国纽约等；另一类以低碳减排为目的的新城或旧城扩张建设，如阿联酋阿布扎比、瑞典斯德哥尔摩的哈姆贝地区等。

国内低碳城市的建设探索以上海和保定为首批试点城市为起点，随后国内很多城市和地区在低碳理念的倡导下根据自身城市的地域和经济发展等特点纷纷开展低碳城市试点工作（表1.9）。据统计截至2011年[1]，在全国287个地级以上城市中，提出低碳城市建设目标的有133个，占比46.3%，其中东部地区60个，中部49个，西部24个（图1.6）。

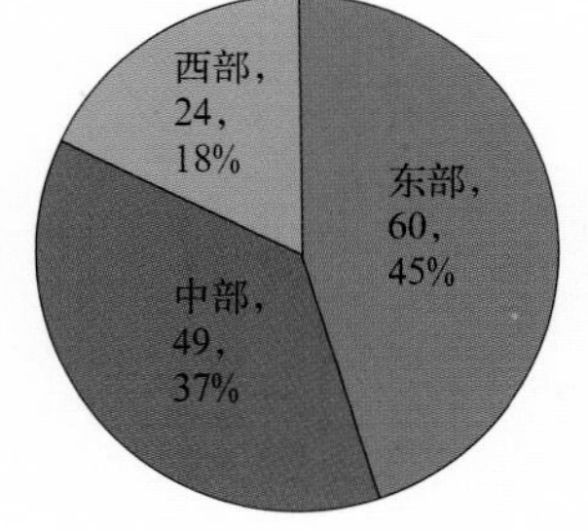

图1.6 东西中部提出低碳城市目标数量及比重

国内低碳生态新城建设实践　　表1.9

地区	理念与目标	规划与行动
天津中新生态城	“资源节约型、环境友好型”的宜居示范新城	智能城市、清洁水源、生态平衡、清洁环境、清洁能源和绿色建筑
唐山湾（曹妃甸）生态新城	明日生态之城	生态规划与绿色循环系统、绿色建筑、绿色交通、新能源利用及低碳产业、水环境管理、循环经济
无锡太湖新城	部、市共建的低碳生态示范区	循环高效的资源能源利用、科技产业园建设、紧凑合理的城市空间布局、绿色交通中的慢行系统、追求原生态、多样性、均质化的环境
崇明生态智慧岛	生态本底优良地区的生态城市	严格控制土地开发，保护现有的自然资源禀赋；优化产业结构，推广绿色生态产业；构建“低排放、低噪声、低耗能”的城乡交通体系；引入“智慧城市”理念，建立动态监测评估体系；政府主导、多方参与，持续推进生态岛的建设

1 仇保兴.兼顾理想与现实：中国低碳生态城市指标体系构建与实践示范初探.[M].北京：中国建筑工业出版社，2012.

续表

地区	理念与目标	规划与行动
昆明呈贡新城	低碳经济示范区	绿色交通、生态体系构建、土地开发控制、不同层级的规划建设指标体系
长沙梅溪湖低碳新城	国家级绿色低碳示范新城	城区规划、绿色建筑、能源规划、水资源规划、环境规划、绿色交通、固体废弃物规划、绿色人文规划
深圳光明新城	深圳绿色城市示范区	建立连续的生态廊道和系统化、网络化的绿地系统；大力发展高新技术产业；建立绿色交通系统；集约利用土地；推进绿色建筑及节能改造；建立完善的公共服务体系等

国外低碳生态新城建设实践 **表1.10**

地区	理念与目标	规划与行动
哈默比湖城	和20世纪90年代建设的其他住区相比，这一地区到2015年碳排放量减半	土地利用，交通，建筑材料，能源，给水、排水，垃圾回收
瑞典马尔默	“明日之城” 到2005年，二氧化碳排放减少25%，至2010年，60%能源消耗（交通除外）必须来自可再生能源或垃圾发电	建设100%使用可再生能源的城市住宅区，利用当地可再生能源，包括风能、太阳能、地热能和生物能。每户能源消耗限制不能超过每年每平方米105度。土地利用上采用了地密度、紧凑、私密和高效的用地原则，规划以多层为主。采用了植被屋顶，固体废弃物处理
阿拉伯马斯达尔	创建第一个以碳氢化合物生产型为经济发展模式的城市。目标：加强对碳的管理；发展新能源技术和产业	完全通过再生能源供电，包括风力、水力、太阳能与氢气发电并行。城市规划以慢行系统为主，建筑采用传统的麦地那式建筑风格。个人出行建设以电力为动力的个人捷运系统，与周边地区交通以轻轨连接
芬兰维基实验新区	将生态趋向贯彻到设计和建造环节中；为未来类似项目积累经验；为国家的可持续生态建筑计划提供支持（战略规划目标）为生态型地区探寻现实可行的建设思路；为规划评价探寻测评方法（城市规划）	空间布局上采用斯堪的纳维亚典型方式；绿地系统采用指状结构；环境规划制定了PIMWAG体系，从污染、自然资源、健康、物种多样性和食物生产等方面建立建筑环境评价，并从水、固体垃圾、能源、绿化、交通等方面具体采取措施实施

通过如上统计可以看出，以金融业作为城市发展支柱的低碳城市，尚没有可参考的案例，于家堡低碳城市的建设将是世界首例。

1.2 金融CBD的低碳化发展

1.2.1 中央商务区（CBD）的理论发展

1.2.1.1 CBD的基本理论

1.CBD的基本概念及其发展过程

CBD（Central Business District）通常译为“中央商务区”或“中心商务区”，是指集中大量金融、商业、贸易、信息及中介服务机构，拥有大量商务办公、酒店、公寓、会展、文化娱乐等配套设施，具备完善的市政交通与通信条件，便于现代商务活动的比较核心的区域。由美国芝加哥学者伯吉斯[1]以芝加哥为研究对象，在分析城市地域空间结构的“同心圆理论”中提出[2]。此后霍依特[3]提出环绕CBD的扇形理论。哈里斯与乌尔曼认为城市不是围绕单一核心发展而是通过一组独立的核心共同发展的多核理论。埃德加·霍乌德和罗纳尔德·博依斯提出了CBD的核—框理论，即CBD的中心部分是CBD的核，CBD外围最密集的非零售用地功能区是CBD的框[4]。

墨菲和范斯认为[5]，CBD是城市中土地利用集约化程度很高的区域，CBD内部的中心商务功能的多少与土地利用的密集程度有关，可以用CBHI（Central Business Height Index）和CBII（Central Business Intensity Index）两个指标来界定，即CBHI为中心商务高度指数，CBD的CBHI必须大于1；CBII为中央商务强度指数，CBD的CBII必须大于50%。

2.CBD的普遍特征[6]

世界上真正具有现代特征的CBD主要集中在发达国家，如纽约的曼哈顿、巴黎的拉德方斯、东京的新宿、新加坡的中心区等。CBD往往集中大量金融、商贸、文化、服务机构和大量商务写字楼、酒店、公寓等配套设施，具有完善便捷的交通、通讯等基础设施和良好的经济发展环境，便于商务活动的场所。其主要特征体具体体现在以下几方面：

（1）土地资源的高强度开发

CBD寸土寸金的土地价格和集聚的经济功能，使得有限的土地（单中心用地规模大约在1.5~2.5km^2）在综合考虑地价、地产市场、道路交通和市政公用设施承受能力以及城市景观、开发效益和生态环境的条件下，得到极强的开发。

（2）经济功能的高强度积聚

CBD伴随信息技术的发展和全球化的需要，其主要功能已从直接从事各种商

---

1 Burgess E W · The growth of the city[C]//Park R E, E WBurgess,R D Mckenzie (eds ·) · The City. Chicago: Universityof Chicago Press, 1925:47−62.

2 王金.CBD发展理论研究及武汉CBD发展模式初探[J]. 经济研究.2010(12):37、41.

3 Hoyt H. The structure and growth of residential neighborhoods in American cities[M]. Washington, D.C: Federal Housing Administration, 1939.

4 陈瑛.特大城市CBD系统的理论与实践—以重庆和西安为例[D].上海：华东师范大学，2002.

5 Murphy R E, J E Vance,B T Epstein. Internal structure of theCBD[J]. Economic Geography, 1955, 31(1): 21−46.

6 左长安. 绿色视野下CBD规划设计研究[D]. 天津：天津大学建筑学院，2010.

业、贸易、生产、服务和保险等实体经济活动，转化为在信息辐射前提下的参与、协调、控制、管理等功能，成为控制世界经济活动的核心，特别是在总部经济的作用下，其经济功能进一步集聚。CBD功能集聚体现出来的不仅是传统的第三产业，更应当是那些如金融、保险、证券、现代中介服务等的现代第三产业，它们要求具有较高通达性的高品质办公环境。

（3）物质空间载体的高度密集

CBD的物质空间载体高度密集性主要体现在有限的用地上，大量的建筑总量与人口规模，高强建筑密度与市政基础设施、趋同用地性质、建筑高度等方面。

（4）交通系统和信息交流的高度有效

CBD具有最高的可达性。大规模的地铁与公共交通系统，联结CBD与城市各区域，并与高速公路、国际空港等方便衔接，给予办事者以单位时间最高的办事通达机会。

1.2.1.2 CBD的模式

全世界范围内各大城市在开发CBD的过程中，根据其所处的地理位置和经济特点等因素发展适合当地的CBD模式。而全球CBD的模式主要有金融保险中心、全国性总部、地区性总部、高科技中心、公司服务中心、博览中心和政府中心等七种主要模式，各城市的所采用的模式也不尽相同（图1.7）。于家堡金融区则是集现代金融、传统金融、市场会展等为主的金融保险中心CBD发展模式。

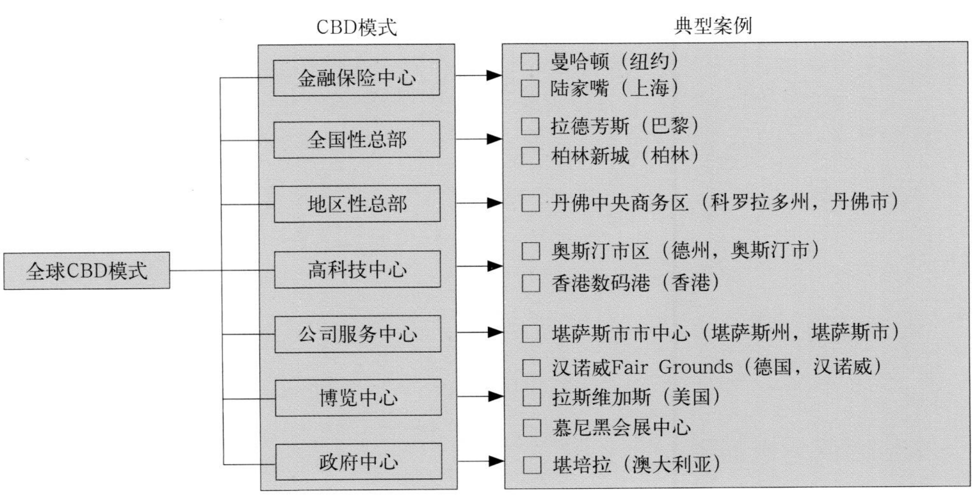

图1.7 全球各大城市CBD模式

（图片来源：CBD 核心模式及 12 个案例分析（麦肯锡出品）http://wenku.baidu.com/link?url=oqh7O0Cee2IKZmZAyCAVOL1rFpcJ6l4ipMsfqsfhNihgpQf_VCGdWWrg_VT4Ksd6FAOQ8VVSqHE_5bmCMRyWu-l1XPI-LRg_pTjXZvb-8By）

1.2.2 CBD低碳发展的趋势与实践

1.2.2.1 CBD低碳发展趋势

在城市区域的各个发展阶段，CBD作为城市地域结构和功能系统的核心，聚集了最高级别的经济活动。而人类活动的高度聚集以及物流、人流、资金流、信息流的高效传输，在城市CBD及周边一定距离的地域空间范围内，各种形式的能量流动必然产生大量直接或间接的二氧化碳排放。

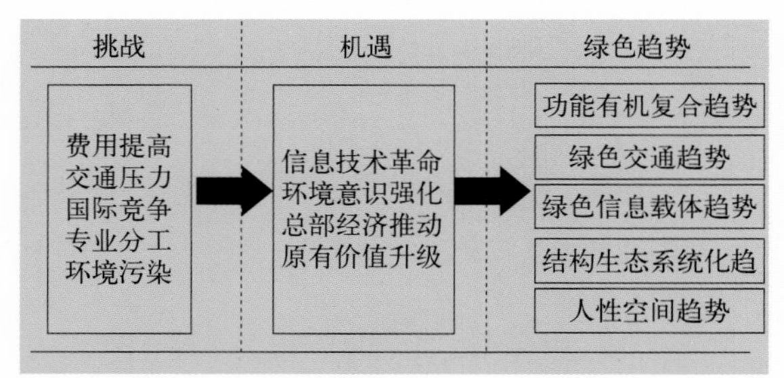

图1.8 CBD 绿色发展趋势
（图片来源：左长安．绿色视野下 CBD 规划设计研究 [D]. 天津：天津大学建筑学院，2010：12.）

随着后工业时代和信息时代的到来， CBD的发展呈现出绿色发展的趋势，如图1.8。与传统CBD相比，绿色CBD在注重打造和完善办公空间的同时，更加注重城市空间布局合理、各项基础设施完善、低碳经济产业发展和物质能量高效利用。绿色CBD的建设更加关注人与自然环境的和谐、城市空间合理布局、建设与运行全生命周期内低能源消耗，在建设中充分利用节水、节地、节能、节材、环保的各项先进技术、工艺和材料，使经济发展、社会进步、环境保护三者高度协调，进而打造人与自然互惠共生、和谐发展、生态良性循环的综合性城市办公区域。

而CBD低碳发展是以低碳经济和低碳社会的创造为导向，通过城市空间组织和布局的优化以及低碳行为的引导来塑造“低排放、高能效、高效率”的城市空间环境和主体行为方式。以减源增汇为主线，从增加碳汇、减少建筑和交通碳排放、资源循环利用减少耗能排碳等几个方面来进行低碳CBD的规划设计途径，其最终目标是能够促进生产效率的提高、生活方式的转变和生态效益的提升。

1.2.2.2 CBD低碳发展案例[1]

CBD作为城市重要功能区，如纽约、东京、巴黎、香港、新加坡和伦敦等城市的CBD在进入21世纪后的规划和发展过程中，都融入了可持续发展策略，逐步向综合化、低碳化发展，其低碳发展模式的确立对于城市探索低碳发展模式也产生积极影响。因此，低碳CBD的建设应与现有能源、交通和产业部门的专项研究相配合，在土地和设施安排层面强化低碳导向，对CBD功能布局、开发强度、能源供给和绿化固碳进行合理组织，建构有效降低碳排放的CBD规划设计策略框架，同样具有重要的理论和实践意义。

1 蔡博峰. 低碳城市规划[M].北京：化学工业出版社.2011.

1.纽约曼哈顿

纽约曼哈顿最初未经过宏观统一的整体规划设计，完全由市场经济推动自发形成，初期是商业中心，后来逐渐演变成中央商务区。道路交通用地所占比例、道路网密度相当大，但无明确的对外快速交通联系干道。2009年，纽约市共排放温室气体4930万吨二氧化碳当量。下图1.9为纽约市2009年的温室气体排放比例。

面对诸多城市排放问题，纽约市针对较大的温室气体排放构成分析后，确定到2030年较2005年温室气体减排达30%，共需减排3360万吨二氧化碳，并且通过控制城区无须扩张和提供住房来实现额外的1560万吨二氧化碳减排，如下图1.10所示。

并经过长期不断地改造、建设和完善减缓了纽约的温室气体排放速度。诸如下列低碳策略：

（1）社区混合利用，依照步行距离定位生活配套设施，多元化的社区节点，加强邻里关系；

（2）多样化交通形式（发展时尚渡轮的交通方式）：区内集中了6条地铁线，近20个地铁站点，规划机构加强了交通运输网的建设，如把地铁和其他铁路交通的出入口与新建办公机构相连接，同时把人行道和商店设置在地下，并与地铁出入口直接相连，禁止路面街道旁停车。

2.伦敦CBD

伦敦金融中心采用的大伦敦模式：自发蔓延，无序扩张、中心区产业过于集中，客流量巨大，因此产生土地浪费，环境污染，公共绿地不足、娱乐用地不足、中心区超负荷发展，交通堵塞等问题[1]。其交通碳排放的主要构成如下图1.11。

为解决这些城市问题，实现如下图1.12伦敦市低碳愿景，整个CBD在规划过程中充分运用了以下低碳策略，如图1.13所示：

1 蔡博峰. 低碳城市规划[M]. 北京：化学工业出版社.2011.

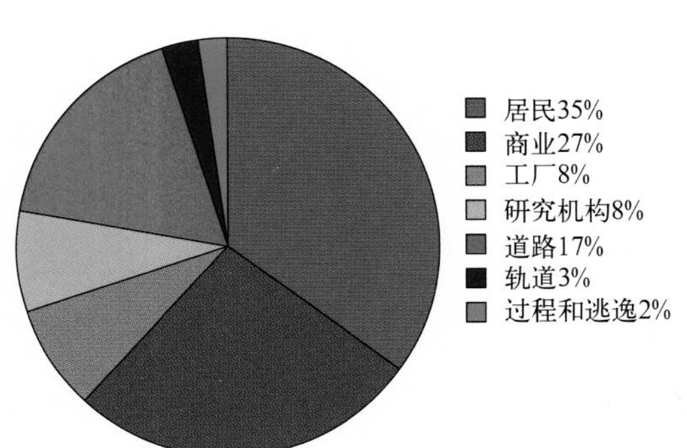

图1.9 纽约市2009年温室气体排放比例
（图片来源：蔡博峰. 低碳城市规划 [M]. 北京：化学工业出版社 .2011：143.）

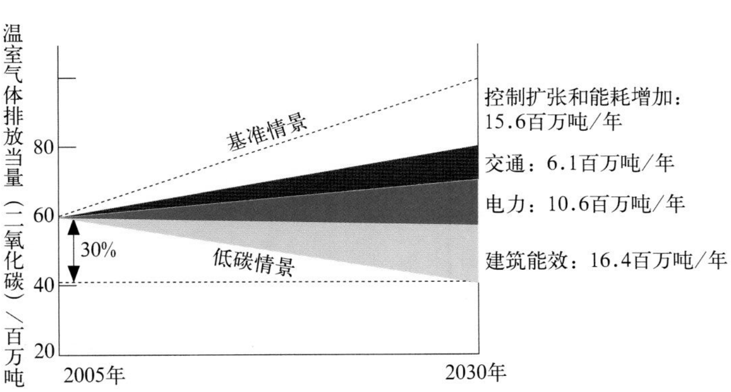

图1.10 纽约市低碳目标分解[1]
（图片来源：蔡博峰. 低碳城市规划 [M]. 北京：化学工业出版社 .2011：143.）

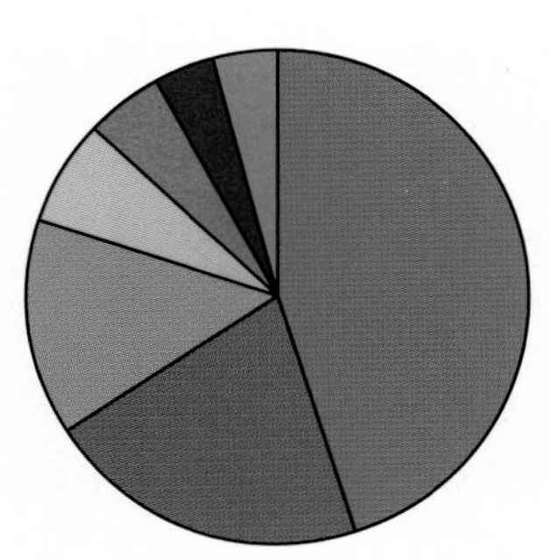

图1.11 伦敦市交通碳排放构成比例
（图片来源：蔡博峰. 低碳城市规划 [M]. 北京：化学工业出版社.2011：150.）

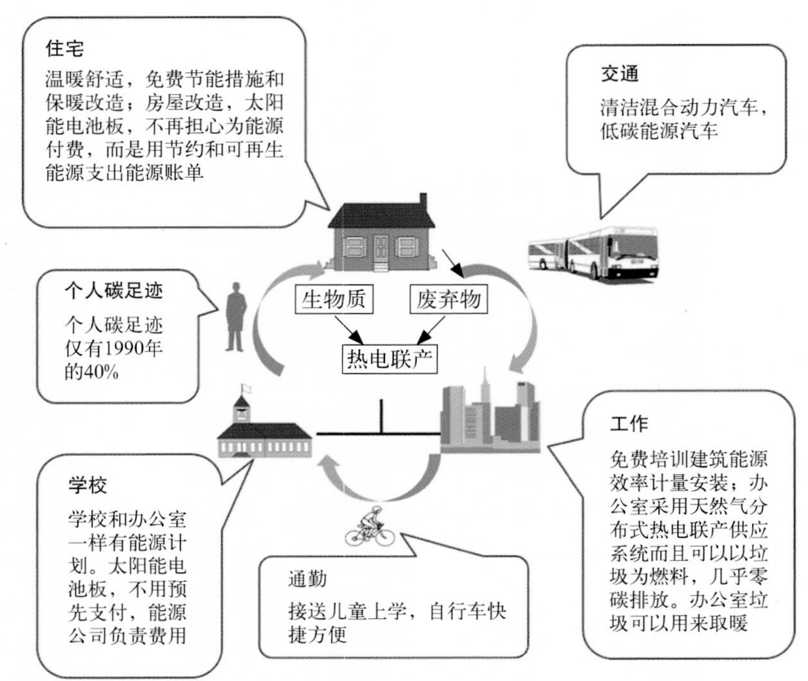

图1.12 伦敦市低碳愿景
（图片来源：蔡博峰. 低碳城市规划 [M]. 北京：化学工业出版社.2011：151.）

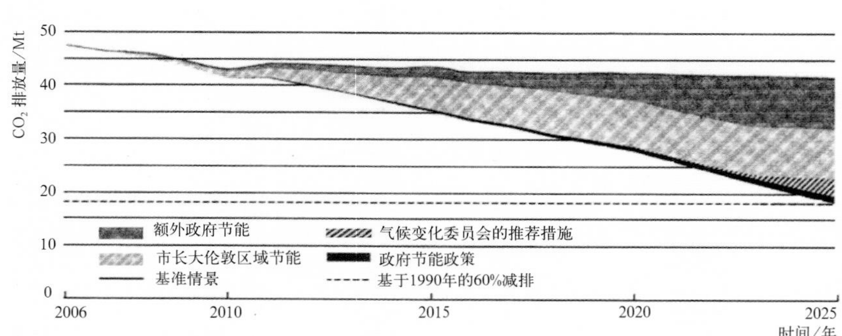

图1.13 伦敦市低碳实施战略
（图片来源：蔡博峰. 低碳城市规划 [M]. 北京：化学工业出版社.2011：151.）

伦敦市低碳核心目标是到2025年，二氧化碳排放相对于1990年降低60%，如下图1.13所示。

3.巴黎拉德芳斯

拉德方斯区位于巴黎市的西北部，巴黎城市主轴线的西端，于1958年建设开发，早期依赖99市场推动，后期政府引导开发为主。已成为欧洲最大的公交换乘中心，RER高速地铁、地铁1号线、14号高速公路、2号地铁等在此交汇。建成67公顷的步行系统、集中管理的停车场设有2.6万个停车位，交通设施完善。主要采取了以下低碳策略：

（1）建成占地25公顷的公园，商务区的1/10用地为绿化用地；

（2）建设便捷完善的交通体系；

（3）立体车行系统：包括过境交通的组织、区内交通的组织和立体停车库的组织；

（4）立体步行系统；

（5）人车换乘系统。

4.香港中环[1]

香港岛是一个面积不足70平方公里的山岛中环（又称中区）位于香港的中西区，是香港的政治及商业中心。由于初期高覆盖率和容积率地开发，造成CBD区域内建筑密度极高、人行道狭窄，缺少公共空间，交通拥堵、办公和旅游人口密集，给步行和游览造成很大不便，损害了香港的都市形象。在这种背景下，城市规划设计和管理部门主要采取了以下措施来解决诸多城市问题：

（1）通过高居住区密度和多用途的土地使用，来提高土地资源的利用强度。

（2）天空之城：采用天桥、步行道和道路连接不同功能建筑通道，保证24小时运转。

（3）注重对外交通，对外联系指向性强，快速交通不穿越CBD，交通模式以快速路+航运交通+轨道交通。内部是自由式的山地路网，注重公共交通，大运量公交，轻轨地铁穿越中心区设施配置齐全。

5.新加坡金融中心

新加坡金融中心面临的城市问题：交通拥堵、失去城市活力。主要采用的低碳策略：

（1）中心商业区向24小时的新商业中心转变。

（2）分级行人和车辆通行，提供几乎“零摩擦”运行环境的停车场和公共交通系统。

（3）商业林阴大道——增加公共空间的绿色调剂空间。

（4）交通运输——“区域交换站”代替单一车站。

（5）水规划：收集雨水、淡化海水、中水利用等方面进行科学的规划。

6.北京CBD东扩区

北京CBD 东扩区项目位于中国北京商务中心区（CBD）东侧。坚持“低碳CBD战略”，从绿色交通、绿色空间、绿色建筑、绿色能源、绿色产业和绿色生活等方面，大力提升CBD的环境品质。

（1）“双十字”格局：延续原CBD“金十字”的布局模式，东扩区商务设施沿快速路和主干路分布，使整个CBD商务设施分布呈“双十字”格局。

（2）开放的公共空间：三个公园、两条林阴绿带，形成连续的绿化景观。

1 蔡博峰. 低碳城市规划[M]. 北京：化学工业出版社.2011.

（3）便捷的交通网络：加强与周边区域的交通联系、轨道交通与内部交通环线结合。

（4）延续地下空间规划：延续原CBD的部分地下步行系统，在地铁车站及商务设施最集中的区域建设地下空间，中心广场地下空间将于交通枢纽、地铁车站以及周边高层建筑连接，有效提高地下空间利用效率。

1.2.2.3 CBD低碳发展总结

推进CBD空间发展模式的低碳转型，相比城市其他地区而言可以收到更为明显的节能降碳效果，为城市低碳化发展作出更大贡献，并带来较直观的经济和环境效益表1.11。

世界各大城市CBD的低碳发展趋势 **表1.11**

世界城市CBD	主要特点	低碳策略
纽约曼哈顿	以城市改造为主，实现社区节点的多元化，加强了交通运输网的建设	■社区混合利用 ■多样化交通形式
伦敦金融中心	从建筑、交通、能源以及个人工作和生活等方面全面实现低碳化	■低碳能源供给 ■低碳家庭 ■低碳办公 ■低碳建筑 ■低碳交通
巴黎拉德芳斯	政府引导开发，注重营造绿色空间，强化交通系统的人行和车行分离，促进换乘的快捷性	■大规模绿地 ■立体车行系统 ■立体步行系统 ■人车换乘系统
香港中环	垂直方向开发利用土地，节约土地资源，复合式交通体系减少交通压力	■高密度开发和土地综合使用 ■天桥、步行道和道路连接 ■快速路、航运和轨道交通模式
新加坡金融中心	规划便捷的交通体系，创造宜人的绿色空间氛围，加强水资源的保护和利用，促进城市活力	■24小时城 ■分级行人和车辆通行 ■绿色调剂空间 ■区域交换站 ■水系统科学规划
北京CBD东扩区	倡导绿色交通、绿色空间、绿色建筑、绿色能源、绿色产业和绿色生活等	■“双十字”格局 ■连续的绿化景观 ■便捷的交通网络 ■地下空间高效利用

1.3 于家堡金融区低碳规划

1.3.1 于家堡规划概述

于家堡金融区位于塘沽区海河北岸，是滨海新区中心商业商务区的核心组团。规划四至为：东、南、西三面至海河，北至新港路、新港三号路，东西宽约1.2公里，南北长约2.8公里，规划总用地面积为4.64平方公里。规划建设用地面积为3.86平方公里。建设以商务金融功能为主，包括商业、会展、休闲、文化娱乐等功能的综合性国际型中心商务区。其中本规划编制单元规划建设用地面积为3.86平方公里，总建筑规模950万平方米，工作人口30万人，常住人口6.8万人。

于家堡协调各类用地布局，设置综合用地，形成高密度的中心区。营造可以容纳商业服务、金融保险、银行和其他一些功能的街区布局，以办公、服务、公寓、娱乐、文化为主，功能便利，是有利于工作、生活、娱乐的高标准场所。

于家堡金融区规划三大特点：

1.它是目前全球最大规模的金融商务区，占地面积3.86平方公里，总建筑面积971万平方米，其中，金融办公建筑面积为560万平方米，商业酒店面积为150万平方米，公寓面积为245万平方米，16万平方米公共服务设施（图1.14）。

下迈哈顿 LOWER MANHATTAN

CBD区域面积（m^2）=1,800,000
办公面积（m^2）=7,000,000
办公容积=3.8
住宅面积=45,000
工作人数=350,000

芝加哥中心环 CHICAGO LOOP

CBD区域面积（m^2）=1,800,000
办公面积（m^2）=10,000,000
办公容积=5.5
住宅面积=40,000
工作人数=500,000

金丝雀码头 CANARY WHARF

CBD区域面积（m^2）=400,000
办公面积（m^2）=1,200,000
办公容积=3.5
住宅面积=15,000
工作人数=90,000

拉 德芳斯 LA DEFENSE

CBD区域面积（m^2）=1,200,000
办公面积（m^2）=3,000,000
办公容积=2.5
住宅面积=20,000
工作人数=150,000

北京 CBD BEIJING CBD

CBD区域面积（m^2）=2,200,000
办公面积（m^2）=2,300,000
办公容积=2
住宅面积=10,000
工作人数=150,000

浦东 PUDONG

CBD区域面积（m^2）=1,600,000
办公面积（m^2）=3,200,000
办公容积=2.5
住宅面积=8,000
工作人数=180,000

图1.14 CBD规模对比图

2.国内首个规划了丰富的立体架构、地下空间的金融区。所有地下3层的空间都与周边建筑连通，实现地铁、地下商业和停车场全线贯通。从土地混合利用到单体建筑功能混合，形成由平面到竖向垂直的复合功能低碳城市（图1.15）。复合功能包括：市场会展、传统金融、现代金融、教育培训等，为于家堡成为国际金融都市奠定坚实基础。

3.以生态景观为基底、与自然环境为友的金融区。在于家堡于家堡金融区金融区386万平方米的占地面积中，有100万平方米被规划为绿化带，包括沿河景观带、中央大道景观带、城市道路景观带以及多处超过2万平方米的公园。

图1.15 于家堡城市设计鸟瞰效果图

1.3.2 于家堡低碳规划

1.3.2.1 于家堡低碳规划总体构思、原则

城市规划的低碳对策，无外乎减少碳排放和增加城市地区自然固碳两个方面，主要从城市整体的形态构成、土地利用模式、综合交通体系模式、基础设施建设以及固碳措施等方面来考虑[1]。

1 顾朝林.探索可持续的低碳城市规划模式[J].都市世界，2010.

于家堡低碳规划总体原则：

1.APEC低碳城镇的示范性

注重于家堡金融区发展的前瞻性和引导性，其建设标准高于地区及国家标准，以起到示范和引领作用，打造一个成功的APEC“低碳示范城镇”。创建一个可行的适用于中国城镇发展的低碳指标体系以及低碳减排的新标准，以指导同类型金融区的低碳发展。

2.APEC低碳城镇的可操作性

以经济性为前提，从能源可控、资源节约层面设计高标准指标，保障低碳建设最终落实。根据天津市气候特征、于家堡场地条件，以及当前低碳技术的实施效果，保障指标的确实可达。

1.3.2.2 于家堡低碳生态本底

1.气候分析

塘沽区位于天津市东部，是天津滨海新区的中心区，地理坐标为北纬38°44'～39°13'，东经117°30'～117°46'。塘沽地势低洼平坦，是天津市平均海拔最低的地方。塘沽区根据建筑气候区划标准分区，属于寒冷地区（Ⅱ区），气候以亚潮湿陆地季风气候为特点。由于夏季受海洋影响，冬季受陆地影响，四季分明，全年有很明显的气温变化。常年平均气温为12摄氏度。1月最冷，平均气温为零下4摄氏度；七月

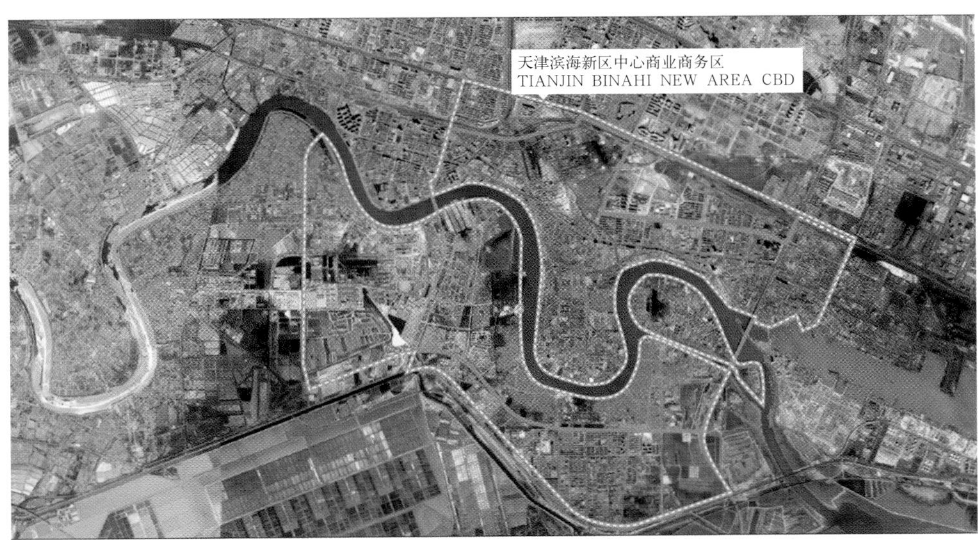

图1.16 于家堡现状卫星图

最热，平均气温为26摄氏度。无霜期平均持续200天。

2001~2006年间的年平均温度为13.3摄氏度，在此每年中的年平均气温比过去30年的平均气温（12.6摄氏度）高。

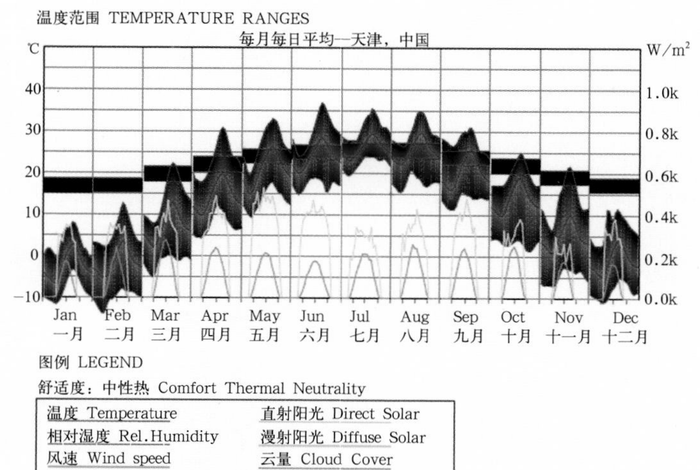

年份 YEAR	2001	2002	2003	2004	2005	2006	年平均 annual mean 2001−2006	极限值平均 mean extreme 1971−2000
年平均气温 ANNUAL MEAN TEMPERATURE	13.2	13.4	13.0	13.5	13.4	13.5	13.3	12.6
最高值 EXTREME MAXIMUM	37.7	39.8	35.6	36.6	36.6	35.9		40.9
最小值 EXTREME MINIMUM	−15.2	−11.4	−12.3	−13.5	−11.7	−14.0		−15.4

图1.17 塘沽地区温度范围图

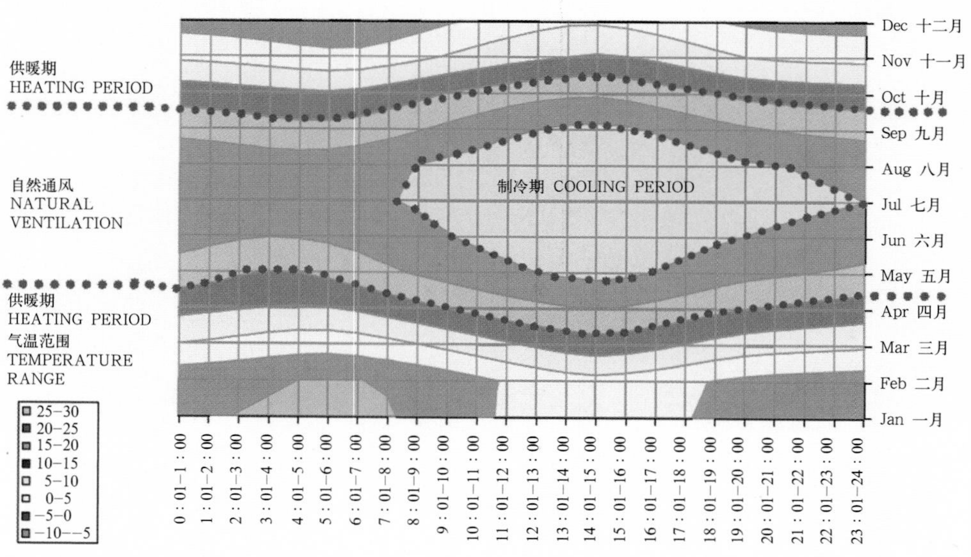

图1.18 塘沽地区年供暖/制冷期示意图

2.降水情况

（1）塘沽地区雨水统计

塘沽地区2001~2006 年年平均降雨总量为472.9毫米，比过去30年的年平均雨量（566.00毫米）少。2002年的总雨量只有294.2毫米，比往年的年平均雨量少48%；2004的总雨量是2001~2006年间最高的，为622.4毫米，比往年高出10%。

酸雨比率变化 VARIATION IN RATIO OF ACID PRECIPITATION

酸雨比率
RATIO OF ACID PRECIPITATION
降雨量pH值变化
VARIATION IN PH VALUE
OF RAINFALL PRECIPITATION
pH
40
35
30
25
20
15
10
5
0
6.5
6
5.5
5
4.5
2001
2002
2003
2004
2005

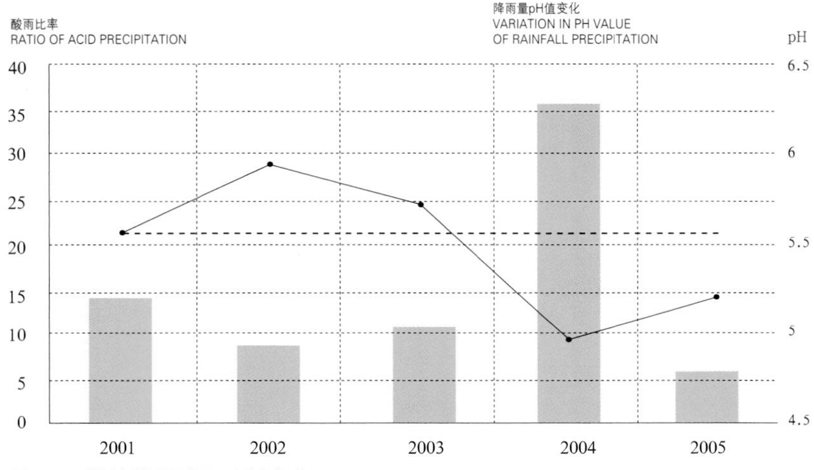

图1.19 塘沽地区酸雨比例变化

（2）塘沽地区雨水质量

雨量监测结果显示2005年雨量pH值范围为4.52~8.52，年平均pH值是5.23，比5.6%酸度重要值低。Ph值小于 5.60的酸雨发生率为5.7%。在2004~2005降雨的年平均pH值低于酸雨的重要指标。

3.季风条件

相比较过去30年年平均有强风天气的天数有所减少，表现出逐年降低得趋势。年平均有浓雾天气的天数较过去30年略有减少。其他视线阻挡气候有逐年增加趋势，其中包括光雾、烟幕、薄雾、高吹尘和浮尘。空气质量逐年降低。

天津塘沽地区2006年风玫瑰（新滨海地区气象警报中心）
WIND ROSE MAP OF TANGGU DISTRICT,TIANJIN IN 2006
(METEOROLOGICAL ALARM CENTER OF NEW BINHAI DISTRICT)
N
NNE
NE
ENE
E
ESE
SE
SSE
S
SSW
SW
WSW
W
WNW
NW
NNW
TANGGU DISTRICT WIND CONDITIONS
塘沽区风情况
2004
2002
2001
2006
2005
Wind frequency风频率
Wind speed 风速

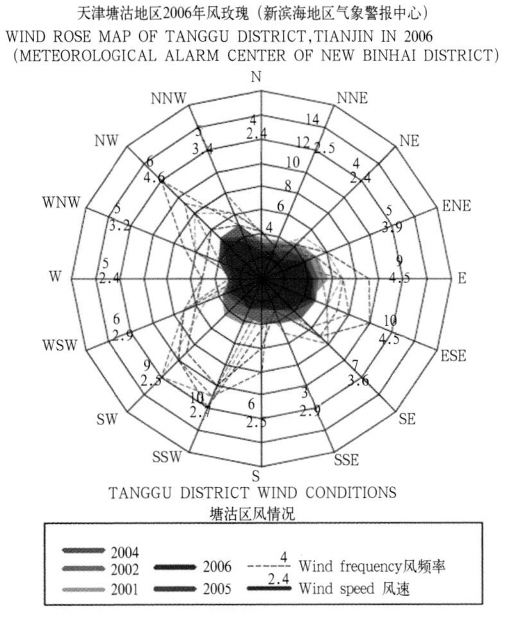

图1.20 塘沽地区风玫瑰图

季节性风图 **表1.12**

冬季	北向 / 西北向
春季	西南向
夏季	南向
秋季	西南向
平均风速每秒4.43米	

水体样本来源的水质分类和主要污染物
CLASSES OF WATER QUALITY AND THE MAIN POLLUTANTS IN THE WATER OF SAMPLING SITES

取样地点 Sampling Site	水质量等级 Class of Water Quality	主要污染源 Main Pollutants
(1) 蓟运河 Jiyun River	超过v Over V	HG,P,N
(2) 永定新河 New Yongding River	超过v Over V	P,N
(3) 海河口防波堤 Groyne of Haihe River Mouth	超过v Over V	Hg,P,N
(4) 海河口货物港口 Freight Harbour of Haihe River Mouth	四级 IV	Hg,P,N

图1.21 塘沽地区水污染示意图

4.水质

于家堡三面环水，海河自西向东，横贯全区，潮白河、永定新河、蓟运河、独流碱河都在塘沽境内注入渤海。

根据使用的中国环境质量标准（GHZB 1–1999）（EQSSW）.评价表面水的水质量，所有河口都有严重污染，属于劣V类水质。水体污染程度超出了表面水环境质量标准（GHZB 1–1999）. 主要的污染是氮、磷和汞。

1.3.2.3 于家堡低碳能源规划

1.能源供给外部引入

（1）规划电源由单元内规划于家堡220千伏变电站、新华路220千伏变电站以及单元外三槐路220千伏变电站提供。规划新建220千伏、110千伏、35千伏及10千伏电力线路结合规划道路、绿化带及共同沟入地敷设。

（2）规划气源为天然气，由单元外塘沽燃气公司地下储备站及天津市滨海天然气集输有限公司储备站提供气源。单元内规划两座燃气服务站，大型公共设施自建调压设施满足用气需要。

（3）近期由天碱热电厂为本单元提供热源，远期由规划南疆热电厂解决。

（4）规划水源由新村水厂、新区水厂及海河南岸规划水厂提供。

2.区域能源站

于家堡金融区为高密度集约型区域，能源需求集中，需求量大，采用区域能源站的能源规划方式是有效的措施。在高密度地区进行大规模集中型的开发中，相比在各个建筑物中单独单独进行空调和热水的能源供应，采用在开发地区的能源中心集中供应给各个建筑物的方法，能够发挥规模和尺度上的优势，进行能源合理配置，降低能源消耗，积极促进低碳化进程。

于家堡金融区以自建供冷供热机房为辅，根据地块业态和开发时序，结合公共绿地及地下空间，规划建设8座区域供热、供冷站，为金融办公、金融会展、商业、文化等供热供冷，服务的总建筑面积约690.7万平方米，占规划建筑面积的

72.9%，平均服务的建筑面积为86.4万平方米，区域能源站的最大供应半径为1公里，平均供应半径0.5公里。区域能源站采用集中的蓄冰电制冷为主，补燃型燃气冷热电三联供与地源热泵的冷热源形式，年节能量为12110.5吨标煤，减少二氧化碳排放31487.3吨，减少水资源消耗88428.3吨。

图1.22 于家堡能源站效果图

图1.23 冰蓄冷剖面图

图1.24 轨道交通规划图

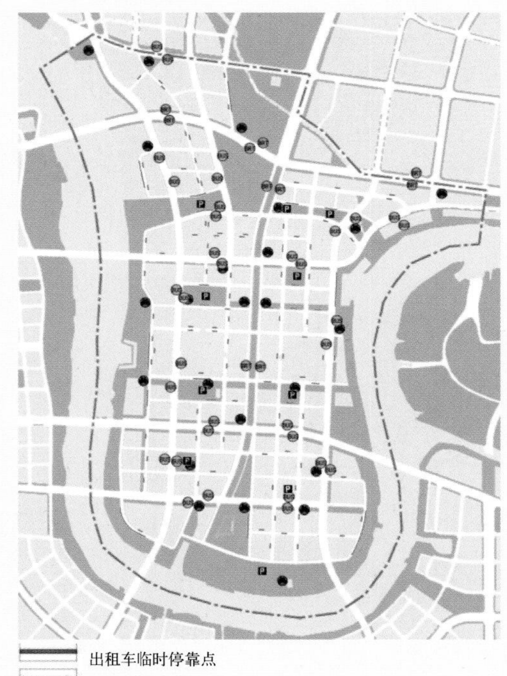

图1.25 地面交通规划图

3.管线共同沟规划

为提高地下资源的利用率，提高地下管线的耐久性及安全性，并方便管道运行维护，本单元内规划建设市政管线共同沟。规划共同沟由东西两条主线及若干横跨道路的分支接头组成。全线全长3.96公里，其中东线1.89公里，西线2.07公里。

1.3.2.4 于家堡低碳交通规划

1.道路规划

道路规划为100米×100米的小街区密路网，形态均为方格状，减少街区间的距离，有利于人们低碳出行与弹性开发。在不影响于家堡人们出行的前提下，为减少交通对海河生态景观的影响，于家堡在重要的外部链接部位，规划了6座的跨河桥与其连接。

2.轨道交通

（1）京津城际于家堡站位于于家堡北侧，占地约77000平方米，为京津城际铁路终点站。沿途经河东区、东丽区，至塘沽于家堡，线路全长44.68公里。该线将北京、天津、滨海新区快速连接起来，实现公交化，形成滨海新区与周边地区方便快捷的交通联系。

（2）于家堡共规划4条地铁线路，呈“两横两纵”格局，其中Z1线和B3线东西向穿越规划区域，Z4线和B2线南北向穿越规划区域。

3.地面公交规划

（1）地面快速公交：快速公交干线布设在中央大道和新港二号路上，并在这两条道路上设置公交专用道和公交港湾停靠站。快速公交干线可开行大站快车或BRT系统，与天津中心城区建立方便、快捷的城际联系。

（2）地面常规公交：地面常规公交分为普通公交系统和内部中巴接驳系统两种。公交首末站：5处，港湾公交停靠站：21对，自行车租赁点：25个（50泊位/个），出租车临时停靠点。以400米距离为站距，均匀分布。

4.水运公共交通

利用于家堡现有的海河资源，结合滨河区域的旅游资源、文物

图1.26 于家堡高铁站效果图
（图片来源：http://www.chnrailway.com/news/20111208/1208373379.html）

图1.27 于家堡高铁站效果图

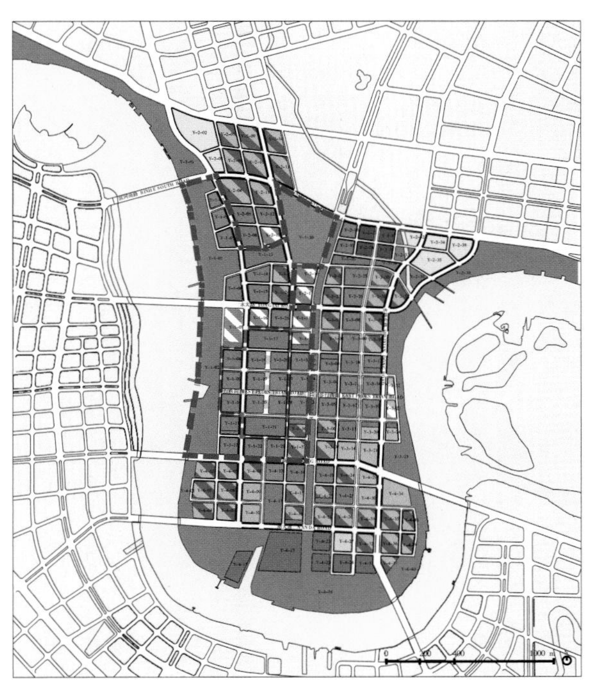

管理办公 ADMINISTRATIVE OFFICE
办公/商业 OFFICE / COMMERCIAL
服务式公寓 SERVICE APARTMENT
公寓 APARTMENT
文化/公共/娱乐/其他 PUBLIC USE: CULTURAL / CIVIC / ENTERTAINMENT / OTHER
交通 TRANSPORTATION
酒店 HOTEL
会展/酒店 MIXED USE: EXHIBITION-CONFERENCE FACILITY / HOTEL
混合功能：酒店/办公 MIXED USE: OFFICE / HOTEL
混合功能：办公/服务式公寓 MIXED USE: SERVICE APARTMENT / OFFICE
混合功能：酒店/服务式公寓 MIXED USE: SERVICE APARTMENT / HOTEL
绿化与开放空间 GREEN & OPEN SPACE
水域 WATER
道路/桥梁 ROADWAY / BRIDGE
步行街 PEDESTRIAN STREET

图1.28 于家堡用地性质规划图

分布，在海河两岸设置过海河的渡轮码头以及公共旅游轮渡码头，增设观光游览船码头以促进旅游业发展。在码头旁边设置公交站点、出租车载客区，提高码头的交通可达性和便利性，以促进海河两岸观光游览等旅游业发展。

1.3.2.5 于家堡低碳空间布局规划

1.空间布局：高容积率、高密度的空间布局形态，节约了土地的利用，并有利于集中供应能源。

2.高效立体交通：保持密路网，结合防洪堤设各分层道路，提高机动车的快速通行能力。

3.集中生态公园：提高使用效率，周边建筑有效界定城市空间，并为市民提供了多处引以为傲的生态斑块。

4.功能混合：土地混合使用，将工作、居住、商业、交通、服务等多种资源在于家堡区域有机融合。例如酒店与会展结合、酒店与办公结合、公寓与酒店结合、地下交通与商业配套结合。实现就业与居住平衡，减少交通出行、减少消耗，有利于能源集中供给。

5.生态廊道：建筑群避让景观绿地，形成生态廊道，有利于区域自然通风。

6.地下空间：充分利用地下空间，将交通、商业、景观、市政等功能混合规划，增加交通换乘点的使用功能，营造极具人气、生活便利的活力金融区。

1.3.2.6 于家堡低碳景观规划

总体绿地布局采取集中布置绿地公园的原则，化零为整，既能增强绿地的功能，同时提高了地块的使用效率。

1.慢行步道：线性公园的规划为红线内规划30~40米的绿化景观带，道路两侧绿地以种植高大乔木为主，使之成为重要的绿化慢行步道。

2.生态斑块：规划集中生态公园，形成有效固碳的生态斑块，并将公园网络与城市各部分的城市景观紧密连接，沿着街道或者街区形成城市绿色生态廊道。

图1.29 于家堡中央大道规划图

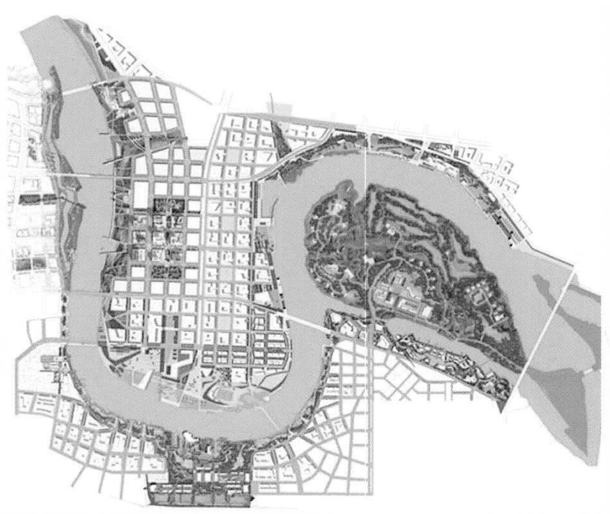

图1.30 于家堡景观规划平面图

图1.31 于家堡鸟瞰效果图

3.生态网络：构建“一带一廊十片”的绿化生态体系，即环绕海河的带状公共绿地；沿中央景观大道形成绿色生态走廊；布置10处公园形成重要的绿化景观节点，北部与紫云公园相连接，并将城际快车站做成公园式绿色站点，与外围更大的滨河绿地景观相连接。在整个区域收集暴雨雨水用于灌溉绿色景观。

1.3.3 城市设计

于家堡将打造成为海河边上一个标志性的商业和金融中心，突出其滨水的城市界面，高低错落的高层楼宇，形成动人的外部节奏；区内公园绿树成阴，集中公园与高密度楼宇的结合形成极具围合感的各个小中心。

城市空间布局

（1）由林阴人行道和自然公园组成的中央大道将成为一条绿色通道贯穿于家堡的南北向轴线。特色步行街位于半岛的中心，形成东西走向的主要通廊。

（2）建筑高度将会由河滨的相对低矮向中心交通枢纽和中央大道逐渐升高。位于不同位置的建筑都将享有各自的景观视野。

（3）超高层塔楼围绕着中心交通枢纽组团式布置，勾画出于家堡中央商务区的核心形象。高密度混合功能的建筑群围绕着中心交通枢纽，四通八达的交通网络和完善的市政设施将会从半岛延伸至周边的其他6个区域。

第二章

于家堡低碳发展研究

2.1 于家堡特点研究

2.1.1 于家堡特点及优势

2.1.1.1 密路网、高密度的紧凑城市

于家堡金融区土地开发强度大，各地块容积率较高，核心区域容积率超高，规划使用高层、超高层建筑，小界廓、密路网的空间形式。

1. 小街区的城市街坊

（1）小街区的尺度

国内一般城市规划以大尺度的街区路网为主，尺寸在140米~550米之间。于家堡采用100米×100米的小型街区尺度进行道路规划。

（2）小街区的作用

尺度较小的地块提供适宜步行的城市环境，有利于发展可持续发展的城市环境；由宽度较窄的街道组成的细密的道路网，实现区域内微循环，为车辆提供较多的选择从而减小了主要干道的压力，提升公共交通的准点率，使之成为以公交为导向的城市；更多的道路可以增加临街面积，活跃街道、增加商业人流量。

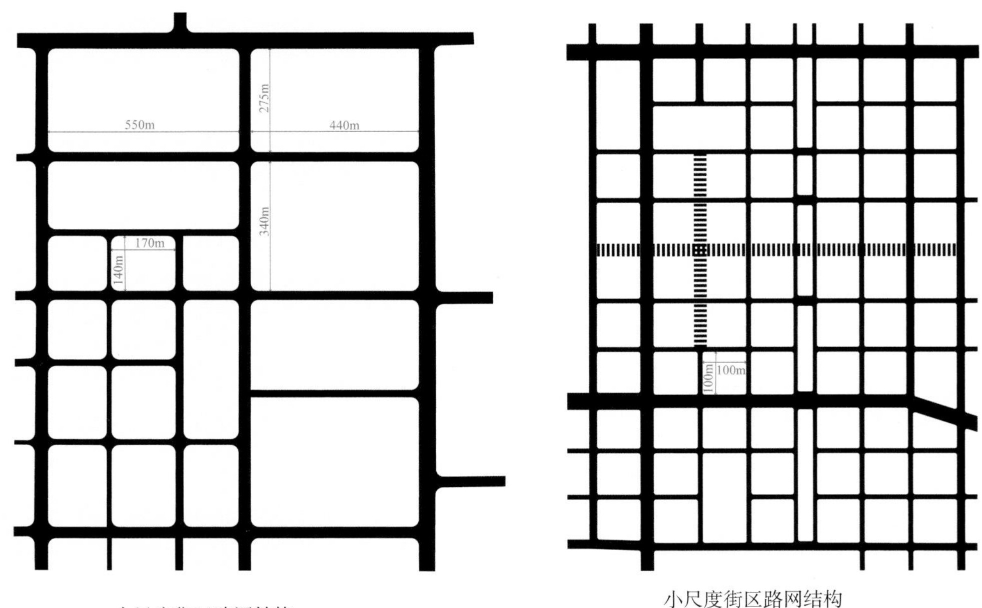

图2.1 于家堡小街区城市导则

2. 高层高密度

于家堡规划超高层建筑超过60%，在一公顷左右的地块中，容积率大部分在5~20之间。高层高密度使城市功能高度集中，在交通层面上能减少人们的出行距离；在基础设施配建方面，较其他模式单个站点可辐射到的用户较多，可节约站点建设；能源系统方面也可规划集中供给的区域能源站，从而更节约能源、高效利用。高层建筑阴影较长，楼与楼的间距较近阴影会相互覆盖建筑物表皮，有利于夏季较少太阳辐射产生的高温高热。

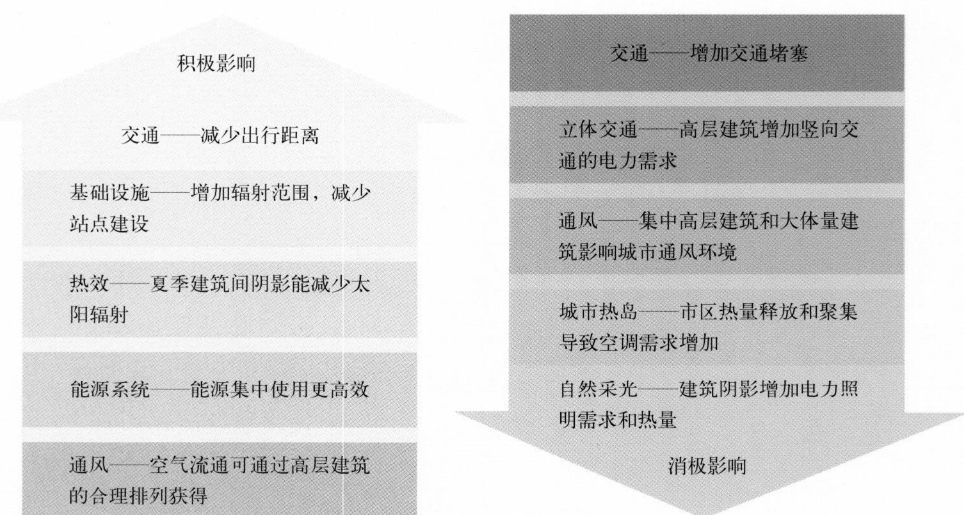

图2.2 城市密度对城市的影响

2.1.1.2 功能混合

于家堡地块使用性质强调多种功能的混合使用，使地块更具可发展弹性，酒店与会展结合、酒店与办公结合、公寓与酒店结合，提高使用效率、较单一功能建筑更容易聚集人气，减少人们交通出行距离。进行功能复合的综合性开发，地铁交通结合地下商业、停车和战时仓库合理布置，提高空间利用效率。

混合功能区理论的产生，直接导致了城市混合综合体的出现。这是对国际建协（CIAM）提出的分区规划方法无视人们生活现实情况的有力修正，是城市生活多样化的功能选择了城市空间的立体混合开发。于家堡高密度的开发模式形成以高层和超高层为主的城市地上空间形态，并将商业和办公、居住等功能在一个单体建筑内混合开发，以城市综合体的模式让城市空间综合成一体，有利于城市空间垂直发展。

2.1.1.3 城市立体空间

1 王鹏. 城市空间的立体化发展[J]. 华中建筑, .2000（03）.

土地资源紧缺，寸土寸金，是许多大城市曾经或正在面临的问题，经过几十年的实践，已取得一些有益的经验。其中城市空间的立体化开发，已被证明是克服城市矛盾、改善城市环境、改进城市面貌的一种有效途径。立体化开发，意味着在水平和垂直两个方向上发展，在垂直方向上又包括向高空和向地下发展两个方面。国外又将空间立体化发展称为“三维化发展”[1]。

于家堡空间包括地上的垂直发展与地下的立体发展。地上垂直发展是指建筑以超高层、高层为主，通过功能混合的模式，向高空发展；地下立体发展包括多层次的空间结合，与多层次的功能结合。

多层次的空间结合是指于家堡地下规划的四个部分。第一部分是地面层与地下一层之间有4米的夹层，功能包括建筑地下室，直埋式市政管线，城市中庭、边庭；第二部分是地下一层，设置有建筑的地下室、地下公共停车场、中央隧道、地下商业、地下人行通道、地下车行通道、共同沟及地铁站厅、公交首末站等设施；第三部分为地下二层，设置了南北向地铁、地下车行通道、中央隧道、城铁站台、地铁站厅通道等设施；第四部分为地下三层，包括东西向地铁、地铁站台通道等设施。

下沉广场、地下商业、高效立体化的交通模式，三横两纵的轨道交通把西北、

图2.3 于家堡城市沿河立面效果图

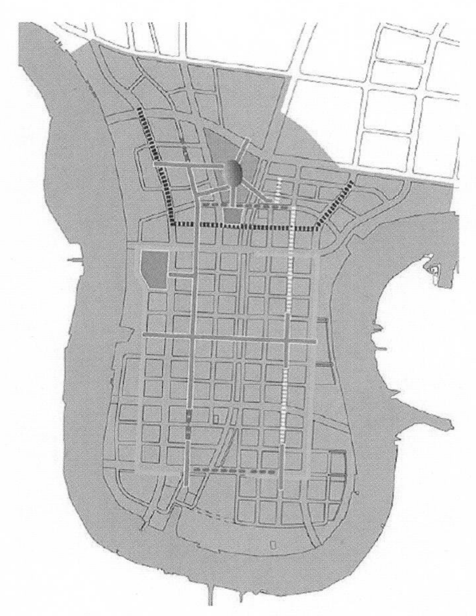

图2.4 于家堡地下综合利用图

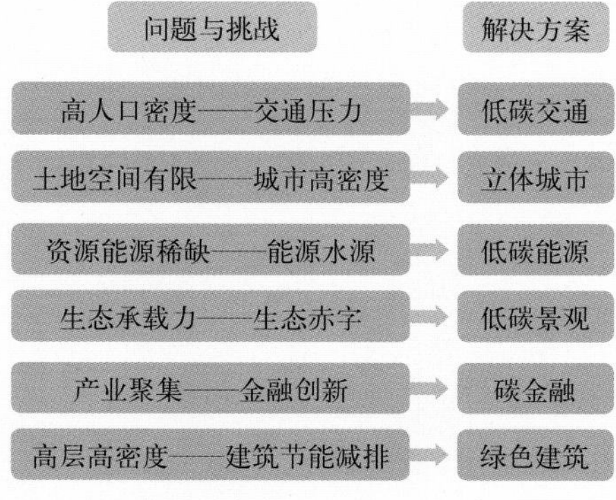

图2.5 于家堡城市特点分析

华北、东北方向的交通要道有机连接；京津城际高速铁路于家堡站与轨道交通组成零换乘枢纽，实现于家堡金融区高效快捷的商务特征。

2.1.2 于家堡的问题与挑战

低碳城市应针对城市发展以及碳排放的问题与挑战寻找减碳路径。于家堡区域作为滨海新区中央商务区的核心区，面临着诸多的城市低碳发展的挑战。

1.高密度的混合开发

土地空间有限意味着高密度的城市空间，在3.86平方公里的CBD中容纳30万工作生活人口，将带来交通、资源、能源以及自然生态承载力的巨大压力。除此之外，中央商务区单一的金融服务业需要城市运营对金融创新的支持，知识经济为主体的城市经济则需要吸引大量高端的人才。于家堡在城市发展中如何应对上述挑战并提出解决方案则是城市低碳路径的核心（图2.5）。

由于高层建筑能耗强度（单位土地面积上的能耗）高，给低能量密度的可再生能源利用带来困难，在超高层建筑中采用被动式节能措施也很不容易，而且是城市热污染（热岛效应）的主要来源。因此，高层建筑能源系统的效率对于降低其能耗就显得至关重要。由于高层建筑对城市日照环境和风环境有很大影响，因此对于低碳的紧凑型城市应该进行“气候设计”，即对城市空间各个等高面上的气流、温度和日照分布做模拟分析[1]。

2.不利于可再生能源利用及增加碳汇

从能量密度，用地及成本角度看，相对CBD或者城市中心城区来说，太阳能、风能利用对碳减排的实际作用不大。城市通过屋顶绿化、垂直绿化等增加绿地碳汇，可以一定程度上减少碳排放量，但在城市中心区由于碳排放量密度较高，单纯增加碳汇对于减碳的贡献度相对其他方式来说不高。

3.三面环水的半岛地形

于家堡被海河三面环绕，形成半岛形状，与外界的交通联系需通过桥梁联系，而过多的桥面建设会破坏海河的自然景观与于家堡的滨河城市形象，故对外交通较为不便。同样也因半岛的地理形态，不利于市政管道的链接，造成能源供应不便。

---

1 龙惟定，白玮，梁浩. 低碳城市的城市形态和能源愿景[J].建筑科学，2010.26(02).

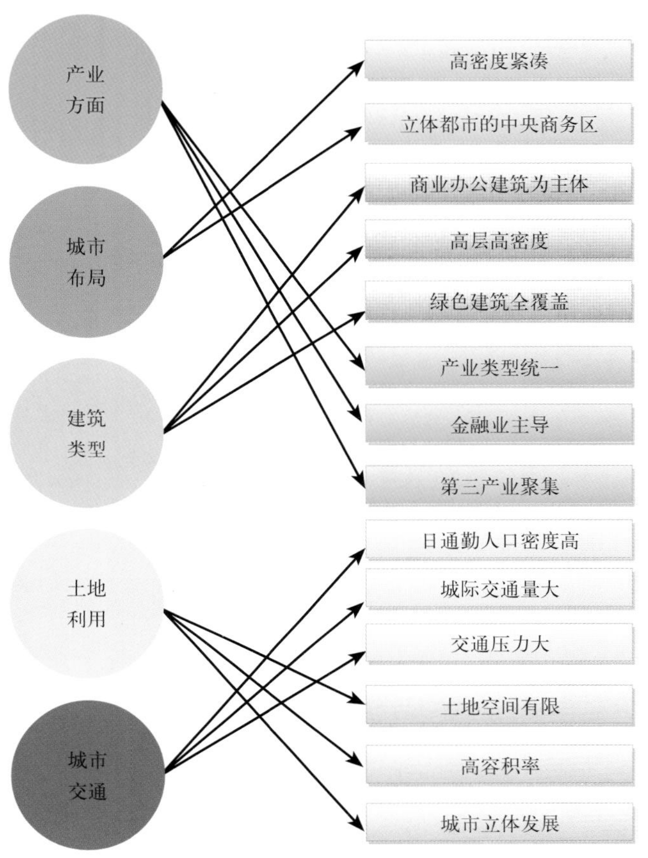

图2.6 于家堡金融区低碳示范城镇发展的相关挑战

4.相隔较远的地理区位

于家堡地理位置与天津主城区相隔45公里，需耗车程1.5个小时。较远的距离与较长的出行时间，为于家堡招商引资吸引人流带来了巨大的困难。规划的轨道交通与高铁，建设需要一定的时间；在此期间，如何解决这个问题，提高出行效率，成为于家堡的一个重要挑战。

于家堡金融区低碳示范城镇发展的相关挑战归纳起来主要有为五部分：产业方面、城市布局、建筑类型、土地利用、城市交通（图2.6）。

2.2 于家堡低碳目标

2.2.1 城市定位的低碳分解

于家堡的整体城市定位是“低碳CBD，智慧金融城”，结合于家堡城市发展特色、挑战及其低碳解决方案将城市定位具体分解为“低碳生态城”，“网络金融城”，“垂直立体城”，“多元活力城”，“智慧未来城”五个方面（图2.7）。

垂直立体城

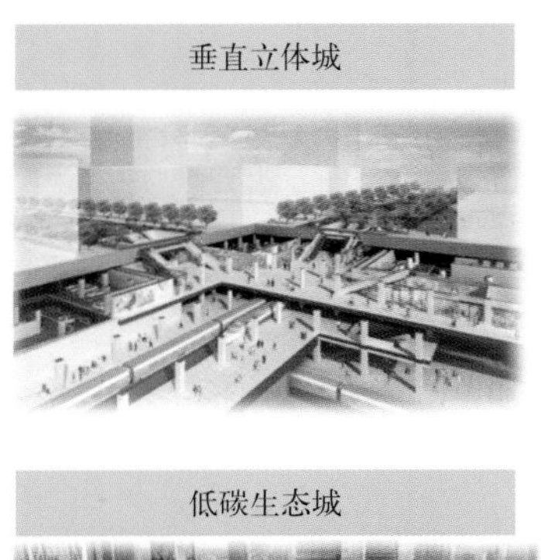

智慧未来城

低碳生态城

多元活力城

网络金融城

图2.7 于家堡低碳定位分解——问题导向的低碳区域特色

2.2.2 于家堡低碳总体目标

于家堡的低碳总体目标是发展成为一个“**城市低碳智慧运行、资源集约高效利用、经济持续发展创新的低碳生态金融区**”，为APEC国际低碳城镇建设作出示范，为中国新型城镇化低碳发展作出表率，为适应全球气候变化提供城镇低碳发展的解决方案。

未来实现这一愿景，于家堡将碳减排的量化目标作为低碳城市发展的关键，以低碳规划为前提，以低碳资源为核心，以绿色建筑设计为载体，以低碳金融为特色，努力建立具有国际竞争力的金融低碳城市。

2.2.3 于家堡低碳目标分解

（1）减排目标

于家堡将成为：

C1 一个实现绝对减排的新城镇；

C2 一个在碳减排各方面指标达到国际领先水平的城镇。

（2）环境目标

于家堡将成为：

E1 一个拥有良好自然环境的高密度都市；

E2 一个资源能源集约利用达到领先水平的城市；

E3 一个拥有智能感知技术与环境的智慧城市。

（3）空间目标

于家堡将成为：

S1 一个高密度集约布局的立体城市；

S2 一个拥有高性能绿色建筑和高碳汇低碳景观的城市；

S3 一个通过公共交通和慢行交通实现便捷交通的高度可达性城市；

S4 一个具有特色街区、活力街道的混合功能城市。

（4）社会经济目标

于家堡将成为：

SE1 一个对人才和企业有吸引力的区域金融中心；

SE2 一个引领碳金融、碳交易的低碳经济创新都市；

SE3 一个以低碳政策引导低碳生活、低碳运行的城市。

2.2.4 于家堡低碳关键绩效指标

低碳城市的总体战略目标是“生产、生活、生态以及碳源、碳汇的协同框架”（图2.8）。

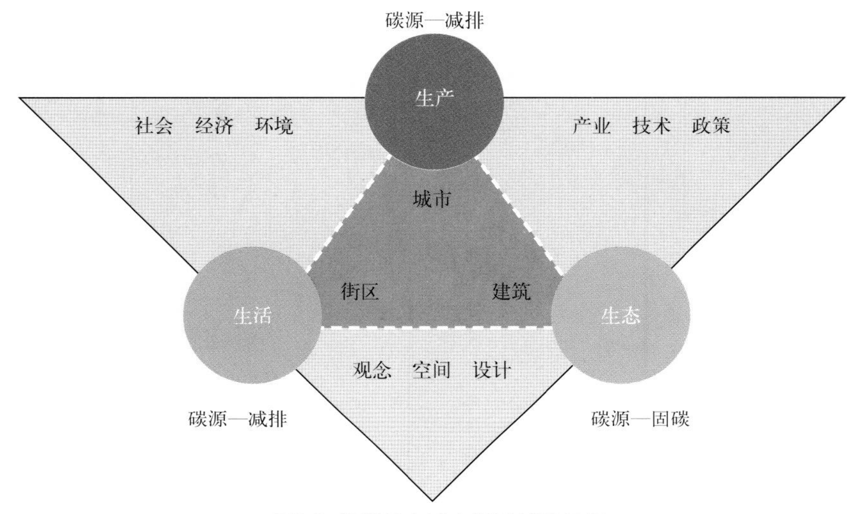

图2.8 低碳导向城市设计战略目标

国际先进可持续城市的低碳发展计划普遍会有一个确定的碳消减总体目标。如美国纽约市2007年在“规划应对气候变化”报告中提出到2017年减少30%碳排放的目标，法国巴黎2004年在“巴黎气候规划”提出2050年减少75%碳排放的目标，英国伦敦1990年在“市长气候变化行动计划”报告中提出到2025年减少60%碳排放的目标。国内的生态城市也经常在生态指标体系中提出碳排放的指标，常常以碳排放强度指标出现（表2.1）。低碳生态城市针对碳排放目标还会提出一系列的关键指标作为达到总体目标的核心考核目标。

国内低碳城市案例对比 **表2.1**

项目	唐山曹妃甸生态城	天津中新生态城	北京长辛店低碳社区
规划面积	一期30km^2（起步区12km^2）总人口80万	34km^2 人口规模35万	5km^2 规划人口7万
低碳目标	气候中性城市（可再生能源使用率95%以上温室气体零排放）	单位GDP碳排放量不超过150t/百万美元；建成后二氧化碳少排放80%	相对现有规范二氧化碳排放减少50%，能源使用减少20%
低碳相关理念和规划设计策略	在建筑/能源供应和交通方面采用节能方案；亦可持续方式进行淡水资源管理；链接水/能源和废物循环	①集聚密度②沿交通轴线和站点设置高容积率③交通导向开发④混合土地使用⑤工宿比50%⑥城市形态基本模块400m×400m	能源需求管理，可再生能源利用；碳减排；低水耗；水的最大循环使用；交通可达性；废弃物管理与再生
可利用清洁能源	风能/垃圾焚烧/太阳能/潮汐能	可再生能源使用率15%	太阳能/垃圾
项目进展	2009年3月起步区动工	2008年9月动工	

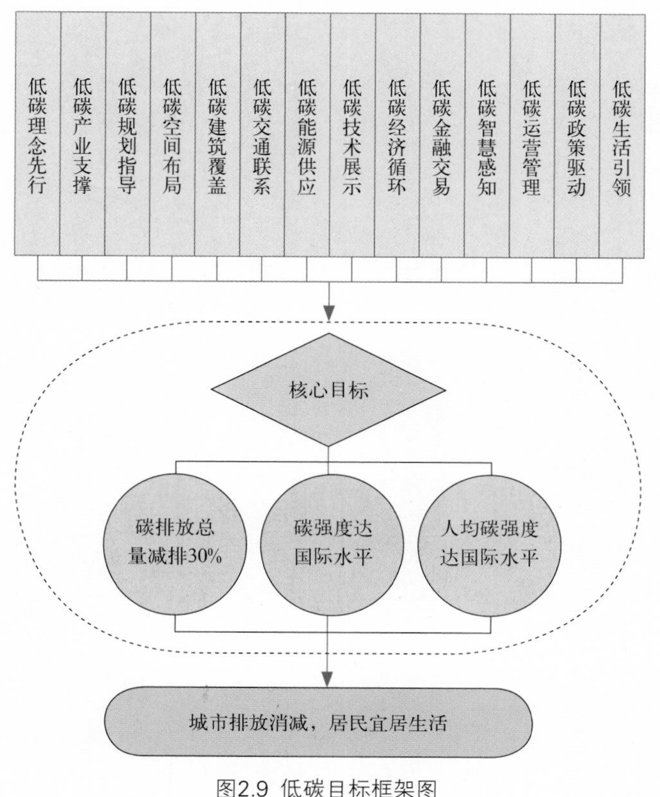

图2.9 低碳目标框架图

针对于家堡低碳总体目标和目标分解，于家堡从城市低碳运行的温室气体量化减排出发，提出具有先进性和示范性的关键绩效指标：

C01 碳排放全层次量化指标
C02 高星级绿色建筑覆盖指标
C03 区域能源集约供应指标
C04 室内空气质量指标
C05 高密度低碳城市空间指标
C06 水资源节约指标
C07 高比例低碳出行指标
C08 地下空间综合利用指标
C09 碳金融与碳交易创新示范指标
C10 智慧城市指标

2.2.5 于家堡低碳目标框架

于家堡低碳城镇从低碳发展的全方位出发，从而形成低碳目标的整体框架。

2.3 于家堡低碳路径与模式

2.3.1 于家堡低碳建设原则、技术路线

于家堡的低碳建设定以下三点主要原则：

1.整体性原则

低碳城镇的规划必须在城镇可持续发展和区域可持续发展的框架内组织规划对象、规划方式和规划策略，以低碳发展为主线，整体推进。无论是低碳发展还是可持续发展都不是传统城市发展之外的单独门类，因此，以低碳及可持续发展为导向的城镇规划不是城镇的生态规划，而是“低碳”与“可持续发展”在城镇发展各层面，城镇规划体系各层面的渗透。

2.弹性规划原则

“弹性规划”是解决城镇规划经济性和动态性问题的一种有效方式，也是

城市规划适应城市可持续发展要求的一种重要研究思路。在市场经济体制下，低碳城市规划需要同时解决两方面问题，一是现有规划体系与市场经济体制的矛盾；二是现有规划体系与低碳及可持续发展思想之间的矛盾。弹性规划是解决以上两种矛盾的一个有效思路。弹性规划主要是指在确保规划原则性内容得到控制的前提条件下，如何使规划编制和实施管理具有更好地灵活性、可调整性和应变能力。

3.可量化原则

于家堡区内建筑、景观、能源、交通等，均实行可量化原则，从全生命周期对碳排放进行计量，使低碳减排任务具体量化，将减排落实到各个单位。

首先对于家堡所涉及区域的主要碳源、碳汇和碳流情况进行预先分析，一方面可以增进对环境的认识，把握当地影响碳排放的社会、经济和物质环境驱动因子；一方面也为城市设计低碳目标的确立提供参考依据，并作出可以优化的方向性判断。例如通过预先评估固定碳源与移动碳源的碳排放情况，可以发现各自的问题或优势；通过对区域总的碳收支情况进行评估，可以明确降碳的总体需求和主要分担领域，这些都成为后续基本目标设定、于家堡可行性研究以及设计组织最为根本的前提条件。

其次，通过对碳削减绩效贡献因子分析，初步提出一套衡量城市设计方案碳削减绩效的“综合贡献因子框架”。碳削减绩效贡献因子是指对方案整体降碳而言起到重要促进作用的策略或途径。

2.3.2 于家堡低碳模型

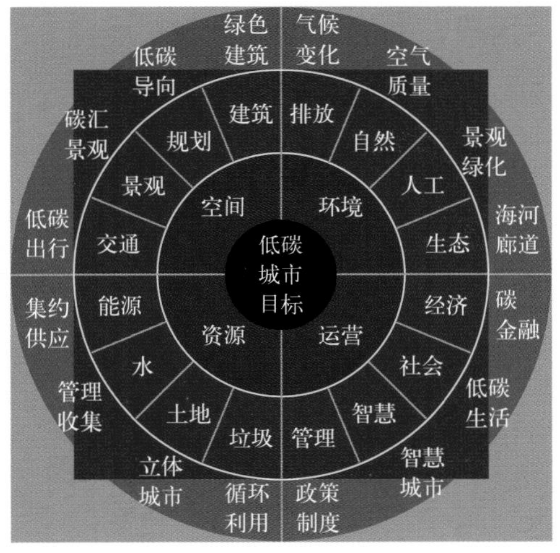

图2.10 于家堡低碳模型

于家堡是一个以城市发展的现实条件为起点，以全面可持续发展为导向，以低碳发展为主线，以高效节约能源为重要资源管理特征，以CBD金融产业主导为特色的低碳城市发展模式。目的在于整合已有建设经验，综合解决城市低碳及可持续发展中的能源、资源和环境问题，使各发展目标和发展系统之间相互制约、相互促进，在降低发展成本的同时最大限度提高发展效益。

在系统构成方面，该模式是通过对资源、环境、空间和运营的协同整合（图 2.10），实现“高效率、低排放”的城市能源、资源利用，促进城市发展与自然环境的和谐。

在该模式中，通过对城市空间，包括建筑、规划、景观、交通方面的低碳设计，结合对能源、水、土地、垃圾的资源管理，并在经济、社会、智能、管理层面提出运营标准，使于家堡金融区未来的发展对当地生态环境形成一个积极的影响。

2.3.3 于家堡低碳路径

低碳城市首先需要从碳源和碳汇角度分析城市碳排放的基本要素，从而对减碳路径和技术策略形成清晰的框架。减少碳源、增加碳汇是低碳城市的基本原则。于家堡金融区减少碳源的低碳路径包含空间路径、技术路径和社会路径三个层面。空间路径涉及高密度开发的紧凑型城市、TOD公交导向开发、小街坊密路网的城市结构以及功能混合的城市布局。技术层面涉及能源、建筑、交通和废弃物循环，包括可再生能源利用、区域能源站、建筑节能、绿色交通、新能源汽车、垃圾循环、中水回用等技术路径。社会路径涉及智慧城市、电子商务、碳金融、绿色生活、清洁发展机制等方面。增加碳汇涉及植物固碳、立体绿化、垂直农业、碳捕捉技术等方面。三个层面的低碳路径从不同层面相互影响，共同作用，形成于家堡低碳城市形态与结构（图2.11，图2.12）。

图2.11 于家堡低碳路径

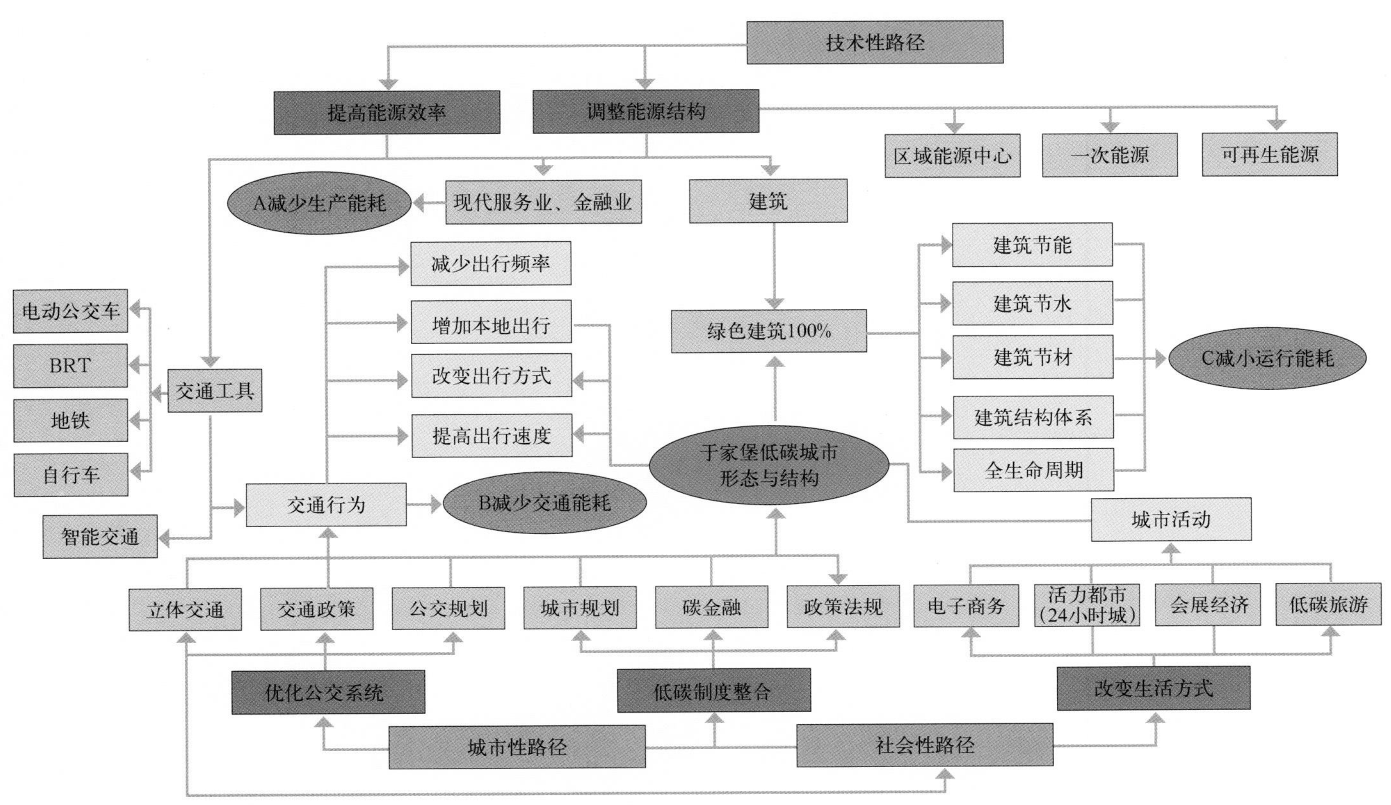

图2.12 于家堡低碳路径的空间路径、技术路径和社会路径

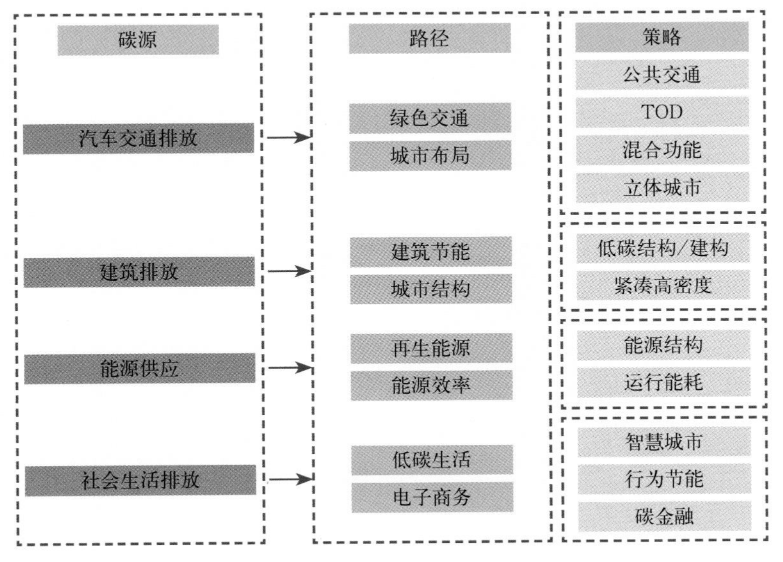

图2.13 应对碳源的低碳策略

于家堡金融区用地狭小，建筑密集，植物碳汇的减碳能力极为有限，面对碳源有针对性地减排成为有的放矢地实现低碳城市的技术策略。交通排放、建筑排放、能源供应和社会生活排放是于家堡碳源的四个主要来源，针对碳源，发展出从城市规划到社会生活的低碳路径与技术策略（图2.13）。

2.3.4 于家堡低碳循环模式

低碳城市的低碳路径集中于减少资源能源的消耗，如何使资源在城市运行中形成循环，以低碳循环的模式进一步减少城市的消耗与输出。结合于家堡城市资源能源的输入与输出，生成资源循环、能源循环和水循环的低碳循环模式，使城市资源充分循环利用，减少资源消耗的碳排放（图2.14）。在低碳城市循环模式的基础上，环境、社会与经济的各种要素形成复杂的循环网络，共同形成“低碳CBD，智慧金融区”的于家堡金融城（图2.15）。

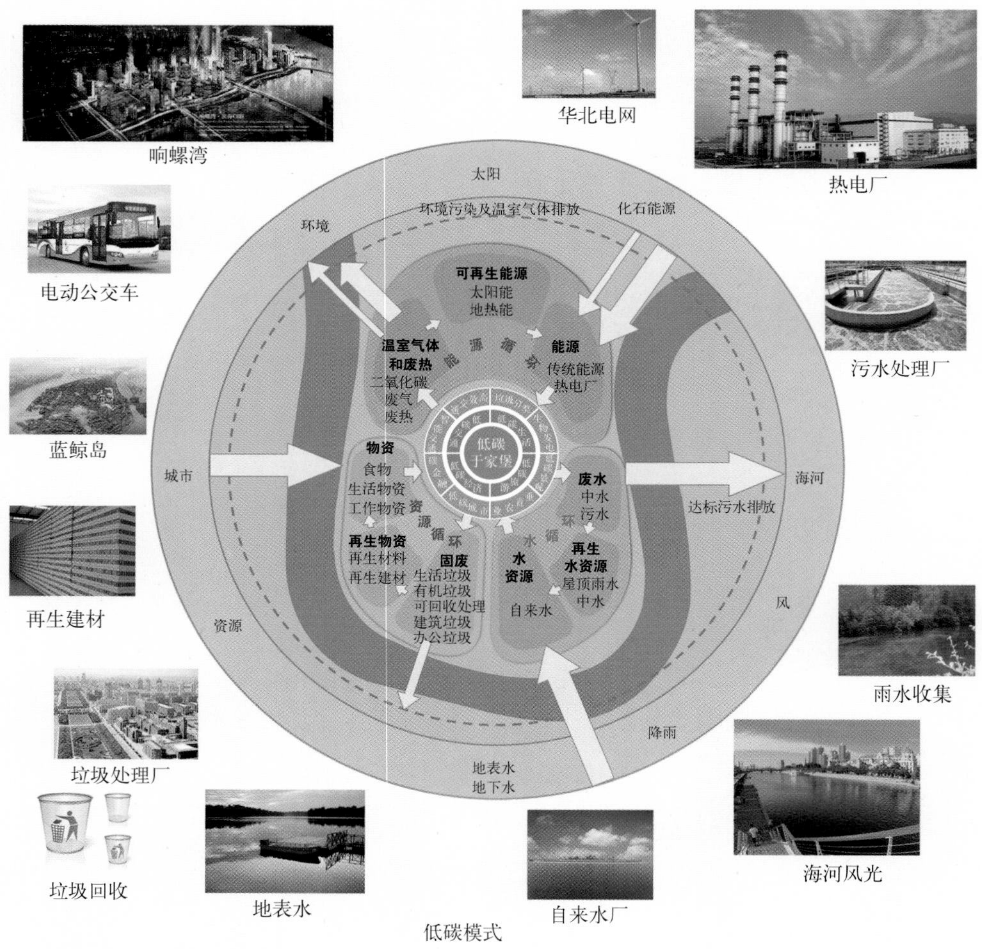

图2.14 于家堡循环模式

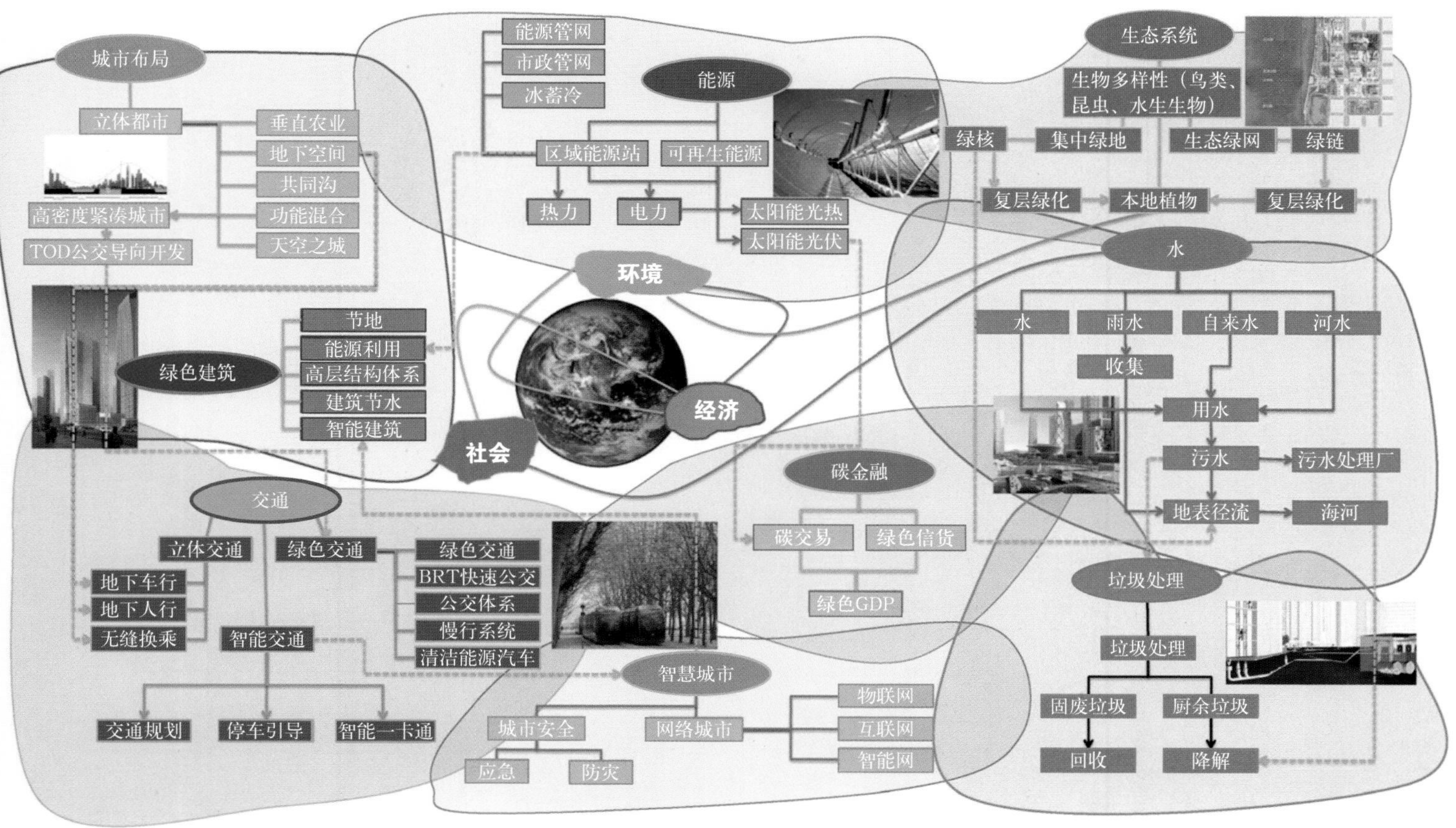

图2.15 于家堡低碳循环网络

2.3.5 于家堡低碳策略

通过对于家堡问题与挑战的分析，遵循可操作、可实施的原则，我们从城市规划的角度进行研究，按照重要指标及环节、规划编制策略的指标分解路径，从低碳城市空间、低碳能源利用、低碳交通出行、绿色建筑、低碳系统管理、低碳经济六方面提出减碳策略。

1）低碳城市空间

针对高密度的弊端，低碳城市空间是通过对城市密度的调整与控制，以及对空间结构的合理规划，节约土地资源，降低能源消耗来实现的。我国当前人均建设用地为130多平方米，远高于发达国家人均82.4平方米和发展中国家的人均88.3平方米。因此于家堡从城市人口密度方面控制人均用地面积。

（1）城市密度的制定要遵循城市的人口密度，在人口容量容许的范围内，提

高人口密度;

（2）微气候的城市布局。于家堡根据区域气候特点，采用计算机模拟，优化建筑设计朝向，调节街区微气候，有利于建筑节能，降低碳排放。

（3）CBD立体发展，于家堡将以往分散在地面的各种设施垂直分布在立体的空间结构里，通过垂直空间的集约化设计，大大减少了对紧缺土地资源的需要。

（4）城市空间布局是紧凑型、多中心、组团化和网络式的; 通过城市气候设计完成城市总体规划; 所有废弃物实现循环利用; 集约型多功能的社区，用先进的ICT技术（信息/通信技术）减少交通需求; 舒适和无缝换乘的公共交通系统，自行车与步行优先的道路网络; 所有建筑都按绿色建筑标准建造，建筑节能水平高于国家标准; 保留天然湿地、绿地，发展都市农业，形成城市碳汇和碳库[1]。

2）低碳能源利用

能源结构方面，由于城市密度较高，太阳能运用所能产生的能源对比该地区的能源需求显得微不足道，实施起来并不现实。而区域能源的模式更为适合这种高密度、高容积率的城市。

（1）建设区域能源站

深入研究区域能源结构，开展区域供冷供热专项研究，综合利用城市电厂余热、峰谷电力、冰蓄冷等低碳能源和技术，在城市开放空间和公共绿地，结合地下停车规划设计了若干个能源中心，取代在单体建筑物内设置供冷供热机房的传统模式，最大限度地集约利用能源和土地，为金融区提供绿色能源。主要包括以下策略:

■以区域能源站为主、以自建供冷供热机房为辅，充分利用单体建筑间空调负荷的互补特性，节约冷、热源投资与供冷、供热机房建筑面积;

■根据地块业态与开发时序，结合公共绿地及地下空间，规划建设8 座集中区域能源站;

■采用区域层面上的混合能源结构冷、热源形式，根据不同业态与能源站形式，针对性综合利用城市热网、城市燃气、电力、可再生能源等:

■在有埋管条件的区域，应尽量采用埋管地源热泵系统;

■供热热源应尽量采用城市热网，以日间冷负荷为主的电制冷，尽量采用蓄冰系统;

■必须采用燃气为供热的输入能源时，优先考虑燃气冷、热、电三联供;

■出售型居住建筑建议采用城市热网供热，多联或单元式空调的供冷、供热形式。

1 http;//www.docin.com/p-671794866.html

（2）建立区域能源管理系统

■利于采用高能效的技术与设备，实现专业化、合同化管理，提高能源利用效率，以节约能源、减少碳排放、降低运行费用；

■综合应用运用物联网技术，建立全面且操作简单的智慧能源管理系统，具备系统预警及专家建议功能，为碳排放交易平台提供数据基础与支撑，保障节能目标的实现与可持续性。

■引入国际能源管理公司，对区内的能源站建设统一管理，以实现对低碳化运行的有效支持。

3）低碳交通出行

高密度高容积必然吸引大量人流进入于家堡区域，低碳交通需解决大量人流带来的拥堵问题，并减少区域内汽车尾气的碳排放。

为了使低碳城市实现其战略目标，注重以下几点实施要点：

（1）采用公共交通导向的用地布局模式（TOD），在轨道交通站点300米范围内强调关联用图的混合发展模式，至少包含公共管理与公共服务设施用地（A类），商业服务业用地（B类）、居住用地（R2类）中的任意两类用地，从而减少该区人流通勤。

（2）采用垂直立体交通模式，设置地下车行、人行系统。通过地下过境车行系统提高车速，研究显示如果平均车速从50公里/小时下降到30公里/小时，碳排放相应增加10%，提高车速有利于减少碳排放。

（3）城市密度足以激励非机动车以及公共交通出行；

（4）城市形态采用微观设计，以鼓励人们在金融区内采取步行和骑车的方式出行；

（5）由一套完善整合的公共交通体系来构成金融区的社会服务网络；

（6）规划快速公交系统：BRT专线，提高公交可达性和通畅性，交通基础设施保证与中心城区的快速连通性，弱化城际距离的劣势。

（7）发展轨道交通，并调整轨道沿线的土地利用，提高其强度。

（8）规划全区非机动车与步行的慢行系统，提高慢行系统与公共交通接驳的便捷度。

（9）停车实行分区计费，限制城市私家车进入本区域。

4）绿色建筑

于家堡要求区内所建建筑均为绿色标识建筑，并规划建设垂直农业、低碳景观，从竖向与横向提高城市绿化面积，增加固碳量。

（1）绿色建筑从节能、节水、垃圾处理方面均有严格规定，有利于于家堡地区节约能源，减少碳排放。

（2）绿色建筑针对高层建筑的能耗特点注重建筑能效的提升。

（3）提高高等级绿色建筑的百分比，增加节能比率。

（4）于家堡绿色建筑建设遵循绿色施工导则进行施工建设，保证建筑质量与各项绿色设施后期的节能作用。

（5）建筑装修一体化，减少建筑垃圾的出现，减少交通运输。

5）低碳系统管理

低碳系统管理，于家堡通过无线互联、物联网，建设智能交通、智能建筑、智能安全监控，实现低碳智慧城市。

智能交通是将计算机技术、通信技术、系统工程等学科的理论充分运用于交通的管理和服务，有效缓解交通拥堵，提高路网的通行能力，从而达到全面减排的目标。

（1）动态感知：依靠物联网技术、云计算、3G移动通信技术等先进技术手段，让公众出行、企业经营、政府管理等及时、准确地感知到实时的交通信息，最终实现各种交通需求信息的供给在人、车、路之间快速、准确地相互传递。

（2）主动管理：通过动态感知交通信息，使公众、企业、政府实时把握最新交通信息，预测未来交通变化趋势，判断交通发展态势，从而对各种交通需求进行主动性管理，实现公众的主动参与、企业的主动把握和政府的主动干预，最终实现有限的公共交通资源（道路资源）在无限需求中的最大化利用。

（3）人车路协同：通过动态感知、主动管理，实现人、车、路三者之间的协同运作。公众、企业和政府，通过感知自身关注的动态信息，主动管理自身的交通行为，满足自身需求，同时实现车辆的安全舒适行驶和道路资源的最大利用，形成道路资源供给与机动车交通需求的动态平衡。

城市能源管理平台从监测和管理两个层面，通过24小时计算机的在线应用，提供远程监测、审计、控制、管理等服务，实现能源使用可计量、可验证、可持续的能源管理体系，有效节约能源利用降低碳排放。

（1）实现对区域能源的综合管理；

（2）实现对区域内各类建筑、系统（民用建筑、工业建筑、公共设施）的系统化管理；

（3）实现建筑能源信息数字化管理；

（4）实现用能设备的信息化管理；

（5）实现对区域能源（电、气、油、煤、水、冷、热）的计量与分析；

（6）实现对建筑、系统用能的指标化管理；

（7）为用户提供节能改造措施；

（8）为用能系统提供优化的节能运行策略；

（9）实现对用能系统的故障诊断；

（10）针对用户需求可灵活添加功能。

智慧建筑是一个被有效管控的、具备各方面相关系统的运营环境，作为一个生态系统涵盖了能源、排污、服务等方面，并在建筑物或园区级别实现优化管理，它与其内部的各个系统（如楼宇自动化系统）协同运作，并有机地组成了智慧城市的一部分，它将关键事件信息发给城市指挥中心，并接受来自城市指挥中心的指示。智慧建筑管理提供综合的解决方案，包括能源管理、设施管理、空间管理、运营服务，实现高效节能，减少碳排放。

（1）能源管理：通过能源监控和管理达到节能；在楼宇生命周期内减少能耗及浪费，以可持续的方式提高设施效能。

（2）空间管理：掌握企业楼宇群的空间使用情况；发现未充分使用的空间并且为有效空间使用提出建议。

（3）设施管理：通过对楼宇的不同类型设备情况的掌握及有效管理可以提高性能，提升使用率，延长生命周期。

（4）运营服务：为楼宇住户提供服务，有效降低住户运营成本，提高住户的生产和经营效率，实现更高的客户满意度。

6）低碳经济

该项指标体系的建立，不仅有助于确定于家堡未来低碳金融区发展在环境、资源、经济与社会的量化目标，为区内规划、建设和管理提供指导性的控制办法，同时也承担着衡量低碳金融区建设成效的重要责任。于家堡的建设目标不仅定位于“低碳于家堡”而且定位为“智慧金融区”，是世界上最具规模的金融改革创新基地结合于家堡金融区定位，碳金融、碳交易创新示范。

（1）碳核查：按照国家发展改革委统一部署和市政府关于开展碳排放权交易试点工作要求，为科学核定碳交易拟纳入企业的排放基数，合理开展配额分配，2013年11月于家堡的核查机构对20家拟纳入企业进行初始碳核查工作。

（2）碳交易：2013年12月26日，天津市碳排放权交易正式启动。减排成本低的、空间大的企业可以多减排，并可通过出售多余配额在市场上获利，减碳成本高的、配额比较紧张的企业可以在市场上购买碳信用额，这样整个市场的碳排放量得到控制，碳排放交易是节能减排的市场手段。于家堡金融区积极推进企业参与碳交易，提高节能减排的成效。

（3）绿色建材示范交易：中国首次区域绿色建材招标于2014年1月23日在天津于家堡金融区正式启动。它是国内首次在建设工程领域采用绿色供应链管理体系，是全部采用公开招标的方式，以实现采购的公开、公正和充分竞争，是在国内首次广泛强制采用绿色环保标准，对制造商和参与竞争产品均提出了具体的环境标准，这将开启于家堡绿色商品交易由点到面全面展开。

（4）绿色商品交易：于家堡金融区将组建绿色供应链产业联盟并借此开展各行业绿色商品行业标准的研究工作。设立绿色商品网络交易平台，将前期建立的交易系统应用在网络平台建设过程中，打造C2C电子商务模式。同时，于家堡金融区将建立于家堡金融区自主的绿色商业支撑体系。

于家堡低碳城市指标体系的实施可以考虑借鉴“城市规划项目”的某些成熟办法，将其作为一个基于碳融资的战略规划，以帮助城市获取多渠道的资金来源（包括CDM、碳信用资源交易市场、全球环境基金（GEF）以及其他新兴的国内和国际碳交易机制）；引入“城市规划项目”中的相关优势方法，结合自身发展特点制定一套适用于于家堡低碳指标体系的碳金融实施政策，使于家堡低碳城市指标体系从制定、实施、监管等与国际标准接轨，引领中国相关领域的发展。

以下列举可能的“城市规划项目”流程：

（1）成立项目规划统一办公室；

（2）确定项目规划的行政边界与管理范围；

（3）评估于家堡范围内的温室气体实际排放情况；

（4）确定相关部门或机构的责任；

（5）设定参与项目的资格条件与实施办法（低碳指标体系）；

（6）出台相应的鼓励机制；

（7）制定实施和监测机制；

（8）量化减排量：实际测量或预测；

（9）核准减排效益。

于家堡金融区低碳示范城镇指标体系的从低碳环境保护、低碳资源利用、低碳空间组织、低碳交通出行、低碳经济发展、低碳城市运行六方面入手，确保于家堡金融区低碳示范城镇各项指标的实现，这六方面保证了指标的定量化要求，但是为了使指标实施更顺利的实现，我们从低碳能源、低碳交通、低碳建筑、低碳系统管理、公共服务事业及低碳设施设备展示六方面进行具体目标实施，即“5+1”低碳发展模式。“5+1”低碳发展模式是于家堡低碳策略的核心和关键，为于家堡金融区低碳示范城镇的总体目标的实现建立了重要框架（图2.16）。

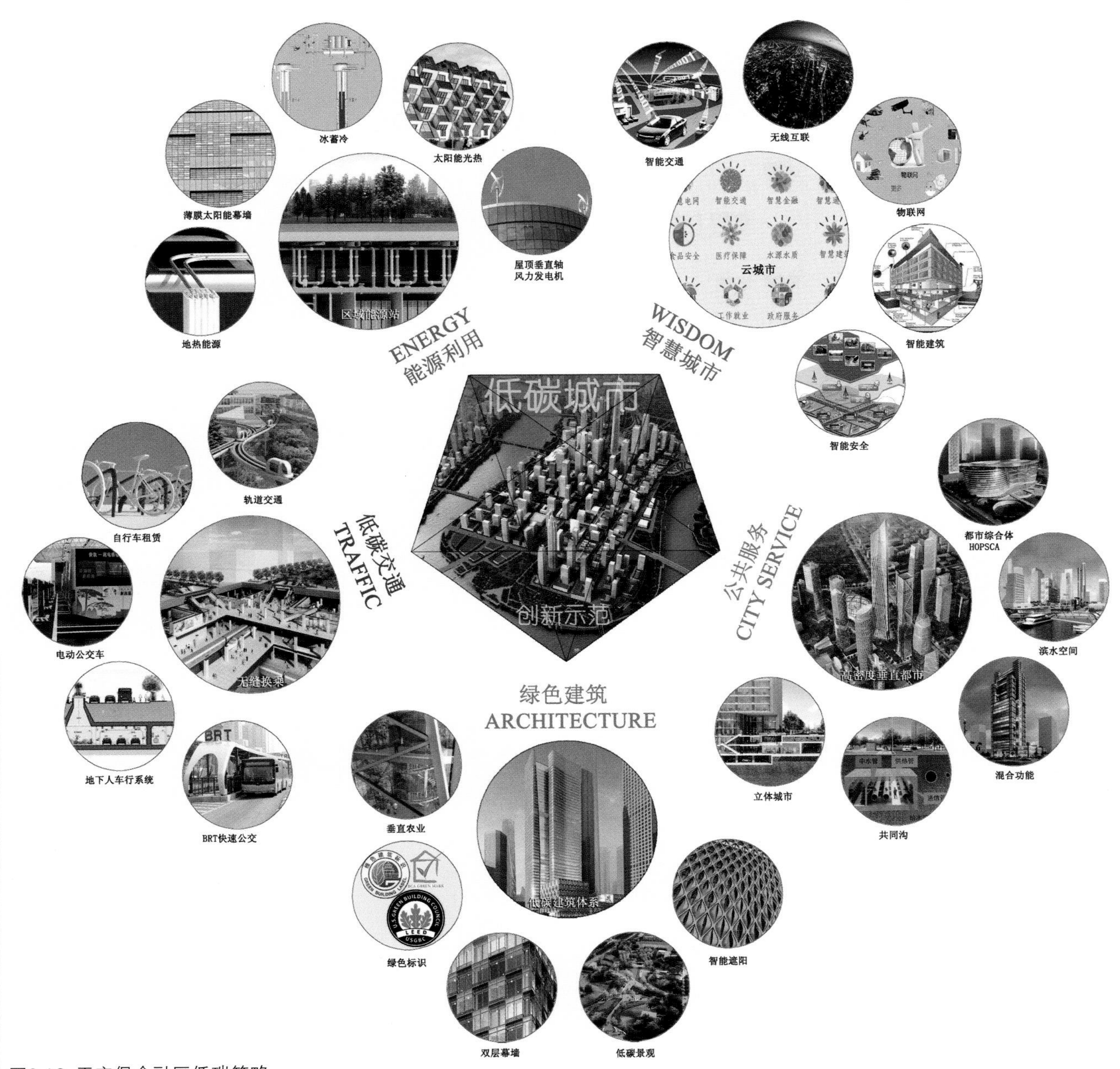

图2.16 于家堡金融区低碳策略

低碳影响要素 表2.2

序号	层面	一级低碳要素	二级低碳要素	表征参数
1	自然资源基底层	地理环境	地形地貌	坡度/坡向/高程以及遮蔽度
			水文	径流量/水位/水质
			地质	地下水深/地基承载/土壤液化以及土质
		绿地系统	功能	绿量率/植物种类/植物体量/郁闭度
			格局	类型/规模/连通性
			过程	生命周期/多样性
2	土地利用结构层	总体布局	城市规模	人口/用地面积
			城市增长方式	形状率/紧凑度/放射状指数/延伸率/城市布局分散系数
			城市空间结构	单中心/多中心
		城市密度	居住密度与就业密度	单位面积人口/单位面积岗位
			建筑密度与容积率	疏密度
		混合度	就业居住平衡程度	单位面积职住比例
			服务设施集中程度	单位面积内的服务设施规模和数量
			基础设施利用效率	能源/水资源/废弃物设施节能度
3	三维空间形态层	总体形态	起伏度	天际线/起伏分布线/天穹可见度
			围合度	封闭度
			界面与廊道	连通性
		街区布局	街区朝向	日照方向角
			建筑组合模式	围和/封闭/开敞/集中/分散
		开敞空间	类型与规模	用地面积
			形势与布局	集中/分散/连通性
		立体都市	地下空间利用	用地面积/连通性
4	低碳建筑支撑层	建筑单体	建筑立面、平面	蕴含能耗
		节能	水、暖、电、热、通风	体形系数/传热系数/通风负荷/能效比
		节材	墙体、结构、表皮、部件	传热系数
5	低碳交通流通层	公共交通	交通出行方式	地铁、BRT、轻轨
		路网布局结构	路网形式	直线系数
			路网密度	交叉口间距/绕行系数/单位面积道路数量
		停车与换乘	停车	停车率
			换乘节点	与活动中心耦合度/便利度
6	低碳景观扩展层	自然景观	碳汇	绿容率
			植物种植	植物种类/植物体量/生命周期/多样性
		人工景观	透水地面	功能/格局/面积

第三章

低碳城市指标体系研究

3.1 低碳城市指标体系理论研究

随着低碳城市概念的提出，世界各国纷纷响应，而围绕低碳城市（镇）评价体系的研究也不断发展和丰富。低碳城市指标体系是低碳城市内涵的定量化表征，是指导低碳城市规划和建设，实现其整体目标的支撑系统。因此在低碳城市建设中，根据低碳城市发展的内在规律和城市运行的本质体现所设置的指标体系，指明了城市的目标及约束发展，处于低碳城市建设的核心地位。因此指标体系是一个涉及经济发展、环境保护、社会稳定等多方面协调、有序发展的统一体。

3.1.1 指标体系建构的原则

在低碳城市指标体系研究中，最常被提到的设计原则包括以下几点：

（1）定性与定量相结合：指标尽量可量化，但对于一些在目前认识水平下难以量化且意义重大的指标，可以用定性指标来描述。

（2）可获得性和可测性相结合，指标需要具有一定的显示统计基础，同时又必须是现实生活中可以测量得到或通过科学方法聚合生成的。

（3）可达性与前瞻性相结合，既考虑社会经济的发展进步，也要考虑近期实现的可能。

（4）相对稳定性与动态性相结合，指标应在相当长一段时间内具有引导和存在意义，同时对时间、空间或系统结构的变化又具有一定的灵敏度。也只有这样，才能反映社会的努力和重视程度，促进目标系统在各个发展过程和阶段的适宜性。

3.1.2 指标体系的构建方法

3.1.2.1 综合法

对已存在的一些指标群按一定的标准进行分类，使之体系化的构造指标体系的一种方法。例如西方许多国家的社会评价指标体系，常常是在一些公共机构专项研究的基础上进行进一步的归类整理，使之条理化之后形成的，这就是一种综合法。比如德国建造规划的环境统计指标体系，紧紧围绕德国环境统计的法律《环境统计法》，其指标体系框架是以欧盟环境指标为基础而展开的。环境统计调查范围包括固体废物、水、大气污染控制和环境经济等四个方面，由此可见综合法适用于对现行评价指标体系的完善和发展。

3.1.2.2 分析法

分析法是按照评价体系的度量对象和度量目标划分成若干个不同组成部分或不同侧面（子系统），并逐步细分（形成各级子系统和功能模块），知道每一个部分和侧面都可以用具体的统计指标来描述。其步骤是：第一步，对评价内容的内涵和外延做出合理解释，划分概念的侧面结构，明确评价的总目标与分目标；第二步对每个目标或概念进行侧面细分解，重复该步骤，直到每一个侧面都可以用明确的一个或几个明确的指标反映；第三步是设计每一层次的指标。这也是当今采用最多的方法，比如联合国可持续发展委员会提出的可持续发展指标体系由“社会、经济、环境、制度”四大系统组成，中国科学院提出的可持续发展指标体系分为生存支持系统、发展支持系统、环境支持系统、社会发展系统和智力发展系统。可见，分析法常将研究对象分为不同方面来获取其可持续发展水平，考虑问题全面，在研究中很常见。

3.1.2.3 目标法

目标法则首先确定低碳发展目标，然后在下一目标建立一个或数个目标。目前为止，国内对低碳（生态）城市指标体系运用此方法的设置一般分为两类：一类是从城市作为一个复合生态系统角度出发，通过对城市所涵盖的各个子系统的分析，将生态城市综合评价进行指标分解，最基础的分解方式是将指标体系分为经济指标、社会指标和自然指标三大指标；另一类是基于对城市系统的分析，从城市生态系统的结构、功能和协调度等三个方面建立生态城市指标体系。

3.1.3 指标体系的类型

3.1.3.1 目标型指标体系

目标型指标体系是以城市的发展目标为出发点，根据层层指标的设置，为城市朝着既定目标发展提供方向。合适的目标型指标体系是管理部门制定规划和发展方向的依据。规划部门也可以通过所在城市自身优势与缺陷，确定城市可以利用的优势和存在的需要重点解决的问题，争取达到取长补短的效果。

3.1.3.2 引导型指标体系

引导型指标体系是着眼于未来城市的建设与发展，设置一些对未来发展具备一定影响因素的指标，尽可能反映出今后建设与发展的趋势和重点，以指标的设置引导城市的建设与发展，起到积极的引导作用。

3.1.3.3 综合型指标体系

综合型指标体系则是集合了目标型和引导型指标体系的优点，通过指标的设置，既为城市的发展提供了方向，又从目标的基础上提出积极的引导，从而一起作用，指导城市的建设与发展。

3.1.4 指标体系的指标选取的技术路线[1]

充分借鉴国内外通用指标体系的研究方法和框架，经常通过以下步骤来完成低碳生态城市指标体系指标的选取：

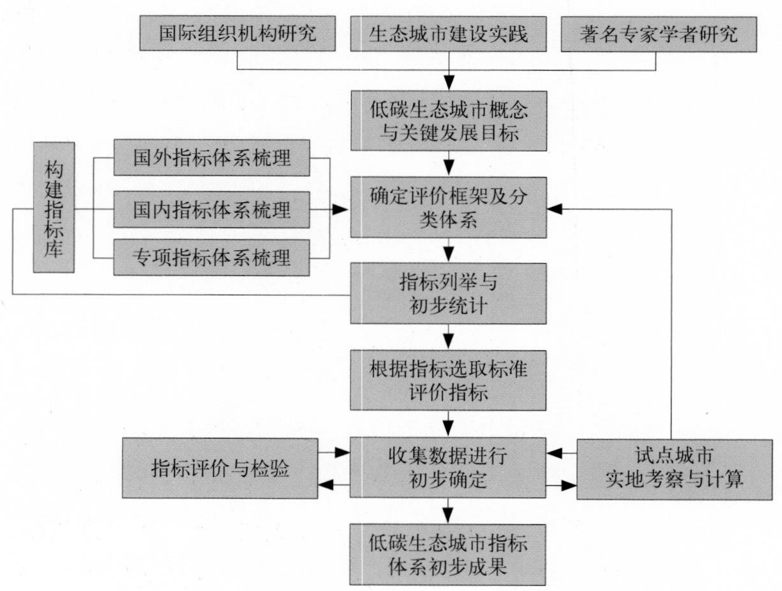

图3.1 低碳生态城市指标体系构建的技术路线

图片来源：李海龙,于立.中国生态城市评价指标体系构建研究[J]. 城市发展研究,2011(7),81–86,118.

1 仇保兴.兼顾理想与现实：中国低碳生态城市指标体系构建与实践示范初探[M].北京：中国建筑工业出版社,2012.

（1）低碳发展定位和目标的确定

广泛学习和掌握国内外相关机构组织提出的低碳生态城市发展目标与战略，参考国内外已建或在建的低碳生态城市，借鉴国内外科研机构和学者的研究成果，总结提炼，明确低碳生态城市的内涵和未来发展的目标。

（2）确定指标分类框架

根据低碳生态城市发展的目标，借鉴国际通用的相关指标体系的分类框架，同时参考我国相关部门已经制定的相关指标体系分类和当前在建低碳生态城市的指标体系划分方法，通过多轮不同专业领域的专家研讨，确定低碳生态城市指标体系的分类框架。

（3）确定指标选取标准

根据低碳生态城市建设发展要求，借鉴国内外权威指标体系选取标准，结合我国实际情况，提出指标遴选标准。

（4）确定潜在指标库

以低碳生态城市指标分类框架为指导，广泛参考联合国、世界银行、欧盟、亚洲开发银行等国际权威组织，以及住房和城乡建设部、环境保护部等国家部门提出的相关指标体系，借鉴国内现有低碳生态城镇建设发展指标体系，共同构建符合我国实际情况的指标库。

（5）遴选指标，形成初选成果

根据指标选取标准，利用基于德尔菲法的专家问卷方式进行指标的专家评价。通过邀请国内外知名的低碳生态城市研究专家学者、政府管理者进行指标的评价和入选咨询。通过几轮调查问卷，综合确定指标初选结果。

（6）收集数据与指标测评

选择一定数量的案例城市，搜集和调查数据，开展低碳生态城市指标测评，并结合指标的国内外标准情况确定评分标准和计算方法，检验指标选取的成果和可操作性。

（7）评价指标选取结果，进一步完善指标

根据指标的测评结果，完善指标体系和计算方法。

3.1.5 指标体系建构的层级

无论以哪种构建原理为基础，当前绝大多数低碳生态城市评价指标体系研究所建立的体系构架均包含三个层次，即目标层、准则层和指标层。当前不同评价指标体系间的规模相差巨大，其三级指标数量从20个到100多个不等。

目标层是构建生态城市所要达成的目标，常见的主要包括社会和谐、经济发展、生态健康、资源高效、空间优化等方面的内容。

路径层是要达成以上目标的规划路径选择，包括社会经济、土地使用、生态环境、自然历史保护、城市空间、交通、基础设施、公共设施、资源能源、绿色建筑等多条路径。

指标层是将指标落实到总体规划阶段、控制性详细规划阶段和修建性详细规划阶段，以便于与规划操作和实施相衔接。

3.1.6 低碳城市指标体系研究现状分析

低碳城市评价指标体系是一个涉及经济发展、环境保护、社会稳定等多方面协调、有序发展的统一体，需要从不同侧面、不同层次全面地加以描述，与此同时，还要考虑时间变化的因素。目前，对于低碳城市的研究还处于起始阶段。

低碳城市指标体系研究现状 **表3.1**

学者/专家	研究成果
朱守先等	《低碳城市评价体系》，提出城市低碳发展的现实意义、发展水平测度等，从空间地理和区域经济的角度探讨城市低碳发展的潜力和路径，初步探讨了低碳经济的评价指标体系建立的原则、如何选取指标的权重以及把指标无量纲化的方法。在探讨低碳城市内涵的基础上，从低碳产出、低碳资源、低碳消费及低碳政策四个层面选取4个一级指标、12个二级指标构建了低碳经济（城市）综合评价指标体系，对规范和引导各地低碳建设具有重要实践意义[1]
中国社科院	2010年，中国社科院公布了评价低碳城市的新标准体系，这是中国首个较为完善的低碳城市标准。该标准具体分为低碳生产力、低碳消费、低碳资源和低碳政策四大类和12个相对指标。该标准强调指出，如果一个城市的低碳生产力指标超过全国平均水平的20%，即可被认定为“低碳城市”
杜栋、王婷	提出了低碳城市指标体系主要应从七个方面着手构建：低碳建筑、低碳交通、低碳产业、低碳消费、低碳能源、低碳政策以及低碳技术。其中低碳建筑、低碳交通、低碳产业、低碳消费是低碳城市主要的外在表现形式。低碳能源是核心，是实现城市低碳发展的根本，直接决定了低碳城市的发展水平。低碳政策、低碳技术分别从机制和技术角度提供低碳城市发展的社会、法律环境及技术解决途径[2]
辛玲	根据低碳城市的内涵、特点，按照指标体系构建时遵循的系统性、实用性、简明性、独立性等各项原则，构建如下低碳城市评价指标体系：经济低碳化指标、基础设施低碳化指标、生活方式低碳化指标、低碳技术发展指标、低碳制度完善度、生态环境优良指标六项指标。建立比较全面有效的低碳城市评价指标体系，以期推动我国低碳城市的建设和发展[3]
日本的研究	日本低碳社会规划的原则是各部门实现碳排放最小化，倡导简单高质量的生活及与大自然和谐共生。评价体系目标从六个方面展开：一是交通；二是住宅与工作场所：隔热性能好的住宅、楼房以及节能的设备将广泛投入使用；三是工业：提供低碳能源，研发、使用低碳能源生产技术；四是消费者选择：低碳技术广泛使用，起到显著的效果，低碳社会宣传日渐深入人心，更多的消费者在购买商品时考虑低碳因素；五是林业和农业。六是土地视角（城市与城郊角度）：根据城市的规模形成各种紧凑城市[4]

1 朱守先.城市低碳经济发展水平及潜力比较分析[J].开放导报,2009,(8).

2 杜栋,王婷.低碳城市的评价指标体系完善与发展综合评价研究[J]. 中国环境管理,2011,(08): 3-11,14.

3 辛玲.低碳城市评价指标体系的构建[J]. 统计与决策,2011,(7):78-80.

4 郑云明.低碳城市评价指标体系研究综述[J]. 商业经济，2012,(2):28-30,39.

续表

学者/专家	研究成果
伦敦的研究	英国是低碳城市规划和实践的先行者与推动者。伦敦应对气候变化建设低碳城市的重点领域集中在存量住宅、存量商业与公共建筑、新开发项目、能源供应和地面交通五个方面，其中存量住宅领域通过绿色家庭计划来实现低碳目标[1]

3.2 低碳生态指标体系案例研究

3.2.1 指标体系案例研究

理论的研究离不开案例的分析，自2003年英国提出发展低碳经济以来，国内外各个领域的学者对低碳发展指标体系做了一系列的研究，并取得了积极有效的成果。归类主要包括三部分的内容：

一是国内生态、低碳新城（新区）类指标体系，这类指标体系主要依托于新城（新区）的低碳城市建设实践活动，根据其用地性质和开发建设模式的不同，设置了不同的指标体系。这类指标体系可分为三种，①新建地区低碳城市指标体系，②现有城区改造的低碳城市指标体系，③现有城区扩张发展的低碳城市指标体系。

二是国内低碳类专项指标体系，这些指标体系依据研究的侧重点不同，或是从低碳的角度出发，或是从生态角度入手，利用相应的数据信息资料，建立一套设计合理、操作性较强的指标体系，为相关研究及其管理决策提供数据支持。

三是国外指标体系，这类指标体系主要建立在研究机构和学者的研究理论基础之上，构建了各种层次的低碳城市发展指标体系。

指标体系的案例研究 表3.2

国内生态/低碳新城（新区）类指标体系	天津中新生态城指标体系 唐山湾（曹妃甸）国际生态城指标体系 无锡太湖新城·国家低碳生态城示范区规划指标体系 深圳光明新区绿色新城建设指标体系 廊坊万庄生态城指标体系 天津解放南路地区生态规划指标体系 长沙梅溪湖生态城指标体系 天津市低碳规划指标体系 深圳低碳生态城市指标体系 河北省生态宜居城市建设目标指标体系 重庆市绿色低碳生态城区评价指标体系 ……
国内低碳专项研究类指标体系	中国低碳生态城市评价指标体系 城市低碳化可持续发展指标体系 城市低碳经济综合评价体系

1　郑云明.低碳城市评价指标体系研究综述[J]. 商业经济，2012,(2):28-30,39.

续表

国内低碳专项研究类指标体系	2009-2020年中国低碳生态城市发展战略研究 低碳城市综合评价指标体系 低碳城市评价指标体系 低碳生态城市评价指标体系 基于DPSIR模型的低碳城市评价指标体系 基于碳源碳汇角度的城市评价指标体系 中国低碳城市发展战略指标体系 ……
国外参考指标体系	联合国可持续发展指标体系 联合国21世纪议程可持续发展指标 世界银行环境与可持续发展指标 欧洲绿色城市指数 瑞典哈默比湖生态城指标体系 联合国教科文组织的生态城市指标体系 温哥华可持续发展指标体系 澳大利亚哈利法克斯生态城指标 西班牙ParcBIT指标 ……

3.2.2 指标体系案例解析

（一）生态指标体系案例：无锡太湖新城指标体系[1, 2]

太湖新城指标体系的定制是在了解国内外典型生态城市建设指标、技术体系和低碳生态建设相关标准等的基础上，对比分析太湖新城现状、自然生态条件、人文环境、技术水平、政策条件等情况，制定出的一套切合无锡太湖新城特色的指标体系。

在低碳生态理念的指导下，从城市功能、绿色交通、能源与资源、生态环境、绿色建筑和社会和谐六大类对实现无锡太湖新城低碳生态目标的途径进行分解，确立了各大类规划目标。城市功能方面突出强调混合、紧凑、多样、宜人的城市空间；绿色交通方面强调公交优先、节能环保，打造便捷、高效的绿色交通模式；能源与资源方面强调能源和水资源集约、循环利用系统，集约、循环的水资源利用系统和资源化、集约化、减量化的废弃物处理系统；生态环境方面强调追求原生态、多样化、均质化，打造舒适宜人、环境友好的生态环境、景观环境和居住空间；绿色建筑方面强调节能、环保、实用、经济，建造资源节约、环境友好的建筑；社会和谐方面强调创建绿色生态家园，完善公共基础设施、提高公众生活质量。在六大类规划目标的指导下，指标体系进一步划分成33个小类，最后对应该小类制定了62个指标，用来评估和引导生态城市的建设与发展。

太湖新城指标体系的特点首先在于指标体系与规划紧密结合，以低碳指标体系整合低碳金融城规划。为制定指标体系，首先进行了太湖新城低碳金融城咨询

1　孙大明,马素珍,李芳艳.无锡太湖新城低碳生态规划指标体系[J].建设科技，2011(22).

2　陈洁燕.无锡太湖新城：国家低碳生态城示范区指标体系探讨[A].2011城市发展与规划大会论文集[C],187-190.

报告工作，根据生态城总体规划方案提炼和量化出具体指标，对这些指标进行分析和调整后，同时反馈到规划方案的调整中去，实现规划方案与生态指标体系的联动和统一。它将规划方案的先进理念和技术具体化，形成可操作性强，可指导规划和实施全过程的生态指标体系。太湖新城指标体系的另一个特点是面向实施的指标体系分解，以技术途径指导低碳城市建设与运营。该套指标体系的分解，是以实践运用为导向，面向实施和可操作性的。对于不同的分类采取不同的分解策略，根据各个指标不同的特点采取不同的分解思路，同时尽量使分解指标体系可量化，分解指标数据可统计，并使指标分解与实施导则和分期实施计划相结合，将指标控制措施落实到各责任部门的日常管理工作中，从而有效地指导了太湖新城的规划建设和运营管理。

无锡太湖新城指标体系 表3.3

大类	小类	指标	指标值
城市功能	紧凑高效布局	建设用地综合容积率	≥1.2
		拥有混合使用功能的街坊比例	≥50%
		公共活动中心与公共交通枢纽耦合度	≥80%
		公共活动中心地下空间综合开发度	≥80%
	公共设施可达	500米范围内可达基本公共服务设施（小学、幼托、社区公园）的比例	≥80%
绿色交通	绿色出行	绿色出行比例	≥80%
	公共交通	公共线路网密度	≥3 km/km^2
		500米范围内可达公交站点比例	100%
		清洁能源公共交通工具的比例	≥30%
		公交平均车速	≥20公里/小时
	慢行交通	慢行交通路网密度	≥3.7 km/km^2
能源与资源	建筑节能	新建居住和公共建筑设计节能率	≥65%
		单位面积建筑能耗	公共建筑≤100 kWh/m^2·a 居住建筑≤40 kWh/m^2·a
	区域能源规划	可再生能源比例	≥8%
		区域供冷供热覆盖率	≥20%
	水资源节约	日人均生活水耗	≤120L
		供水管网漏损率	≤5%
		新建项目节水器具普及率	100%
		新建项目节水灌溉普及率	100%
		新建项目用水分项计量普及率	100%
	水源循环利用	新建项目非传统水源利用率	≥40%
	水处理	城市污水处理率	100%
		工业废水排放达标率	100%

续表

大类	小类	指标	指标值
能源与资源	垃圾排放减量	日人均生活垃圾排放量	≤0.8kg/人·天
		建筑垃圾排放量	≤450t/万m^2
	生活垃圾分类收集率	生活垃圾分类收集率	100%
	垃圾回收再利用率	垃圾回收再利用率	生活垃圾再利用率≥95% 建筑垃圾再利用率≥75%
	生活垃圾无害化处理率	生活垃圾无害化处理率	100%
生态环境	空气质量	空气质量好于或等于二级标准的天数	350天/年
	水域环境	地表水环境质量	不低于Ⅲ类水质
	环境噪声	环境噪声达标区覆盖率	100%
	自然地貌	湿地、水系比例	≥15%
	地块风环境	人行区风速	≤5 m/s
	居住空间日照	住区日照达标覆盖率	100%
	住区热岛效应	新建筑区室外日平均热岛强度	≤1.5℃
	景观绿化	植草率	≥45%
		本地植物指数	≥0.8
		物种多样性	3000 m^2以下：≥40种 3000–10000 m^2：≥60种 10000–20000 m^2：≥80种 20000 m^2以上：≥100种
	场地绿化	人均公共绿地	≥16 m^2/人
		建成区绿地率	≥42%
		建成区绿化覆盖率	≥47%
		每个居住区（3万~5万人）公园面积	≥1ha
	道路遮阴	慢行道路的遮阴率	≥75%
	透水地面	新建项目透水地面比例	≥40%
绿色建筑	达标率	新建项目绿色建筑比例	100%
	建筑材料	绿色环保材料比例	100%
		本地建材比例	≥70%
		产业化住宅比例	≥10%
	绿色施工	绿色施工比例	100%
	物业管理	物业管理通过ISO14001的比例	100%
		新建建筑智能化系统普及率	100%
社会和谐	绿色经济	通过ISO14001认证的企业比例	100%
		单位GDP能耗	≤0.3 吨标煤/万元
		单位GDP水耗	≤100 立方米/万元
		单位GDP固体废物排放量	≤0.1 千克/万元
		单位GDP碳排放量	≤0.9 吨/万元

续表

大类	小类	指标	指标值
社会和谐	宜居生活	绿色社区创建率	100%
		绿色学校创建率	100%
		无障碍设施率	100%
	社会保障	拆迁住宅安置比例	100%
		就业住宅平衡指数	≥40%
	公众满意度	公众对环境和社会服务的满意	≥95%

（二）低碳指标体系案例：长沙梅溪湖新城指标体系[1,2]

长沙梅溪湖新城指标体系应用低碳生态设计理念，以突出“生态、节能、创新、科技”为开发建设主导思想，贯穿在“规划—设计—技术—建设—运营”全过程中，采用新思路、新体制与新机制对新城进行资源整合，为其发展绿色生态新城奠定良好的基础及发展导向。

梅溪湖新城生态规划指标体系将采取“总量目标+平行规划”型的生态规划指标体系，既明确碳排放量的总体指导目标，又根据总体目标平行展开几大类的分解，将整个低碳城区的各个部分有机地整合在一起。生态规划指标体系的总体目标为人均碳排放量，平行分类包括城区规划、建筑规划、能源规划、水资源规划、生态环境规划、交通规划、固体废物规划和绿色人文等方面。在这些方面下依次设置二级指标和三级指标，最终形成了含有一个总目标，7个平行指标、22个分级指标和45个专项指标的指标体系。

长沙梅溪湖新城指标体系　　表3.4

一级指标	二级指标	三级指标	指标值
城区规划	场地开发	拥有混合使用功能的街坊比例	≥70%
		地下空间开发利用	≥35%
	街区开发	街区尺度达标率	≥80%
		街道中临街建筑高度与街宽比大于1:2的比例	≥40%
	公共设施	市政管网普及率	100%
		无障碍设施设置	100%
建筑规划	绿色建筑	绿色建筑比例	100%
	绿色建材	全装修住宅比例	≥50%
		本地建材比例	≥70%
	绿色施工	绿色施工比例	100%
	建筑管理	建筑智能化普及率	100%
		建筑设计节能率	≥65%
		单位面积建筑能耗	公共建筑≤100kWh/m^2·a 住宅建筑≤40kWh/m^2·a
		公共建筑能耗监测覆盖率	100%

1　王刚，王勇．长沙梅溪湖新城生态城市低碳策略研究[J].建筑学报,2013(06).113-115.

2　陈群元，刘飞舞．长沙市绿色建筑布局规划方法研究[J].规划师,2014(03).101-106.

续表

一级指标	二级指标	三级指标	指标值
能源规划	可再生能源利用	可再生能源利用率	≥13%
	区域能源规划	公共建筑区域供冷供热覆盖率	≥54%
		公共建筑智能电网覆盖率	≥28%
水资源规划	水资源循环利用	非传统水源利用率	≥10%
		场地综合径流系数	≤0.54
	水资源节约	建筑节水率	公共建筑≥11% 居住建筑≥10%
		供水管网漏损率	≤8%
		用水分项计量普及率	100%
生态环境规划	区域自然环境	环境噪声达标区覆盖率	100%
		地表水域质量	GB3838-88Ⅲ类水质
	微气候环境	人行区风速	≤5m/s
		室外日平均热岛强度	≤1.3℃
	景观环境	本地植物指数	≥0.8
		绿化屋面覆盖率	≥50%
		慢行道路遮阴率	≥80%
交通规划	公共交通	300m范围内可达公交站点比例	≥90%
	慢行交通	慢行道路宽度	≥2m
		自行车停车位数量	公共建筑≥0.1车位/人 居住建筑≥0.3车位/人
	清洁能源交通	清洁能源公交比例	≥30%
		优先停车位比例	≥10%
固体废物规划	垃圾排放减量	日人均生活垃圾排放量	≤0.8kg/人·d
		建筑垃圾排放量	≤350吨/万m^2
	垃圾分类收集	生活垃圾分类收集设施达标率	100%
	垃圾处理和利用	垃圾回收再利用率	生活垃圾≥50% 建筑垃圾≥30%
		垃圾无害化处理率	100%
绿色人文	城区管理	管理和信息化的社区比例	100%
	绿色社区建设	绿色社区创建率	100%
		绿色学校创建数	7所
		绿色出行比例	公共交通≥40% 慢行交通≥40%
		居住与就业平衡指数	≥15%

梅溪湖新城以居住和商业为主，因此其减排目标主要通过交通和建筑排放的控制来实现。根据国内外相关标准的对比，初步设定新城区内人均碳排放水平控制在4.3吨/人·年，达到北欧国家碳排放水平。根据规划，梅溪湖新城区总人口17.8万人，则梅溪湖新城每年碳排放量为76.54万吨，比2009年国家平均碳排放量水平减排27.23万吨，减排量约为26%。梅溪湖新城低碳减排的目标具体到包括建筑、能源、水资源、生态环

境、交通、固体废弃物六个操作方面，在每个方面被分解为多项在规划管理中具有可操作性的具体指标，其中包括在规划中强制性执行的控制性指标和鼓励执行的引导性指标。城区规划是在规划角度衡量城区的建设，绿色人文从管理层面加强城区内居民的生态城区建设理念，保证了城区运行始终保持低排放，以满足上述减排目标。

该套指标体系通过具体的指标科学分析了长沙市梅溪湖新城区关于产业低碳化、交通清洁化、建筑绿色化、主要污染物减量化以及可再生能源和新能源利用规模化方面可实现的预期目标。该指标体系为梅溪湖新城推进节能减排工作起到至关重要的作用。

（三）专项指标体系案例：中国低碳生态城市指标体系[1,2]

中国低碳生态城市指标体系是用来提供一个全国普适性的低碳生态城市发展目标，为城市管理和决策部门明晰低碳生态城市建设的发展方向和目标，也是为了提供一个可以考核和测评的指标体系框架，在全国层面便于单个城市进行纵向比较。

中国低碳生态城市指标体系涵盖了资源节约、环境友好、经济持续及社会和谐四大目标，共30项指标。其中资源节约指标7项、环境友好指标9项、经济持续指标4项、社会和谐指标10项。生态城市指标包括核心指标、扩展指标及引领指标。核心指标是生态城市的门槛条件指标和基础性指标，具有约束性。扩展指标是在核心指标的基础上，全面深入反映生态城市综合特征的指标，具有一定的预期性。引领指标是引领全球发展趋势，符合国家中长期发展战略的指标，具有前瞻性、战略性和引领示范作用的指标。

中国低碳生态城市指标体系 表3.5

目标	指标	2015年指标	2020年指标
资源节约	再生水利用率	严重缺水地区≥25% 缺水地区≥15%	严重缺水地区≥30% 缺水地区≥20%
	工业用水重复利用率	≥90%	≥95%
	非化石能源占比重	≥15%	≥20%
	单位GDP碳排放量	2.13吨/万元	1.67吨/万元
	单位GDP能耗	≤0.87吨标准煤/万元	≤0.77吨标准煤/万元
	人均建设用地面积	≤85m^2/人	≤80m^2/人
	绿色建筑比例	既有建筑≥15% 新建建筑100%	既有建筑≥20% 新建建筑100%
环境友好	空气优良天数	≥310天/年	≥320天/年
	PM2.5日均浓度达标天数	≥292天/年	≥310天/年
	集中式饮用水水源地水质达标率	100%	100%
	城市水环境功能区水质达标率	100%	100%
	生活垃圾资源化利用率	无害化处理率100%	无害化处理率100%

1　李海龙，于立. 中国生态城市评价指标体系构建研究[J]. 城市发展研究，2011(7)，81-86，118.

2　仇保兴. 兼顾理想与现实：中国低碳生态城市指标体系构建与实践示范初探[M]. 北京：中国建筑工业出版社，2012.

续表

目标	指标	2015年指标	2020年指标
环境友好	生活垃圾资源化利用率	资源化利用率≥50%	资源化利用率≥80%
	工业固体废弃物综合利用率	90%	95%
	环境噪声达标区覆盖率	≥95%	100%
	公园绿地500米服务半径覆盖率	≥80%	≥90%
	生物多样性	综合物种指数≥0.5 本地植物指数≥0.7	综合物种指数≥0.7 本地植物指数≥0.85
经济持续	第三产业加值占GDP比重	≥47%	≥51%
	城镇失业率	4.2%	3.2%
	R&D经费支出占GDP的百分比	≥2.2%	≥2.6%
	恩格尔系数	≤33%	≤30%
社会和谐	保障性住房覆盖率	≥20%	≥30%
	住房价格收入比	≤10	≤6
	基尼系数	0.33≤G≤0.4	0.33≤G≤0.4
	城乡居民收入比	2.54	2.41
	绿色出行交通分担率	65%	80%
	社会保障覆盖率	90%	100%
	人均社会公共服务设施用地面积	$5.5m^2$/人	$6.0m^2$/人
	平均通勤时间	≤35分钟	≤30分钟
	城市防灾水平	城市建设满足设防等级要求 城市生命线系统完好率100% 人均固定避难场所面积≥$3m^2$	
	社会治安满意度	≥85%	≥90%

作为一种国家层面的引导型指标体系，中国低碳生态城市指标体系通过多类型、多层次的指标设置，使得资源、环境、经济、社会各方面均衡发展，引领城市朝着正确的生态化方向前进，引导各地低碳生态城市的建设。

（四）国外指标体系案例：欧洲绿色城市指数指标体系[1]

欧洲绿色城市指数是西门子公司委托欧洲经济学人智库进行开发的指标体系，该研究旨在通过对欧洲30个国家的30个主要城市进行测评，衡量和评估它们的环境绩效。

该指标体系对每个城市进行30项指标的定量评价，评价领域涉及二氧化碳排放、能源、建筑、交通、水、空气、废物、土地使用和环境治理等八个领域。该套指标体系通过三层指标（分类/指标/指标描述）及各自权重的设置，用来定量地比较欧洲30个城市的环境保护表现。于2009年西门子公司与经济学人智库共同发表的最新研究中，对欧洲主要城市进行绿色指数的评价排名，其中哥本哈根位列首位，斯德哥尔摩、奥斯陆分列二三位，而基辅则排名垫底。

1 仇保兴.兼顾理想与现实：中国低碳生态城市指标体系构建与实践示范初探[M].北京：中国建筑工业出版社,2012.

欧洲绿色城市指数指标体系 表3.6

分类	指标	种类	权重
二氧化碳	二氧化碳排放量	定量	33%
	二氧化碳强度	定量	33%
	二氧化碳减排战略	定性	33%
能源	能源消耗	定量	25%
	能源强度	定量	25%
	可再生能源消耗量	定量	25%
	清洁高效能源政策	定性	25%
建筑物	居住建筑的能源消耗	定量	33%
	节能建筑标准	定量	33%
	节能建筑的倡议	定性	33%
交通运输	非小汽车交通的使用	定量	29%
	非机动交通网络尺度	定量	14%
	绿色交通的推广	定性	29%
	降低交通拥堵政策	定性	29%
水资源	水资源消耗	定量	25%
	水系统的泄漏量	定量	25%
	废水处理	定量	25%
	水资源高效利用和处理政策	定性	25%
废弃物和土地利用	城市垃圾产生	定量	25%
	垃圾回收	定量	25%
	废弃物的减量和政策	定性	25%
	绿色土地利用政策	定性	25%
空气质量	二氧化氮	定量	20%
	臭氧	定量	20%
	颗粒物	定量	20%
	二氧化硫	定量	20%
	空气清洁政策	定性	20%
环境管理	绿色行动计划	定性	33%
	绿色管理	定性	33%
	公众参与绿色环保政策	定性	33%

绿色城市指数通过八个对环境影响最大的领域，将其细分为30个详细指标，使用定性评价与定量评价相结合的方式，对参评城市进行量化打分，测评城市“绿色”发展状态。

2010年，西门子和经济学人智库将在欧洲绿色城市指数基础上。继续对亚洲约20个主要商业城市在环境可持续发展方面的表现进行比较。评估的环境指标共有八类，包括能源供应和二氧化碳排放、交通、水资源、卫生和绿色治理等。“亚洲绿色城市指数”是针对亚洲城市环境绩效及其为促进可持续发展所作出努力进行的首次分析调查。此次调查结果已于2010年年底公布。

3.3 低碳指标体系研究总结

通过前面的分析研究可以看出，低碳城市建设发展指标体系应该包括三个层次：从不同层级设置指标、促进城市社会的均衡发展以及碳排放减量。从以上三个角度制定的低碳城市评价指标体系可以从成果、途径和措施实施力度三个方面反映一个城市在低碳方面的环境友好程度。在考虑碳排放量应当减少的同时，也不应忽略低碳作为总的发展方向应当与城市的经济发展相协调。低碳城市概念提出的目的是为了实现环境与经济的双赢发展。

（1）因地制宜的指标限定条件

指标体系的设置首先应该从城市发展目标的定位出发，针对城市发展的共性问题作出普遍性的约束，同时从城市发展的不同层面，有针对性地设置指标范畴，突出城市特色。由此在普适性与针对性的平衡状态下，制定出一套可行的评价模型与指标体系，使城市在发展的道路上，发现与先前制定目标之间的差距，找出存在的问题，校正发展的方向，使指标体系的作用真正发挥到操作阶段，促进城市的积极发展。

（2）从不同层级设置指标水平

指标体系的设置应从不同层级来设置指标，并综合反映指标体系的主题框架。总体来说，这样的层级虽然在数量上有所差别（有的指标体系设置三级指标框架，有的指标体系设置两级指标框架），但这些多类别的指标从多方面、多层次、多角度来共同作用，使之形成一个由上到下支配关系，形成递进的层次结构，构成完整的指标体系。

（3）指标设置的均衡性

任何指标体系的建立都需要有一个具体指标所赖以附着的基本框架。这个基本框架是制定指标的理论和原则。一般来说这个框架分为技术体系、社会体系和经济体系。社会体系是一个以人的生存和发展为中心的系统，是反映人的生活质量和社会对人民生活所提供的社会保障水平；经济体系主要反映城市经济增长状况和经济增长方式状况；技术系统则是通过一系列的技术措施来保障指标的具体运行。因此这三个方面经常相互作用，不应该在某一方面或环节有所偏废，共同维持社会的发展。因此亟须找到这三个系统中的平衡点，不可偏废，使城市根据其各自特点最终达到可持续发展。

（4）碳排放减量指标的核心性

有关减少碳排放的指标包括建筑、交通和生产三个方面，主要反映的是在从源头上减少碳排放方面的低碳城市的实现程度。建筑碳排放指标包括住宅生活和公共建筑碳排放两大类。交通方面碳排放可通过城市车辆总量、城市节能汽车比例、城市公共交通覆盖程度、城市分布密集程度四个指标来反映。城市注册的正在使用的汽车总量能反映城市总体的交通碳排放量，能反映一个城市的碳排放对自然生态的压力；节能汽车比例可以反映交通节能化的实现程度，说明在固定汽车总量的条件下，一个城市的交通低碳程度；城市生产用能源消耗总量反映一个城市总体生产规模和其相应的对生态环境造成的压力大小；城市生产用非化石燃料能源比例反映一个城市生产过程中燃料投入方面的低碳实现程度；城市产业结构反映城市的成熟化程度，进而间接说明一个城市在生产方面实现低碳的难易程度和未来所需时间。[1]

在此基础上，围绕低碳城市建设的功能定位，低碳生态指标体系的设计，既要重视发挥指标体系评价功能，更要强调引领低碳城市方向的作用，推动目标引领与结果评价有机结合。

因此应该首先构建共性与特征相结合的低碳生态城市指标库；进而基于多维指标构建策略，以低碳生态城市指标库为基础在横向维度上选取代表性好、综合性强的指标，构建低碳生态城市核心指标集；在纵向维度上，围绕各个核心指标，筛选细化、落实核心指标的辅助指标，构建核心指标的支撑指标集中在时间维度上，充分考虑低碳生态城市建设与城市的发展阶段等特性，建立不同发展阶段的指标集，从而构建起核心突出、支撑有力、阶段明确的低碳生态城市指标体系，作为低碳生态城市建设政策调控工具，发挥应有的实践指导功能。[2]

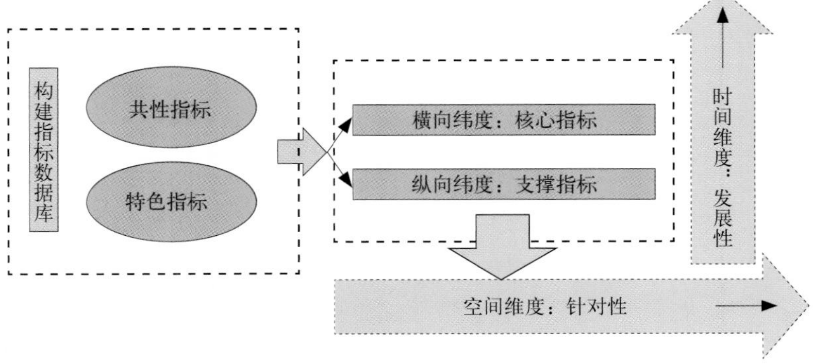

图3.2 指标体系的构建及指标选取

图片来源：朱洪祥,雷刚,吴先华,邵大伟.多维视角下低碳生态城市指标体系建构:以东营市为例[J]. 现代城市研究,2012(12):87–93.

1 薛蒙.低碳城市评价指标体系[J].采购与供应链,2010(11):121,123.

2 朱洪祥,雷刚,吴先华,邵大伟.多维视角下低碳生态城市指标体系建构:以东营市为例[J].现代城市研究,2012(12):87–93.

第四章

于家堡金融区低碳城镇指标体系

4.1 于家堡金融区低碳城镇指标体系的目标、定位、思路与原则

4.1.1 于家堡金融区低碳城镇指标体系的目标与定位

4.1.1.1 制定低碳发展指标体系的目的（For What）

1.设定符合于家堡特点的低碳量化目标，制定低碳标准。

于家堡金融区低碳城镇指标体系的建立是为了准确定位于家堡金融区低碳发展方向，设定符合于家堡金融区自身特点的低碳量化指标，确定于家堡金融区在环境、资源、经济、社会等方面的低碳发展目标，制定于家堡金融区城镇建设和管理的低碳标准，使其低碳目标与定位具体化。

2.遵循低碳指标体系，提出减碳路径、方法，指导低碳城市实施。

于家堡金融区低碳城镇指标体系是引领金融区朝着低碳城镇建设目标行进的重要抓手，为了使指标体系的各类低碳目标能够有效地落实，遵循指标体系为金融区的规划、建设和管理提出减碳路径与方法，指导低碳城市建设与管理。

3.推广低碳指标体系，示范低碳城市建设。

于家堡金融区低碳城镇指标体系的建立可以确定低碳城镇建设和管理的基准，具有一定的示范性和推广性。此外，低碳发展指标体系也将为于家堡申请国家绿色生态示范城区创造条件。

4.1.1.2 低碳发展指标体系的服务对象（For Who）

1. FOR APEC——展示中国低碳城市示范的先进性

于家堡金融区低碳城镇指标体系为APEC各经济体提供一套可供参考的低碳城镇建设标准体系，将成为国内外推广低碳城镇的技术标杆。主要从低碳环境保护、低碳能源利用、低碳交通、低碳建筑、低碳经济与低碳社会几个方面加以示范。

2. FOR 政府——设定低碳量化目标，指导低碳政策制定及城市管理

于家堡金融区低碳城镇指标体系为政府管理部门制定低碳规划和发展方向提供依据和指导。政府可依据指标体系，综合考虑交通、建筑、能源和地区政策等环境因素，加强碳预算与碳平衡分析，制定和实施碳足迹发展战略，明确其目标、时限和主要任务，进一步利用低碳指标和其他手段，加强低碳经济、社会、环境、资源

政策的制定、实施、监控和评估，同时提高于家堡金融区自然和社会系统应对气候变化的适应能力和恢复能力。

3. FOR 开发投资企业——约定低碳指标，指导城市建设与运营

于家堡金融区低碳城镇指标体系为开发投资企业的低碳建设与运营管理提供指导，按照指标体系约定的低碳指标推动其开发投资活动向低碳方向转型，全面打造绿色产业链。

4.1.1.3 于家堡金融区低碳城镇指标体系的定位

于家堡低碳城镇指标体系的定位与于家堡的城市定位是相对应的。于家堡作为比纽约曼哈顿和伦敦金融城规模还大的金融CBD和世界首例低碳中央商务区，其低碳发展模式首先要针对其自身特点。于家堡与常规的生态城相比，有三个特点。一是低碳，低碳城市的核心是量化的碳减排，与生态城相比更聚焦于城市建设和运行中的碳排放；二是城市密度，高密度是CBD区域的典型特征，因此高密度城市的低碳规划与超高层绿色建筑是低碳CBD的焦点；三是金融中心，城市建筑以金融办公商业建筑为主体，一方面需要避免传统CBD由于功能单一导致的缺乏活力和交通问题，另一方面需要借助碳金融、碳交易激活城市的低碳金融属性，使金融中心与低碳城市相互促进，发生嬗变。针对于家堡的特点分析，将其低碳城市定位于“低碳CBD，智慧金融城”。因此，于家堡低碳城镇指标体系定位是在高密度金融CBD新城建设中推动区域低碳发展，从低碳、智慧、金融三个方面为新型CBD建设提供探索与示范。指标体系将侧重于低碳，侧重于CBD，并注重低碳指标与生态指标的差异化（图4.1）。

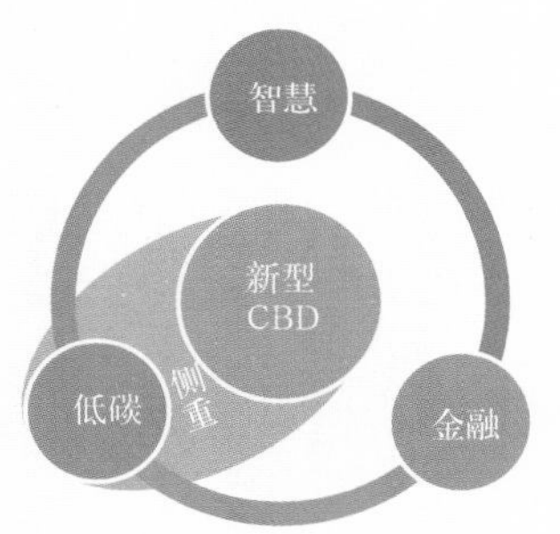

图4.1 于家堡金融区低碳城镇指标体系的定位

4.1.1.4 于家堡低碳发展指标体系的类型设定

1. 新建新城——目标型指标体系

目标型指标体系是对新建新城未来某一阶段的低碳发展方向和低碳发展水平所作的量化目标和实现途径的规定，促进城市经济效益、社会效益与生态环境效益的协调统一。它既体现了低碳规划的战略意图，也为低碳管理活动指明了方向，提供了管理依据（图4.2，图4.3）。国内外大量新建新城全部采用了目标型指标体系。

于家堡金融区作为APEC低碳示范的新城建设，希望从低碳角度引导城市建设，因此采纳目标型指标体系，制定城市低碳发展的量化目标。

2. 既有城市——评价型指标体系

评价型指标体系为低碳城市目标的实现程度提供评价依据，它的建立是为了科学评价城市各方面发展水平现在与目标存在的差距及可采取的政策手段，有助于用量化的方法对达到城市目标的程度、速度、质量、协调性等进行全面系统的监测与评估。它一方面能够横向比较多个城市或城区离目标有多远，另一方面能够纵向比较城市在不同时段向低碳方向转型的努力程度（图4.2，图4.3）。

新建新城
既有城市
目标型指标体系
评价型指标体系
制定量化目标、确定实现途径
现状评价，制定评价目标，提出改进途径

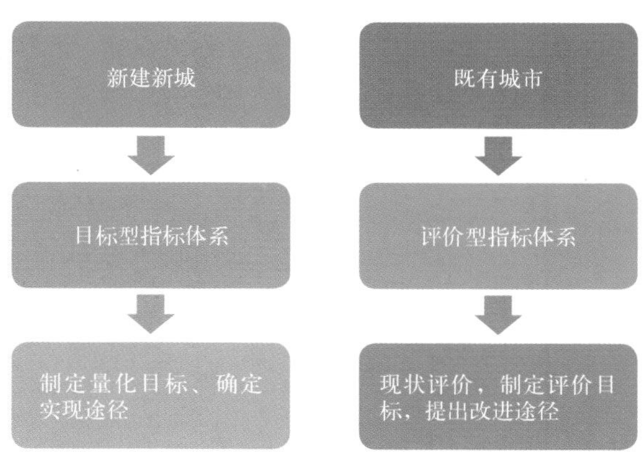

图4.2 于家堡金融区低碳城镇指标体系的类型

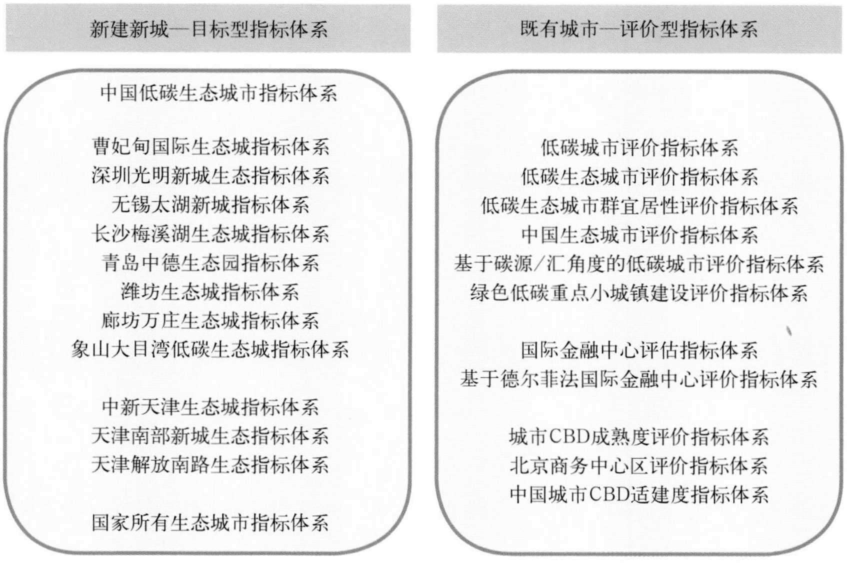

新建新城—目标型指标体系
中国低碳生态城市指标体系
曹妃甸国际生态城指标体系
深圳光明新城生态指标体系
无锡太湖新城指标体系
长沙梅溪湖生态城指标体系
青岛中德生态园指标体系
潍坊生态城指标体系
廊坊万庄生态城指标体系
象山大目湾低碳生态城指标体系
中新天津生态城指标体系
天津南部新城生态指标体系
天津解放南路生态指标体系
国家所有生态城市指标体系
既有城市—评价型指标体系
低碳城市评价指标体系
低碳生态城市评价指标体系
低碳生态城市群宜居性评价指标体系
中国生态城市评价指标体系
基于碳源/汇角度的低碳城市评价指标体系
绿色低碳重点小城镇建设评价指标体系
国际金融中心评估指标体系
基于德尔菲法国际金融中心评价指标体系
城市CBD成熟度评价指标体系
北京商务中心区评价指标体系
中国城市CBD适建度指标体系

图4.3 目标型与平价型两类指标体系的案例

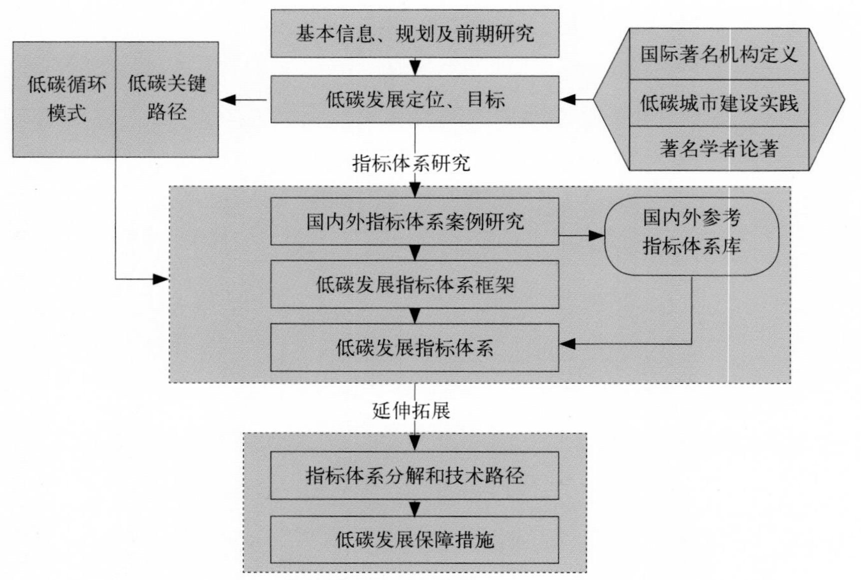

图4.4 于家堡金融区低碳城镇发展指标体系的构建思路图

4.1.2 指标体系的构建思路

于家堡指标体系通过“建构框架，赋值指标，量化分解，实施路径”四个环节，建立起指标体系，将每一指标进一步分解量化，并提出实现指标的技术路径，从而建构起整体性、层次性、动态性的于家堡低碳指标体系系统，其思路图见下图4.4。

4.1.2.1 低碳发展指标体系的前期研究

首先根据于家堡的整体概况，确定于家堡城市温室气体清单边界；再根据规划资料计算于家堡金融区2010年、2020年和2030年碳排放总量，从而确定于家堡指标体系的目标及定位。该部分运用两种不同的方法模型以2010年为基准进行了于家堡2020年和2030年碳排放的预测，确保了目标的准确性和可信性。其中，方法一：基于国际气候框架协议国家（IPCC 2006）和企业（WRI/WBCSD 2009）确定温室气体排放的模型，从建筑碳排放、交通碳排放、垃圾碳排放、污水处理碳排放和景观碳汇五个方面进行了于家堡碳排放的预测；方法二：基于《省级温室气体清单编制指南》，结合于家堡建成区以金融业为主，无加工转换投入产出量的特点，从第三产业和生活消费两个方面进行了于家堡碳排放预测。

4.1.2.2 低碳发展指标体系的案例研究

广泛研究国内外低碳、生态城市的指标体系，对其指标体系及城市的具体情况进行综合分析，总结指标体系案例中的优缺点及规律，筛选适合于家堡低碳城镇发展的指标表并进行专家论证。

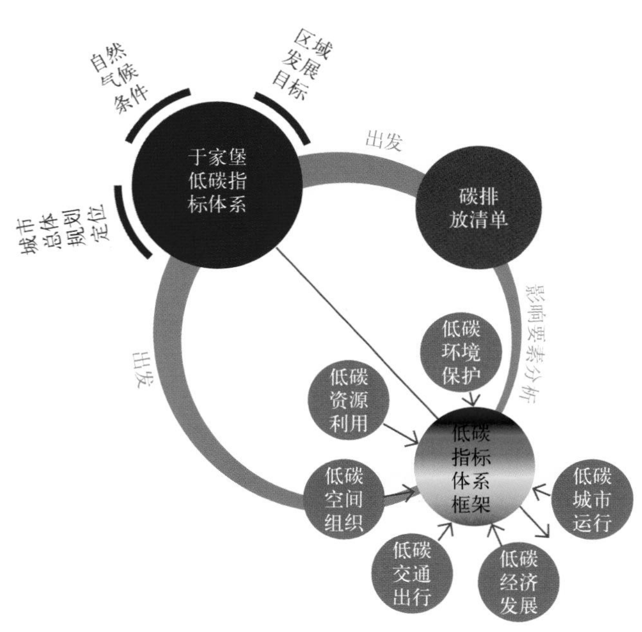

图4.5 于家堡金融区低碳城镇指标体系生成框架

4.1.2.3 低碳发展指标体系的确定

根据于家堡城市减碳目标及国内外案例研究，结合城市总体低碳、金融、高密度、立体规划定位，自然气候条件和区域发展目标，从城市碳排放清单出发，通过于家堡城市碳排放影响要素分析，从低碳环境保护、低碳资源利用、低碳空间组织、低碳交通出行、低碳经济发展和低碳城市运行六个维度初步确定低碳指标体系框架（图4.5），从而最后制定于家堡金融区低碳发展指标体系。

在低碳城镇的整体目标下，从低碳环境保护、低碳资源利用、低碳空间组织、低碳交通出行、低碳经济发展、低碳城市运行六个方面对于家堡低碳城镇进行实现途径的目标分解，并确立六个维度的具体目标（图4.6）。

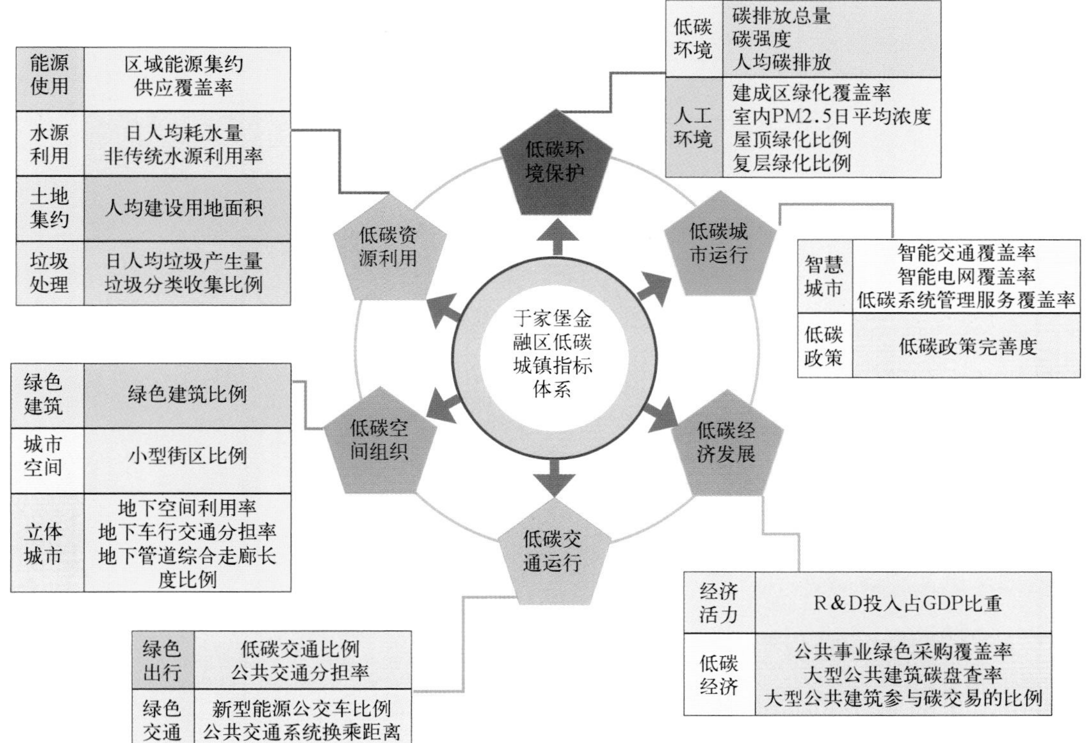

图4.6 于家堡金融区低碳城镇指标体系框架图

（1）低碳环境保护：从低碳城市的全指标出发，实现温室气体排放的绝对减排，同时形成宜居的人居环境。

（2）低碳资源利用：集约利用能源和土地，减少水资源使用，提高能源效率，建立资源化、减量化的废弃物处理模式。

（3）低碳空间组织：打造绿色建筑普及、超高密度、混合功能、适宜街区尺度、公交导向开发的立体城市。

（4）低碳交通出行：以多种公交形式促进公交优先，实现便捷、高效的绿色交通网络。

（5）低碳经济发展：促进城市CBD经济充满活力，发展碳金融、碳交易等低碳经济。

（6）低碳城市运行：创建智慧城市，完善低碳政策，引导城市低碳运行。

4.1.2.4 低碳发展指标体系的延伸拓展

为了确保于家堡金融区低碳城镇发展目标的顺利实现，进一步将于家堡金融区低碳城镇指标体系进行了逐一分解，并且针对各个指标的实现进行了技术路径的研究总结，最后对指标体系顺利实施提供了政策保障措施建议。

4.1.3 于家堡指标体系的指标选取原则

指标的甄选需要综合考虑理论层面和实用角度的有效性；与国际、国内、地区、城市的层面以及项目可持续目标的相关度；没有冗余（避免重叠的指标）和可度量性等多方面的因素和标准。通过借鉴国内外指标体系，并根据于家堡低碳生态城市指标体系构建的实际需求，本研究从以下三方面考虑指标的选取。

4.1.3.1 面向高密度中央商务区的低碳指标

于家堡金融区有效配置金融资源，完善金融产业要素，打造服务中心商务区交流、辐射环渤海地区的金融中心；发展金融、咨询、会展等现代服务业新版块；以低碳的理念和新技术、新产品打造国际碳交易交流平台、低碳经济示范平台和现代化城市展示平台。因此，于家堡金融区低碳城镇指标发展体系应面向金融、CBD的城市特色，全面指向低碳相关领域。

4.1.3.2 注重中观、微观指标

于家堡金融区低碳城镇发展指标体系的确定要以科学的方法为基础，既能准确、全面、系统地体现于家堡低碳发展目标，又能易于确定、考核和操作。于家堡作为一个区域新城，在有限的地块面积内，其目的是打造一个国际低碳CBD金融区域，不同于包括住宅区、工业区、商业区等等的一般城市，所以该指标体系具体地针对城市一个功能区域设定低碳指标，淡化区域难以控制的城市宏观指标，注重中观和微观指标。

4.1.3.3 注重核心指标与特色指标

于家堡金融区低碳城镇发展指标体系构建的核心是用于指导于家堡城市低碳发展及APEC低碳示范，量化的碳排放指标将作为整个指标体系的核心指标，因此，指标体系的构建应以低碳减排为核心。同时，于家堡是国际首个低碳中央商务区，指标体系的建立在以低碳为核心的前提下也应注重CBD金融区的特色。

4.2 指标筛选与指标库的建立

4.2.1 建立指标库

于家堡金融区低碳发展指标体系的指标选取一方面要与国际接轨，指标的代表性要被国际社会广泛认可，且指标具有前瞻性和示范性；另一方面，指标要和中国国情、天津市以及滨海新区的现实相符合，确保指标具有实施的可操作性。

因此，本研究指标收集阶段，在基准年确定的指标基础上，充分借鉴国内外已经被广泛认可和实施的指标体系为参考，扩大指标体系选取范围。通过广泛搜集相关资料，确定天津中新生态城指标体系等共13个国内生态城区指标数据、天津市低碳规划指标体系等16个国内生态省（市）指标数据、中国低碳生态城市评价指标体系等15个低碳专项研究指标数据以及联合国可持续发展指标体系等13个国外案例指标数据共57个指标体系作为指标数据库的选取参考。

生态城市指标选取参考国内外指标体系 **表4.1**

分类	编号	指标体系
生态城区类指标体系	1	天津中新生态城指标体系
	2	唐山湾（曹妃甸）国际生态城指标体系
	3	无锡太湖新城·国家低碳生态城示范区规划指标体系

续表

分类	编号	指标体系
生态城区类指标体系	4	深圳光明新区绿色新城建设指标体系
	5	潍坊滨海经济技术开发区生态城建设指标体系
	6	青岛中德生态园生态指标体系
	7	上海市崇明生态智慧岛指标体系
	8	云南省昆明市呈贡新城生态试点指标体系
	9	廊坊万庄生态城指标体系
	10	天津南部新城指标体系
	11	天津解放南路地区生态规划指标体系
	12	宁波象山大目湾低碳生态新城建设指标体系
	13	长沙梅溪湖生态城指标体系
低碳（生态）省（市）类指标体系	1	天津市低碳规划指标体系
	2	天津市生态宜居城市评价指标体系
	3	深圳低碳生态城市指标体系
	4	佛山生态城市指标体系
	5	河北省生态宜居城市建设目标指标体系
	6	乐清市生态城市指标体系
	7	厦门生态城市指标体系
	8	扬州生态城市评价指标体系
	9	长株潭生态城市群评价指标体系
	10	广东省生态城市评价指标体系
	11	重庆市绿色低碳生态城区评价指标体系
	12	重庆市生态城规划建设指标体系
	13	山东省生态城市评价指标体系
	14	淄博市创建国家生态园林城市指标体系
	15	武汉市低碳生态城市指标体系
	16	烟台生态城市建设指标体系
低碳专项研究类指标体系	1	中国低碳生态城市评价指标体系
	2	城市低碳化可持续发展指标体系
	3	城市低碳经济综合评价体系
	4	城市生态社区建设评价指标体系
	5	生态现代化指数
	6	2009-2020年中国低碳生态城市发展战略研究
	7	生态城市指标体系
	8	低碳城市综合评价指标体系
	9	低碳城市评价指标体系
	10	低碳生态城市评价指标体系
	11	低碳生态城市群宜居性评价指标体系
	12	基于DPSIR模型的低碳城市评价指标体系
	13	基于碳源碳汇角度的城市评价指标体系
	14	中国低碳城市发展战略指标体系
	15	中国生态城市评价指标体系

续表

分类	编号	指标体系
国外参考指标体系	1	联合国可持续发展指标体系
	2	亚洲绿色城市指数
	3	欧洲绿色城市指数
	4	意大利城市地区环境可持续性指标
	5	瑞典哈默比湖生态城指标体系
	6	联合国教科文组织的生态城市指标体系
	7	温哥华可持续发展指标体系
	8	澳大利亚哈利法克斯生态城指标
	9	西班牙ParcBIT指标
	10	英国可持续发展指标体系
	11	美国耶鲁大学和哥伦比亚大学环境可持续发展指标体系
	12	苏格兰可持续发展指标体系
	13	德国建造规划的环境统计指标体系

4.2.2 指标库的集成

将国内外案例研究中收集到的57个指标体系案例进行汇总集成，得出集成指标库。然后对集成指标库中的所有指标进行分类整理，将相同的指标或者意义相近的指标进行归类，统计其出现频率，得出下表。

指标库各项指标的频率统计 **表4.2**

指标类型	分项指标	频率	
固废处理	固体废弃物无害化处理利用率	28	50
	生活垃圾无害化资源化率	22	
能源消耗	单位GDP能耗/水耗	33	45
	人均能源/水资源消费量	8	
	单位建筑面积能耗	3	
	GDP能源消耗强度	1	
空气质量	空气质量全年优良天数	41	44
	PM2.5日平均浓度	3	
污染物排放	主要污染物排放量（CO_2/SO_2/固体废弃物/污水/空气污染/化学需氧量）	37	39
	主要污染物排放强度	2	
水质量	水源地水质达标率	24	33
	地表水环境质量	6	
	水喉水达标率	2	
	安全饮水比例	1	
绿化	绿化覆盖率	29	31
	绿容率	1	
	植草率	1	
声环境	声环境功能区噪声达标率	26	26

续表

指标类型	分项指标	频率	
第三产业	第三产业增加值占GDP比重	10	26
	第三产业占GDP比例	5	
	第三产业比重	11	
碳排放	单位建筑面积碳排放	3	25
	单位GDP碳/CO_2排放	22	
GDP	人均GDP	17	23
	GDP增速	6	
绿色建筑	绿色建筑比例	21	21
可再生能源	可再生能源利用率	19	20
	人均非商品再生能源使用量	1	
污水处理	城市污水处理率	19	19
公众参与	环保宣传教育普及率	4	17
	公众对环境满意率	12	
	市民环境知识普及和参与率	1	
非传统水源	非传统水源利用率	11	16
	再生水利用率	5	
清洁能源	清洁能源占总能源的比例	3	15
	清洁能源占一次能源消费的比重	1	
	新能源比例	3	
	非化石能源占一次能源消费比重	3	
	能源使用效率	3	
	清洁能源使用率	1	
	低碳能源使用率	1	
公共绿地	人均公共绿地面积	15	15
公共出行	公共交通分担率	7	15
	公共交通普及率	1	
	清洁能源公共交通工具的比例	5	
	清洁能源公交比例	1	
	新能源公共汽车普及率	1	
绿色交通	绿色出行比例	13	13
工业用水	工业用水重复利用率	13	13
研发投入	R&D经费占GDP比重	10	11
	从事研发人员比例	1	
本地植物	本地植物指数	9	10
	耐盐碱植物指数	1	
市政管网	市政管网普及率	6	9
	供水管网漏损率	3	
绿色认证	通过ISO14001认证的企业比例	8	8
公交质量	每千人拥有的公共汽车数	3	8
	公共交通质量	3	
	公共交通运营效率	1	
	公共交通线路运营效率	1	

续表

指标类型	分项指标	频率	
环保投资	环保投资占GDP比重	7	7
绿网	林阴路达标率	4	5
	绿道网长度	1	
热岛效应	室外日平均热岛强度	2	5
	城市热岛效应强度	1	
	热岛效应	2	
城市安全	城市生命线完整率	3	5
	城市防灾水平	2	
低碳理念	低碳城市建设规划	2	5
	绿色设计理念推广	1	
	公众对低碳城市的认知度	2	
节水器具	节水器具普及率	5	5
能源消费	能源消费弹性系数	5	5
通勤时间	平均通勤时间	5	5
服务配套	步行500米范围内有免费文体设施的居住区比例	5	5
透水地面	透水性地面面积比例	4	4
清洁生产	清洁能源生产企业所占GDP	1	4
	企业清洁生产审核通过率	1	
	企业清洁生产验收通过率	1	
	实施强制性清洁生产企业通过验收比例	1	
交通可达性	300米范围内可达公交站点比例	3	4
	到达BRT站点的平均步行距离	1	
停车	优先停车位比例	1	3
	专用停车位比例	1	
	自行车停车位数量	1	
交通碳排放	单位车辆碳排放	1	3
	单位发电量碳排放	1	
	单位交通里程数碳排放	1	
屋面绿化	高层塔楼外立面垂直绿化覆盖率	1	3
	建筑屋顶绿化率	1	
	绿化屋面覆盖率	1	
地下空间	地下空间利用率	3	3
能源消费	能源消费强度	3	3
绿色施工	绿色施工比例	3	3
幸福指数	幸福感指数	3	3
碳捕捉	温室气体/二氧化碳捕获与封存比例	2	2
区域能源	区域供冷供热覆盖率	2	2
碳生产力	碳生产力	2	2
绿地可达性	公园绿地500米服务半径覆盖率	2	2
空间多样性	空间多样性	2	2
能耗监测	建筑能耗监测覆盖率	2	2

续表

指标类型	分项指标	频率	
车速	高峰时间全路网平均车速	1	2
	公共交通平均车速	1	
管理信息化	管理和服务信息化的社区比例	2	2
教育经费	财政性教育经费占GDP比例	2	2
采光	采光系数	2	2
自来水普及	自来水普及率	2	2
经济与低碳	经济与能源脱钩	1	2
	经济与三废脱钩	1	
汽车尾气	机动车尾气排放达标率	2	2

从指标库统计可以看出，固废处理等22项指标类型出现频率较高，是可持续发展的主要通用指标。

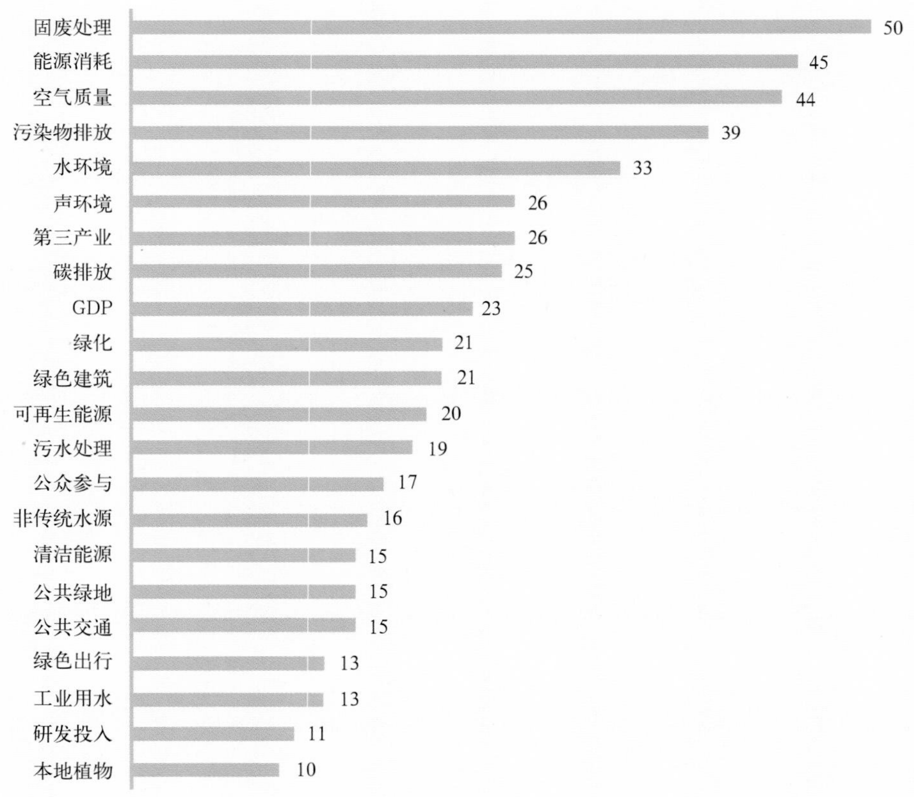

图4.7 出现频率较高（>10次）的指标类型

4.2.3 指标的初步筛选

指标的选取离不开实际情况的分析，因此在指标库集成之后，根据对于家堡特点的分析、于家堡低碳目标的确定，以及于家堡低碳路径与模式的设定与研究，对搜集的指标体系案例内的指标进行筛选。将搜集到的57个指标体系案例中的各个指标，按照与于家堡地区建设与发展的相关性进行筛选，选取于家堡地区可以用到或者可供参考的指标，剔除16个与于家堡地区建设与发展不相关的指标体系。之后对它们进行重新统计，将相同的指标或者意义相近的指标进行合并，统计其出现频率。

参考指标体系的二次筛选　　表4.3

分类	编号	指标体系
生态城区类指标体系	1	天津中新生态城指标体系
	2	唐山湾（曹妃甸）国际生态城指标体系
	3	无锡太湖新城·国家低碳生态城示范区规划指标体系
	4	深圳光明新区绿色新城建设指标体系
	5	潍坊滨海经济技术开发区生态城建设指标体系
	6	青岛中德生态园生态指标体系
	7	廊坊万庄生态城指标体系
	8	天津南部新城指标体系
	9	宁波象山大目湾低碳生态新城建设指标体系
	10	长沙梅溪湖生态城指标体系
低碳（生态）省（市）类指标体系	1	天津市低碳规划指标体系
	2	天津市生态宜居城市评价指标体系
	3	深圳低碳生态城市指标体系
	4	河北省生态宜居城市建设目标指标体系
	5	重庆市绿色低碳生态城区评价指标体系
	6	重庆市生态城规划建设指标体系
	7	山东省生态城市评价指标体系
	8	武汉市低碳生态城市指标体系
	9	烟台生态城市建设指标体系
低碳专项研究类指标体系	1	中国低碳生态城市评价指标体系
	2	城市低碳化可持续发展指标体系
	3	城市低碳经济综合评价体系
	4	2009-2020年中国低碳生态城市发展战略研究
	5	生态城市指标体系
	6	低碳城市综合评价指标体系
	7	低碳城市评价指标体系
	8	低碳生态城市评价指标体系
	9	基于DPSIR模型的低碳城市评价指标体系
	10	基于碳源碳汇角度的城市评价指标体系
	11	中国低碳城市发展战略指标体系
	12	中国生态城市评价指标体系

续表

分类	编号	指标体系
国外参考指标体系	1	联合国可持续发展指标体系
	2	亚洲绿色城市指数
	3	欧洲绿色城市指数
	4	瑞典哈默比湖生态城指标体系
	5	联合国教科文组织的生态城市指标体系
	6	温哥华可持续发展指标体系
	7	英国可持续发展指标体系
	8	美国耶鲁大学和哥伦比亚大学环境可持续发展指标体系
	9	苏格兰可持续发展指标体系
	10	德国建造规划的环境统计指标体系

指标的二次筛选 **表4.4**

指标类型	分项指标	频率	
固废处理	固体废弃物无害化处理利用率	25	42
	生活垃圾无害化资源化率	17	
空气质量	空气质量全年优良天数	30	34
	PM2.5日平均浓度	3	
	建筑物室内环境质量	1	
能源消耗	单位GDP能耗/水耗	24	30
	人均能源/水资源消费量	2	
	单位建筑面积能耗	3	
	GDP能源消耗强度	1	
污染物排放	主要污染物排放量（CO_2/SO_2固体废弃物/污水/空气污染/化学需氧量）	26	28
	主要污染物排放强度	2	
水质量	水源地水质达标率	11	19
	地表水环境质量	6	
	水喉水达标率	2	
第三产业	第三产业增加值占GDP比重	7	19
	第三产业占GDP比重	5	
	第三产业比重	5	
	服务业增加值占GDP比重	2	
绿色建筑	绿色建筑比例	19	19
碳排放	单位建筑面积碳排放	3	16
	单位GDP碳/二氧化碳排放	13	
声环境	声环境功能区噪声达标率	15	15
可再生能源	可再生能源利用率	15	15
公共绿地	人均公共绿地面积	15	15
污水处理	城市污水处理率	12	12
非传统水源	非传统水源利用率	10	12
	再生水利用率	2	
绿色交通	绿色出行比例	12	12

续表

指标类型	分项指标	频率	
GDP	人均GDP	10	11
	GDP增速	1	
清洁能源	清洁能源占总能源的比例	1	11
	清洁能源占一次能源消费的比重	1	
	新能源比例	3	
	能源使用效率	3	
	清洁能源使用率	2	
	低碳能源使用率	1	
绿化	绿化覆盖率	9	10
	绿容率	1	
公共出行	公共交通分担率	3	9
	公共交通普及率	1	
	清洁能源公共交通工具的比例	3	
	清洁能源公交比例	1	
	新能源公共汽车普及率	1	
研发投入	R&D经费占GDP比重	8	9
	从事研发人员比例	1	
公众参与	环保宣传教育普及率	2	8
	公众对环境满意率	6	
本地植物	本地植物指数	5	6
	耐盐碱植物指数	1	
绿色认证	通过ISO14001认证的企业比例	6	6
能源消费	能源消费弹性系数	5	5
服务配套	步行500米范围内有免费文体设施的居住区比例	5	5
工业用水	工业用水重复利用率	4	4
市政管网	市政管网普及率	3	4
	供水管网漏损率	1	
公交质量	每千人拥有的公共汽车数	2	4
	公共交通运营效率	1	
	公共交通线路运营效率	1	
热岛效应	室外日平均热岛强度	1	4
	城市热岛效应强度	1	
	热岛效应	2	
低碳理念	低碳城市建设规划	2	4
	绿色设计理念推广	1	
	公众对低碳城市的认知度	1	
交通可达性	300米范围内可达公交站点比例	3	4
	到达BRT站点的平均步行距离	1	
城市安全	城市生命线完整率	2	3
	城市防灾水平	1	
节水器具	节水器具普及率	3	3

续表

指标类型	分项指标	频率	
通勤时间	平均通勤时间	3	3
清洁生产	清洁能源生产企业所占GDP	1	3
	企业清洁生产审核通过率	1	
	实施强制清洁生产企业通过验收比例	1	
交通碳排放	单位车辆碳排放	1	3
	单位发电量碳排放	1	
	单位交通里程数碳排放	1	
屋面绿化	建筑屋顶绿化率	2	3
	绿化屋面覆盖率	1	
地下空间	地下空间利用率	3	3
环保投资	环保投资占GDP比重	2	2
绿网	林阴路达标率	1	2
	绿道网长度	1	
绿色施工	绿色施工比例	2	2
碳捕捉	温室气体/二氧化碳捕获与封存的比例	2	2
碳生产力	碳生产力	2	2
能耗监测	建筑能耗监测覆盖率	2	2
车速	高峰时间全路网平均车速	1	2
	公共交通平均车速	1	
管理信息化	管理和服务信息化的社区比例	2	2
绿地可达性	公共绿地500米服务半径覆盖率	2	2
空间多样性	空间多样性	2	2
透水地面	透水性地面面积比例	1	1
停车	优先停车位比例	1	1
幸福指数	幸福感指数	1	1
区域能源	区域供冷供热覆盖率	1	1
教育经费	财政性教育经费占GDP比例	1	1
自来水普及	自来水普及率	1	1

根据二次筛选的频率表，统计出初选指标。在初选出的指标之中，对每项指标进行单独评估，根据每个指标的科学性、可操作性、简明性、前瞻性等方面进行详细评估，并根据对指标的详细评估结果，确定入选指标。

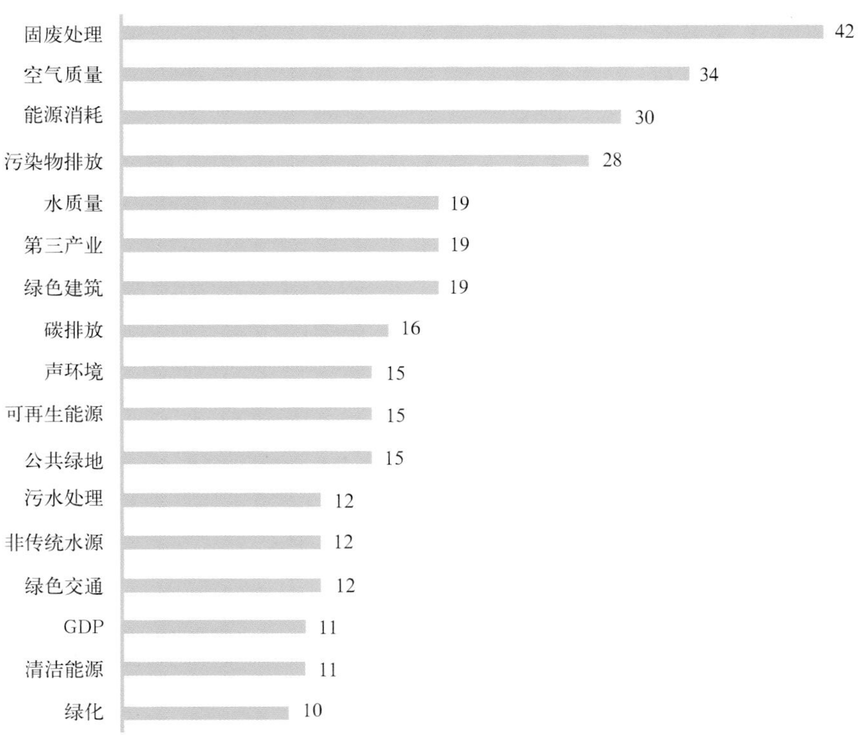

图4.8 二次筛选出现频率较高（＞10次）的指标类型

除此之外，还需要把出现频率不高但对于于家堡金融区来说是需要保留的指标抽取出来，作为备选指标，见表：

指标库初步筛选结果 表4.5

单位GDP能耗/水耗	空气质量优良天数
主要污染物排放量	生活垃圾无害化资源化率
绿化覆盖率	人均建设用地面积
单位GDP碳排放	公共交通分担率
绿色建筑比例	可再生能源利用率
日人均耗水量	非传统水源利用率
能源使用效率	人均公共绿地面积
绿色/低碳出行比例	R&D经费占GDP比重
本地植物指数	能源消费弹性系数
区域供冷供热覆盖率	地下空间利用率

再以于家堡的低碳城市定位、规划特点、核心问题、生态循环模型作为出发点，选择了一些有针对性的、具有代表性的减碳核心指标指标，以体现于家堡低碳示范城镇的独特性、示范性和超前性。

新增备选特色指标　　表4.6

新能源公交车比例	低碳激励机制/碳税
能源消费弹性系数	碳排放总量
人均碳排放量	碳强度
绿色采购覆盖率	立体绿化覆盖率/屋顶绿化（覆盖）率
地下空间利用	智能电网覆盖率
垃圾分类收集	大型公共建筑参与碳交易的比例
低碳交易	大型公共建筑碳盘查率
信息网络完善度	智能交通覆盖率
地下管道综合走廊比例长度	绿色采购覆盖率
小型街区比例	智慧城市

根据当前国内外常见的指标体系类型，为于家堡金融区低碳城镇指标体系做出了两套指标体系的目标层框架。其中框架一（即目标型框架）是从常规的资源、环境、经济和社会四个方面出发，将于家堡低碳发展指标体系分为资源节约、环境友好、社会和谐和经济持续四大类，形成面向生态可持续发展的目标层框架。框架二（即导向型框架）是根据于家堡金融区的自身特点，从低碳目标出发，强调城市的低碳指向，将指标体系按照低碳实施策略的不同，分为低碳环境保护、低碳资源利用、低碳空间组织、低碳交通出行、低碳经济发展和低碳城市运行六个维度，在此基础上逐一分解实施策略，构成一系列的指标体系框架。

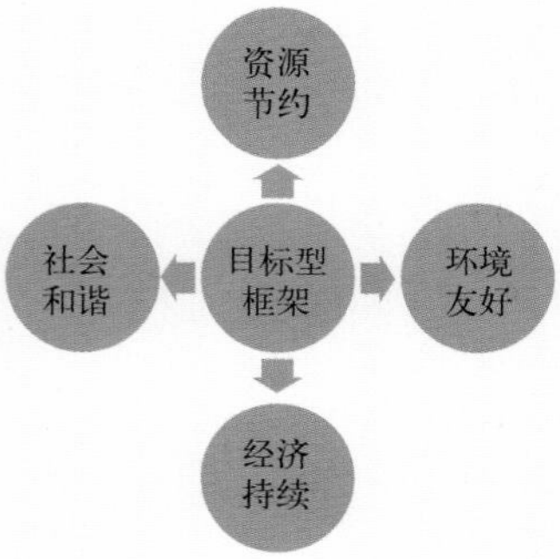

图4.9 框架一（目标型框架）示意图

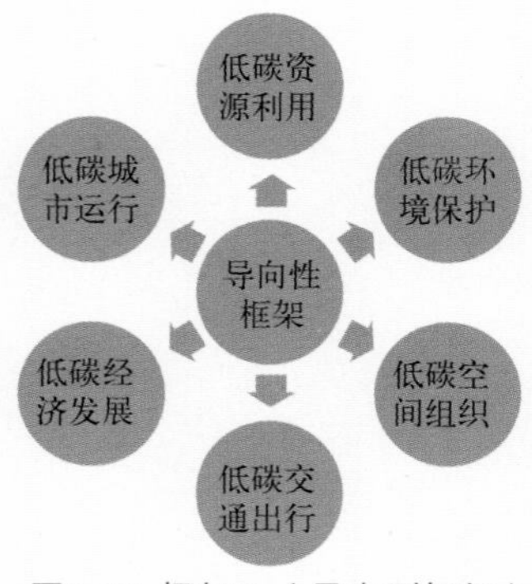

图4.10 框架二（导向型框架）示意图

4.2.4 问卷调查

依据指标选取标准，利用基于德尔菲法的专家问卷方式进行指标的评选。通过邀请行业专家进行指标的评价和入选问卷调查，确定指标初选成果。

问卷调查只要包括两部分的内容：一方面，专家根据对低碳城镇的理解，对各框架进行讨论，对于哪种框架更适合于家堡低碳发展进行选择；另一方面，通过专家对每个指标是否建议入选于家堡低碳发展指标体系进行深入讨论，提出指标的入选及建议。

本次调查问卷意见征询时间为2012年9月底至2012年11月初，共收到52份有效回复结果。参加意见征询参与者中，主要有低碳生态城市研究的教师、学者、专家及其他相关人员等。

调查问卷征询活动反馈统计结果见下表：

框架一（目标型框架）征询意见结果 表4.7

目标	准则层	指标	反馈入选比例	反馈新增指标
资源节约	能源利用	区域能源集约供应覆盖率	94%	
		可再生能源利用率	75%	
		能源消费弹性系数	77%	人均能源消费
	资源利用	绿色建筑比例	100%	
		日人均耗水量	87%	
		非传统水资源利用率	98%	
		水喉水达标率	67%	
		垃圾分类收集资源化率	90%	垃圾回收循环利用率
		人均建设用地面积	35%	
		地下空间利用率	60%	地下空间开发利用容量
环境友好	环境质量	二级空气质量达标率	96%	
		PM2.5日平均浓度达标天数	100%	室内环境质量
		屋顶绿化比例	46%	
		建城区绿化覆盖率	40%	复层绿化比例
		声环境功能区噪声达标率	67%	
	减排	碳强度	94%	二氧化碳排放总量
		绿色采购覆盖率	90%	
		公共建筑碳盘查率	62%	
		人均碳排放量	100%	
经济持续	低碳经济	现代服务业产值占GDP比重	25%	
		大型公共建筑参与碳交易的比例	79%	
	低碳活力	人均GDP	52%	人均GDP增长率
		R&D投入占GDP比重	52%	知识创新投入
社会和谐	低碳生活	低碳交通比例	100%	
	智慧城市	信息网络完善度	75%	智慧管理服务覆盖率
	低碳政策	低碳政策完善度	88%	低碳政策激励机制
	城市安全	城市应急联动系统覆盖率	69%	

框架二（导向型框架）征询意见结果 表4.8

目标	准则层	指标层	反馈入选比例	反馈新增指标
低碳资源利用	低碳发展	碳排放总量	100%	
		碳强度	94%	
		人均碳排放量	98%	
	能源使用	区域能源集约供应覆盖率	94%	
		可再生能源利用率	75%	
	水源利用	日人均耗水量	87%	
		水喉水达标率	67%	
		非传统水源利用率	98%	
	土地集约	人均建设用地面积	35%	
	垃圾处理	垃圾分类收集资源化率	90%	垃圾回收循环利用率

续表

目标	准则层	指标层	反馈入选比例	反馈新增指标
低碳环境保护	生态景观	屋顶绿化比例	46%	
		建成区绿地率	40%	复层绿化比例
	自然环境	二级空气质量达标天数	96%	室内环境质量
		区内地表水环境质量达标率	40%	
		声环境功能区噪声达标率	67%	
低碳空间组织	绿色建筑	绿色建筑比例	100%	
	城市空间	小型街区比例	96%	
	立体城市	地下空间利用率	60%	地下空间开发利用容量
		地下交通分担率	67%	
		地下管道综合走廊长度比例	79%	
低碳交通出行	绿色出行	低碳交通比例	100%	
		公共交通分担率	90%	
		新型能源公交车、城管用车比例	75%	新型能源公交车比例
		交通系统换乘距离	77%	
	基础设施	地面公交站点300米服务范围覆盖建成区的比例	58%	
		公共服务中心500米服务范围覆盖居民用地比例	62%	
低碳经济发展	经济活力	人均GDP	58%	
	低碳经济	绿色采购覆盖率	90%	
		公共建筑碳盘查率	62%	
		大型公共建筑参与碳交易的比例	79%	
低碳城市运行	智慧城市	城市应急联动系统覆盖率	69%	信息网络完善度
		智能交通覆盖率	92%	
		智能电网覆盖率	90%	
		智慧管理服务覆盖率	67%	
	低碳生活	低碳政策完善度	88%	低碳政策激励机制

4.2.5 减碳核心指标的提取

通过结合专家问卷和多次专家座谈会讨论，针对可量化指标的范畴，对指标体系框架内容进行有针对性的选择和提炼，确定了于家堡低碳发展的重点领域，正是这些重点发展领域下的核心指标要素成了于家堡低碳发展指标体系构建的特点之一。[1]

这些核心指标的选取，为于家堡金融区的建设与发展提供了客观的测量手段，并有利于未来发展的评价操作。它们以细化、量化、深化框架为目标，借助适宜联系方式的建立，同时结合选址区域的实际，突出区域特点，减碳核心指标得以确立。

1 仇保兴.兼顾理想与现实：中国低碳生态城市指标体系构建与实践示范初探[M].北京：中国建筑工业出版社,2012.

通过结合专家问卷征询和多次专家座谈会讨论结果，根据相关省市实际案例城市研究反馈结果，经过多轮讨论，剔除数据计算有重复、基本反映同一问题指标，并尽量去除没有纳入国家常规监测的指标体系，同时考虑引入目前虽尚未纳入常规监测的指标体系，却具有前瞻性和创新性的引导性指标内容，考虑到于家堡地区的现实发展状况与远期愿景，最终选择了框架二（即导向型框架）作为于家堡金融区低碳发展指标体系框架。该套框架涵盖低碳环境保护、低碳资源利用、低碳空间组织、低碳交通出行、低碳经济发展和低碳城市运行6个目标层，指标设置并由此展开分为14个准则层，共30个指标。

于家堡金融区低碳发展指标体系框架层级 **表4.9**

目标层	准则层	指标层
低碳环境保护	低碳环境	碳排放总量
		碳强度
		人均碳排放
	人工环境	建成区绿化覆盖率
		室内PM2.5日平均浓度
		屋顶绿化比例
		复层绿化比例
低碳资源利用	能源使用	区域能源集约供应覆盖率
	水源利用	日人均耗水量
		非传统水源利用率
	土地集约	人均建设用地面积
	垃圾处理	日人均垃圾产生量
		垃圾分类收集的比例
低碳空间组织	绿色建筑	绿色建筑比例
	城市空间	小型街区比例
	立体城市	地下空间利用率
		地下车行交通分担率
		地下管道综合走廊长度比例
低碳交通出行	绿色出行	低碳交通比例
		公共交通分担率
		新型能源公交车比例
		公共交通系统换乘距离
低碳经济发展	经济活力	R&D投入占GDP比重
	低碳经济	公共事业绿色采购覆盖率
		大型公共建筑碳盘查率
		大型公共建筑参与碳交易的比例
低碳城市运行	智慧城市	智能交通覆盖率
		智能电网覆盖率
		低碳系统管理服务覆盖率
	低碳政策	低碳政策完善度

4.3 于家堡金融区低碳城镇指标体系

4.3.1 于家堡金融区低碳城镇指标体系的核心特色与创新

1. 核心特色

于家堡金融区低碳示范城镇指标体系的七大核心特色：

●国际首个低碳中央商务区指标体系

●全指标低碳相关——所有指标直接指向碳减排

●减碳指标全覆盖——提出总量、强度、人均三项全面的指标

●国内超前地提出总量减排30%目标

●六类低碳领域导向指标

●将指标体系延伸至指标分解和实现路径——目标、分解、路径三合一

●两个侧重：低碳与CBD

2. 指标创新

于家堡金融区低碳示范城镇指标体系的三大创新之处：

◆首次提出总量减排具体指标

◆全指标减碳相关性

◆通过指标分解纳入可实施的技术路径

4.3.2 于家堡金融区低碳城镇指标体系总表

该指标体系，根据于家堡的特点，从低碳发展目标下的金融区为出发点，强调区域特点，突出特色指标。其目标层分为低碳资源利用、低碳环境保护、低碳空间组织、低碳交通出行、低碳经济发展和低碳城市运行六个方面。在此六大目标层下面，依次分为15类30项指标。

于家堡金融区低碳城镇指标体系总表 **表4.10**

指标分类		序号	指标	取值	时限	建设时序			实施主体		
						近期	中期	远期	政府	企业	公众
低碳环境保护	低碳环境	1	碳排放总量	2030年较2010年基准减排30%	2030年			●	◆		

续表

指标分类		序号	指标	取值	时限	建设时序			实施主体		
						近期	中期	远期	政府	企业	公众
低碳环境保护	低碳环境	2	碳强度	≤150吨/百万美元GDP	2020年		●		◆		
		3	人均碳排放	≤4.4吨/人	2030年			●	◆		
	人工环境	4	建成区绿化覆盖率	≥40%	2020年		●		◆		
		5	室内PM2.5日平均浓度	≤35 μ g/m^3	即日起	●				◆	
		6	屋顶绿化比例	≥30%	2020年		●			◆	
		7	复层绿化的比例	80%	2020年		●			◆	
低碳资源利用	能源使用	8	区域能源集约供应覆盖率	≥70%	2020年		●		◆		
	水源利用	9	日人均耗水量	≤90升/人·天	即日起	●					◆
		10	非传统水源利用率	30%	即日起	●				◆	
	土地集约	11	人均建设用地面积	≤60m^2/人	2020年		●		◆		
	垃圾处理	12	日人均垃圾产生量	≤0.8kg/人·天	即日起	●					◆
		13	垃圾分类收集的比例	100%	即日起	●					◆
	绿色建筑	14	绿色建筑比例	100%，且二星以上的比例≥70%	2020年		●		◆		
低碳空间组织	城市空间	15	小型街区比例	≥80%	2020年		●		◆		
	立体城市	16	地下空间利用率	≥100%	2020年		●		◆		
		17	地下车行交通分担率	≥20%	2020年		●		◆		
		18	地下管道综合走廊长度比例	≥35%	2020年		●		◆		
低碳交通出行	绿色出行	19	低碳交通比例	≥80%	2030年			●	◆		
		20	公共交通分担率	≥60%	2030年			●	◆		
	绿色交通	21	新型能源公交车比例	100%	2020年		●		◆		
		22	公共交通系统换乘距离	≤200m	2020年		●		◆		
低碳经济发展	经济活力	23	R&D投入占GDP比重	≥5%	即日起	●				◆	
	低碳经济	24	公共事业绿色采购覆盖率	100%	2020年		●		◆		
		25	大型公共建筑碳盘查率	80%	2020年		●		◆		
		26	大型公共建筑参与碳交易的比例	80%	2030年			●	◆		

续表

指标分类		序号	指标	取值	时限	建设时序			实施主体		
						近期	中期	远期	政府	企业	公众
低碳城市运行	智慧城市	27	智能交通覆盖率	100%	2020年		●		◆		
		28	智能电网覆盖率	100%	2020年		●		◆		
		29	低碳系统管理服务覆盖率	100%	2020年		●		◆		
	低碳政策	30	低碳政策完善度	100%	2030年			●	◆		

于家堡低碳示范城镇的各类碳源、指标、路径与策略之间的关系形成一个系统图，如下图4.11所示。

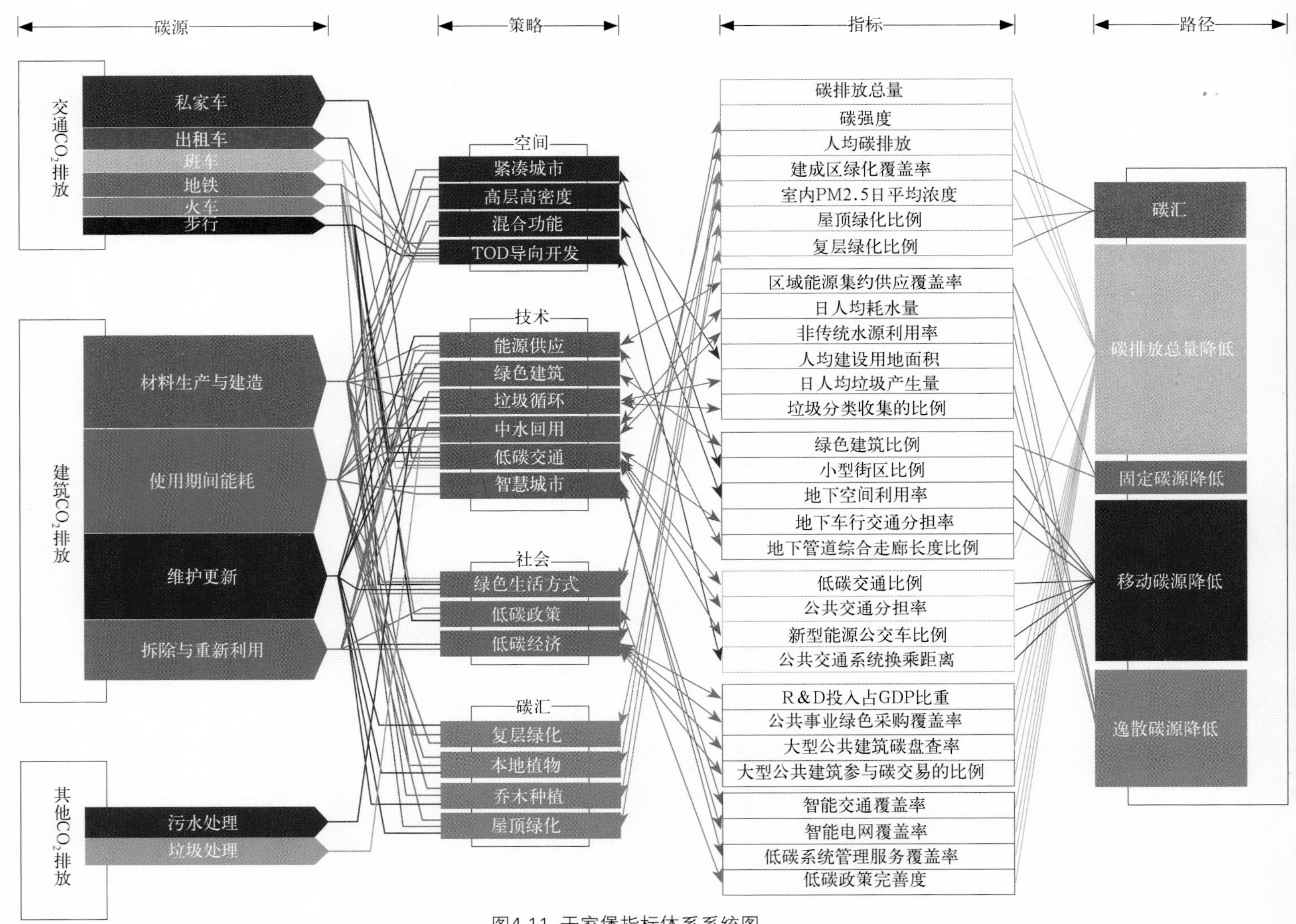

图4.11 于家堡指标体系系统图

4.3.3 于家堡金融区低碳城镇碳排放预测

于家堡金融区低碳城镇通过一系列措施实现节能减排，以2010年为基准年，到2030年碳排放总量将由2010年的186.6万吨减少到2030年的132.2万吨，下降约30%，其中通过建筑减少碳排放42.8万吨，占碳减排总量的77.12%，通过交通减少碳排放11.6万吨，占碳减排总量的20.90%，通过景观碳汇减少碳排放1.1万吨，占碳减排总量的1.98%。碳强度由2010年的393.7吨/百万美元减少到2030年83.1吨/百万美元，下降约78.89%。人均碳排放由2010的6.2吨/人减少到2030的4.4吨/人，下降约29%。下图4.12列举了以2010年为基准年，2030年于家堡金融区低碳城镇措施减排的各项测算数据，下表4.11计算出了于家堡2010年、2020年、2030年的建筑碳排放、交通碳排放及碳汇减碳结果数据。表4.12列出了于家堡金融区碳排放总量、人均碳排放和碳强度的数据。

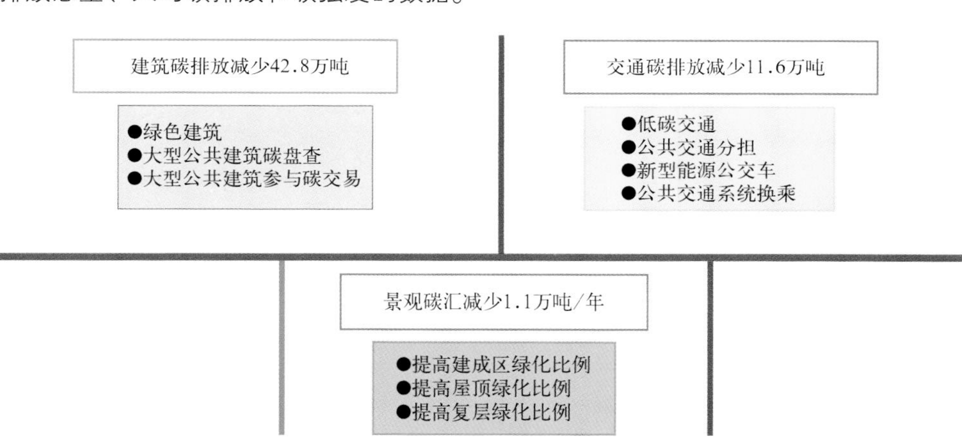

图4.12 2030年于家堡金融区低碳城镇措施减排测算图

于家堡各年度碳排放总量情况表 **表4.11**

单位（万吨）	2010年	2020年	2030年
建筑碳排放	135.1	104.7	92.3
交通碳排放	52.6	43.0	41.0
碳汇	-1.1	-1.1	-1.1
合计	186.6	146.6	132.2

于家堡金融区碳排放总量、人均碳排放与碳强度表 **表4.12**

年份	碳排放总量	人均碳排放量	GDP	碳强度
	万吨	吨/年	百万美元	吨/百万美元
2010	186.6	6.2	4740	393.7
2020	146.6	4.9	9768	150.0
2030	132.2	4.4	15911	83.1

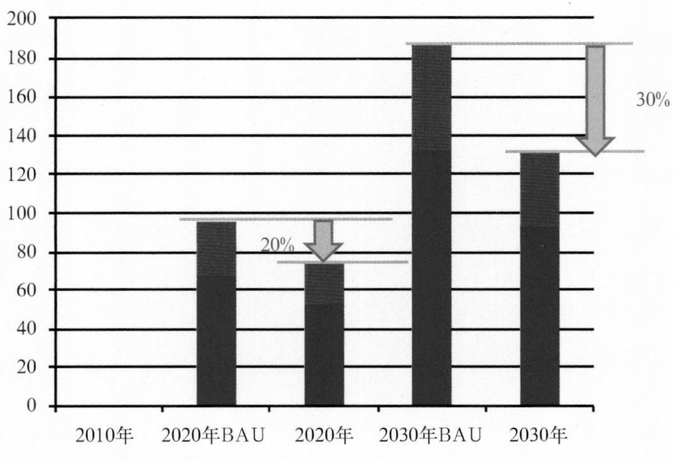

图4.13 于家堡碳排放目标图

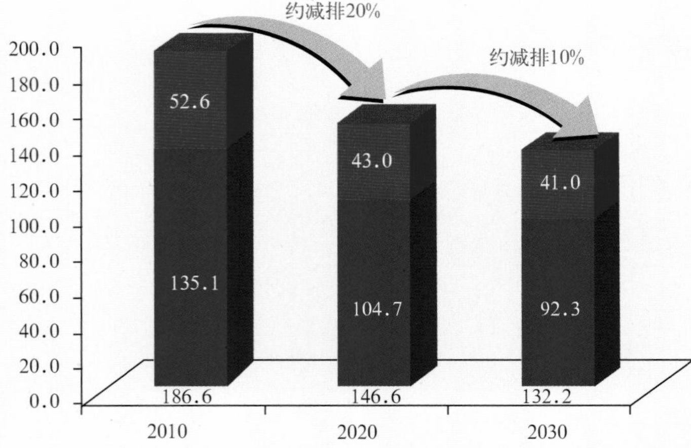

图4.14 于家堡碳排放总量目标分解图

以2010年天津市的平均碳排放水平作为目标设定的基准，分别按实际建成区域正常运营碳排放水平作为比较对象，其碳排放目标如下图4.13所示。2010年于家堡刚刚起步建设，城市运营碳排放为0，到2020年于家堡建成区面积约500万平方米，2030年于家堡已全建成。

于家堡碳排放总量指标2020年为146.6万吨，2030年为132.2万吨。于家堡碳排放总量的量化结果如下图所示，将实现绝对总量目标减排约30%，目标分解即（图4.14）：

●2020年二氧化碳排放总量较2010年减排约20%；

●2030年二氧化碳排放总量较2010年削减约30%。

于家堡碳排放强度指标2020年为150吨二氧化碳/百万美元GDP，2030年为83吨二氧化碳/百万美元GDP。于家堡人均碳排放指标2020年为4.9吨，2030年为4.4吨。碳排放总量、强度、人均三项指标均达到国际先进水平。

4.3.4 于家堡碳排放目标预测交叉核证（主要驱动因素碳排放预测法）

许多研究表明，影响一个地区二氧化碳排放的主要驱动因素有人口规模、经济增长、能源结构及能源强度等等。该方法正是考虑以上因素，以2010年天津市的排放水平为基准，碳排放总量由能源消费总量和能源消费结构两个变量计算。于家堡金融区是一个新建区域，暂无能源平衡表，因此能源消耗结构根据天津市能源平衡表进行推算。在根据天津能源平衡表进行推算中，需要考虑于家堡的产业特征，于家堡定位商务金融功能区域，区域内无第一产业和第二产业。因此能源消费结构按照天津市能源平衡表中终端消费量的第三产业以及生活消费推算。

天津市2010年第三产业终端消费量碳排放总量为2422.13万吨，第三产业总产值为3315.51亿，第三产业的碳排放强度为0.73吨/万元。天津市城镇人口平均生活能耗碳排放为1.45吨/人，于家堡规划人口为30万，生活能耗碳排放为43.5万吨。

滨海新区是天津经济和人口增长的强劲推动力之一，人口仅占24%，却推动天津GDP总量的50%。近年来，与其他中国城市相比，滨海新区经历了速度最快的增长，1994～2005年间GDP年均增长率为20.6%。2010年，滨海新区生产总值达到5030亿元，占天津市生产总值的50%，其中第三产业产值为1589亿，占天津市第三产业生产总值的38%，但滨海新区人口数仅有248万，第三产业人均GDP为6.4万元/人，高于全市平均水平。鉴于于家堡是以第三产业为主的城市，因此于家堡GDP为滨海新区第三产业人均产值与规划人口数的乘积，估算结果为190亿。

于家堡碳排放总量为于家堡生产总值乘以第三产业碳排放强度加上生活能耗产生碳排放，基准年2010年的碳排放总量为182万吨，碳排放强度为0.96吨/万元，人均碳排放为6吨。

于家堡2010年碳排放指标基准值 **表4.13**

	天津市	于家堡
第三产业总产值（亿）	3315	190
第三产业碳排放总量（万吨）	2242	138.7
第三产业碳排放强度（吨/万元）	0.73	0.73
城镇人口生活能耗碳排放	1498	43.5
城镇人口（万）	1033	30
城镇人均生活能耗碳排放（吨/人）	1.45	1.45
碳排放总量（万吨）	——	182
碳排放强度（吨/万元）	——	0.96
人均碳排放（吨/人）	——	6

以2010年为基准年，2020年、2030年为目标年，根据国家发改委能源研究所在《中国2050年低碳发展之路》中所运用的碳排放量预测公式对于家堡的二氧化碳排放进行情景分析：

$$\frac{C_0}{C_0}(1-m)^t=\frac{C_x}{C_x}=\frac{C_x}{C_0(1+n)^t} \quad (1)$$

$$C_x=C_0[(1-m)^t\times(1+n)^t] \quad (2)$$

式中，C_0为基准年二氧化碳的排放量，这里取2010年的数据；C_x为预测年份二氧化碳的排放量；G_0为基准年的GDP的量；G_x为预测年份GDP的量；m为减排率，指由于产业结构调整、能源结构调整、技术进步、政策引导等因素对二氧化碳排放量的影响；n为平均经济增长速度；t为第t年，基准期（第t年）的指数为1。

在此过程中，分低碳方案、优化方案、基准方案，对于家堡二氧化碳排放进行情景分析，每套方案对应着不同的减排率，也即不同方案对应的节能减排措施有所不同（表4.14~表4.16）。

基准方案下的参数设定 **表4.14**

年份	2015	2020	2030
GDP增速	12%（2010~2015）	9%（2015~2020）	6%（2020~2030）
减排率	10%（2010~2015）	8%（2010~2020）	6%（2020~2030）

优化方案下的参数设定 **表4.15**

年份	2015	2020	2030
GDP增速	12%（2010~2015）	9%（2015~2020）	6%（2020~2030）
减排率	11%（2010~2015）	10%（2010~2020）	6.5%（2020~2030）

低碳方案下的参数设定 **表4.16**

年份	2015	2020	2030
GDP增速	12%（2010~2015）	9%（2015~2020）	6%（2020~2030）
减排率	12%（2010~2015）	11%（2010~2020）	7%（2020~2030）

情景分析结果

情景分析结果分别如表4.17~表4.19与图4.15所示，2010~2020年间，于家堡的二氧化碳排放总量在优化方案下比基准方案多减排140万吨，低碳方案下要比基准线方案多减排242万吨。

基准方案下的参数设定 **表4.17**

年份	二氧化碳排放总量（万t）	二氧化碳排放强度（t/万元）	人均二氧化碳排放量（t/人）
2010年	182	0.96	6
2015年	189	0.57	6.3
2020年	192	0.37	6.4
2030年	185	0.2	6.2

优化方案下的参数设定 **表4.18**

年份	二氧化碳排放总量（万t）	二氧化碳排放强度（t/万元）	人均二氧化碳排放量（t/人）
2010年	182	0.96	6
2015年	179	0.53	5.9
2020年	163	0.31	5.4
2030年	149	0.16	5

低碳方案下的参数设定 **表4.19**

年份	二氧化碳排放总量（万t）	二氧化碳排放强度（t/万元）	人均二氧化碳排放量（t/人）
2010年	182	0.96	6
2015年	169	0.5	5.6
2020年	145	0.26	4.8
2030年	126	0.14	4.2

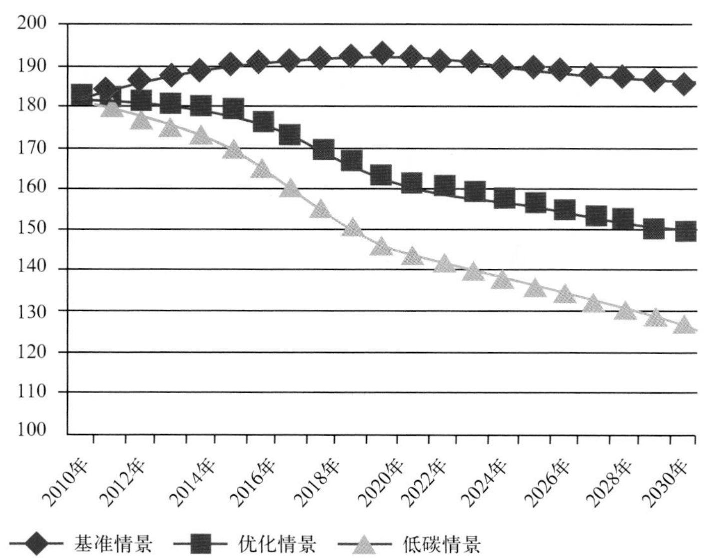

图4.15 基准方案、优化方案、低碳方案下不同时期于家堡二氧化碳排放量

主要驱动因素碳排放预测法中的低碳方案情景分析结果与温室气体清单编制估算法的量化结果基本一致，故认为温室气体清单编制估算法的量化结果具有较强的科学性和准确性。

4.3.5 于家堡金融区低碳城镇指标体系单项指标解释[1]

于家堡金融区低碳城镇指标采用“一三八”解释策略：一个总体目标，三种赋值方法，八项指标内容。

一个总体目标：寻找有效的低碳城镇指标，赋予合理的、科学的数值。

三种赋值方法：根据国家战略和政策，测算未来数值；根据国家历年数据，数学推算和计量建模；借鉴现有低碳生态城市示范城市的赋值。

八项指标内容：指标定义、赋值、指标水平、减碳关联、计算方法/公式、国内参照值、国际参照值、政策参考。

指标定义：指标是什么？边界在哪里？

赋值：目标值应该是多少？

指标水平：现在是什么情况，在国际国内的水平是怎样的？

减碳关联：该指标对于温室气体减排的作用有哪些？

计算方法/公式：怎么算？

国内参照值：国内其他城区的同一指标赋值是多少？

国际参照值：国际上同一指标的赋值是多少？

政策参考：国家、地方未来将要采取什么对策？如何落实？

于家堡金融区低碳城镇指标体系包括六个目标层，十五个准则层，三十个指标层，分为特色指标和常规指标（图4.16）。本节对三十个指标层进行一一解释。

---

1 仇保兴.兼顾理想与现实：中国低碳生态城市指标体系构建与实践示范初探[M].北京：中国建筑工业出版社.

指标类型	二级指标
低碳环境保护	碳排放总量
	碳强度
	人均碳排放
低碳资源利用	建成区绿化覆盖率
	室内PM2.5日平均浓度
	屋顶绿化比例
	复层绿化的比例
低碳资源利用	区域能源集约供应覆盖率
	日人均耗水量
	非传统水源利用率
	人均建设用地面积
	日人均垃圾产生量
	垃圾分类收集的比例
低碳空间组织	绿色建筑比例
	小型街区比例
	地下空间利用率
	地下车行交通分担率
	地下管道综合走廊长度比例

指标类型	二级指标
低碳交通出行	低碳交通比例
	公共交通分担率
	新型能源公交车比例
	公共交通系统换乘距离
低碳经济发展	R&D投入占GDP比重
	公共事业绿色采购覆盖率
	大型公共建筑碳盘查率
	大型公共建筑参与碳交易的比例
低碳城市运行	智能交通覆盖率
	智能电网覆盖率
	低碳系统管理服务覆盖率
	低碳政策完善度

特色指标
首创性地一系列适合于家堡地区指标

常规指标
是低碳城镇建设不可缺少的考量指标

图4.16 于家堡金融区低碳示范城镇指标体系简单分类

4.3.5.1 低碳环境保护指标

1.低碳环境/碳排放总量[1]

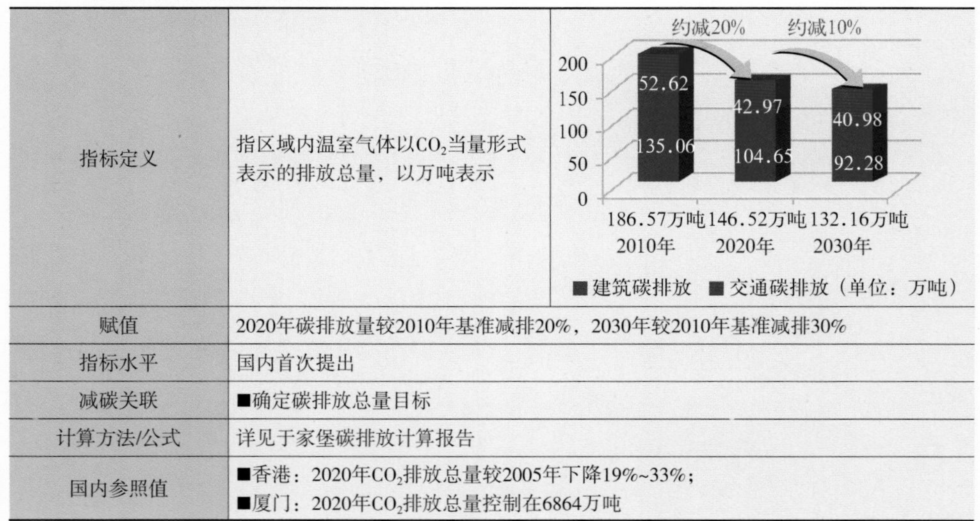

指标定义	指区域内温室气体以CO_2当量形式表示的排放总量，以万吨表示	（图表）
赋值	2020年碳排放量较2010年基准减排20%，2030年较2010年基准减排30%	
指标水平	国内首次提出	
减碳关联	■确定碳排放总量目标	
计算方法/公式	详见于家堡碳排放计算报告	
国内参照值	■香港：2020年CO_2排放总量较2005年下降19%~33%； ■厦门：2020年CO_2排放总量控制在6864万吨	

1　蔡博峰. 低碳城市规划[M].北京：化学工业出版社.2011.

续表

国际参照值	■伦敦：计划到2025年碳排放水平降至1990年的60%； ■纽约：2030 年的碳排放量将下降到只有2005年碳排放量约70%的水平； ■巴黎：在2004年提出到2050年碳排放水平减少75%； ■东京：2020年碳排放量比2000年减少25%； ■哈默比湖城：与1990年其他住区相比，2015年的碳排放量要减少50%
政策参考	■2012年天津市人民政府办公厅下发的《天津市低碳城市试点工作实施方案》指出"到2015年，万元生产总值能耗比2010年降低18%；单位生产总值二氧化碳排放比2010年降低19%""于家堡中心商务区：以低碳示范城镇建设为重点，以绿色建筑优化设计及低碳先进适用技术集成为支撑，通过低碳理念的城市环境规划和绿色建筑设计，实现综合体内的全面低碳排放，建设局部区域零碳排放试点"
备注	定义说明：温室气体包括二氧化碳（CO_2）、甲烷（CH_4）、氧化亚氮（N_2O）、氢氟碳化物（HFCS）、全氟碳化物（PFCS）、六氟化硫（SF_6）六种气体。碳排放总量是以这六种气体转化成CO_2当量的形式进行加总的结果

2. 低碳环境/碳强度

指标定义	区域所有经济活动产生的CO_2排放当量与其国民生产总值的比值，以吨/百万美元表示	
赋值	单位GDP碳排放量≤150吨/百万美元（2020年）	
指标水平	国内领先	
减碳关联	■确定碳强度减排指标	
计算方法/公式	$$碳排放强度=\frac{CO_2排放当量（吨）}{区域内生产总值（百万美元）}$$ 具体计算于家堡碳排放计算报告	
国内参照值[1]	■天津中新生态城指标体系：≤150吨/百万美元（2013年）； ■天津南部新城指标体系：≤150吨/百万美元； ■无锡太湖新城·国家低碳生态城示范区规划指标体系：≤90吨/百万美元； ■青岛中德生态园生态指标体系：≤240吨/百万美元（2015年），≤180吨/百万美元（2020年）； ■重庆市绿色低碳生态城区评价指标体系：≤150吨/百万美元； ■中国低碳生态城市评价指标体系：≤213吨/百万美元（2015年），≤167吨/百万美元（2020年）	
国际参照值	■东京：146吨/百万美元； ■纽约：173千吨/百万美元； ■巴黎：112吨/百万美元； ■伦敦：162吨/百万美元； ■首尔：179吨/百万美元； ■多伦多：2865吨/百万美元； ■孟买：198吨/百万美元 （以上数据在2000至2006年之间）	

1　蔡博峰. 低碳城市规划[M].北京：化学工业出版社.2011.

续表

政策参考	■《国民经济和社会发展第十二个五年规划纲要》：积极应对全球气候变化。把大幅降低能源消耗强度和二氧化碳排放强度作为约束性指标，有效控制温室气体排放； ■《国民经济和社会发展第十二个五年规划刚要》指出："十二五"期间单位GDP二氧化碳排放量将下降17%。2009年国务院常务会议决定：到2020年我国单位国内生产总值CO_2排放比2005年下降40%～45%，作为约束性指标纳入国民经济和社会发展长期规划
备注	无

3. 低碳环境/ 人均碳排放

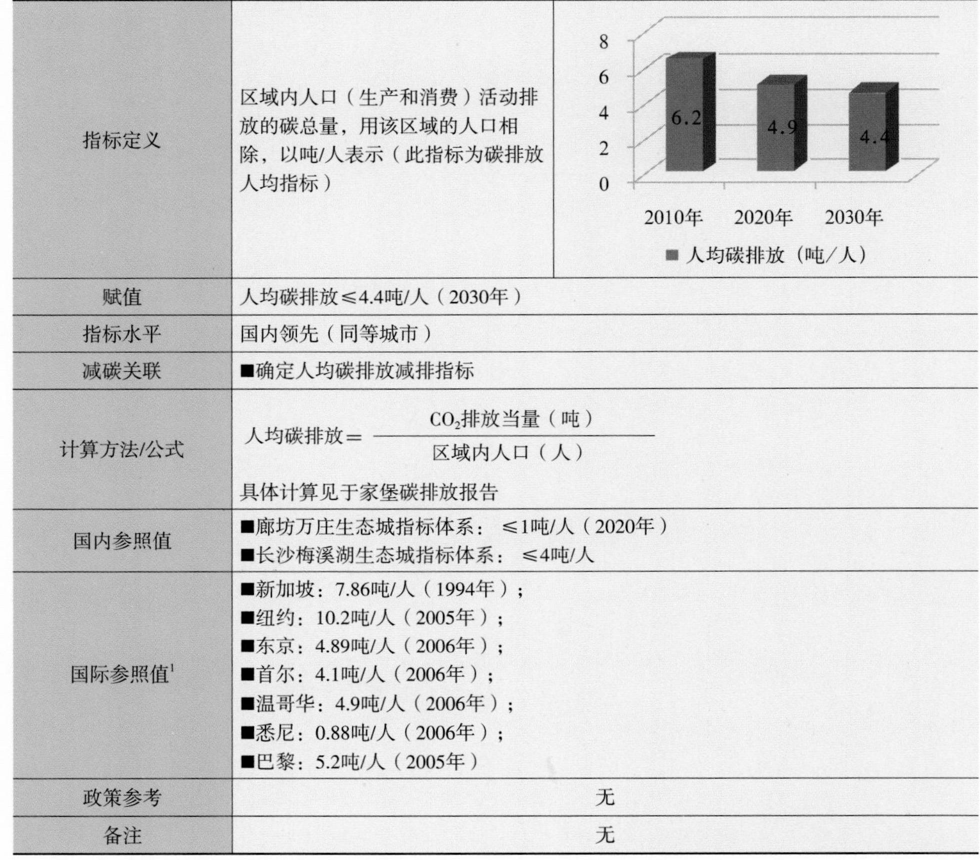

指标定义	区域内人口（生产和消费）活动排放的碳总量，用该区域的人口相除，以吨/人表示（此指标为碳排放人均指标）	
赋值	人均碳排放≤4.4吨/人（2030年）	
指标水平	国内领先（同等城市）	
减碳关联	■确定人均碳排放减排指标	
计算方法/公式	$人均碳排放=\frac{CO_2排放当量（吨）}{区域内人口（人）}$ 具体计算见于家堡碳排放报告	
国内参照值	■廊坊万庄生态城指标体系：≤1吨/人（2020年） ■长沙梅溪湖生态城指标体系：≤4吨/人	
国际参照值[1]	■新加坡：7.86吨/人（1994年）； ■纽约：10.2吨/人（2005年）； ■东京：4.89吨/人（2006年）； ■首尔：4.1吨/人（2006年）； ■温哥华：4.9吨/人（2006年）； ■悉尼：0.88吨/人（2006年）； ■巴黎：5.2吨/人（2005年）	
政策参考	无	
备注	无	

4. 人工环境/ 建成区绿化覆盖率

指标定义	指一定时期内建成区内绿化覆盖面积与建成区面积之比，以百分数表示	

续表

赋值	建成区绿化覆盖率≥40%（2020年）
指标水平	国内中上水平
减碳关联	■构成绿化碳汇； ■降低城市热岛效应； ■净化环境，提升城市形象
计算公式/方法	$建成区绿化覆盖率=\frac{建成区绿化覆盖面积}{建成区面积}\times 100\%$
国内参照值	■潍坊滨海经济技术开发区生态城建设指标体系：≥45%（2015年）； ■无锡太湖新城・国家低碳生态城示范区规划指标体系：≥47%； ■天津市低碳规划指标体系：≥8%（2020年），≥50%（2050年）； ■深圳低碳生态城市指标体系：≥55%（2020年）； ■佛山生态城市建设指标体系：≥45%； ■淄博市创建国家生态园林城市建设指标体系：≥46%； ■2009-2020年中国低碳生态城市发展战略研究：≥40%； ■中国生态城市评价指标体系：≥40%
国际参照值[1]	■1991年伦敦城市绿地覆盖率：42%； ■目前新加坡绿化覆盖率：50%
政策参考	■2000年颁布的《国家园林城市标准》规定秦岭淮河以北的大城市人均公共绿地需达到6.5m²/人，小城市需达到7.5m²/人。《天津市城市总体规划（2005~2020年）》规定至2020年人均公共绿地面积达到12m²/人。《滨海新区总体规划（2005~2020年）》规定人均公共绿地面积在2010年达到22m²/人，2020年达到25m²/人
备注	指标说明：建成区绿化覆盖率是考核和评价城市园林绿化、生态环境建设的重要指标。绿化覆盖面积指城市中乔木、灌木、草坪等所有植被的垂直投影面积，包括屋顶绿化植物的垂直投影面积以及零星树木的垂直投影面积，乔木树冠下的灌木和草本植物不能重复计算

5. 人工环境/ 室内PM2.5日平均浓度

指标定义	指室内每立方米的空气中粒径≤2.5μm颗粒物的日平均含量，以毫克每立方米表示
赋值	室内PM2.5日平均浓度≤ 35μg/m³（即日开始）
指标水平	国内领先
减碳关联	■提供健康的室内空气质量； ■提供高舒适性办公环境； ■提高CBD办公建筑品质
计算方法/公式	无
国内参照值	无
国际参照值	无

1　中新天津生态城指标体系课题组.导航生态城市中新天津生态城指标体系实施模式[M]. 北京：中国建筑工业出版社, 2010.

续表

政策参考	■我国十年前实施的《室内空气质量标准》中已经规定了可吸入颗粒物（PM10）日平均值150μg/m^3，而估计PM2.5的日平均浓度可高达80μg/m^3左右。国家环保部根据我国情况于2012年发布的《环境空气质量标准》GB 3095—2012，规定环境空气中的PM2.5控制浓度一级标准为日平均浓度 35μg/m^3，与世界卫生组织推荐准则值空气中的PM2.5日平均浓度25μg/m^3的标准相近，可以作为室内环境中的PM2.5的测试评价标准
备注	无

（图片来源：http://home.163.com/12/1127/14/8HASKB2R00104JVC.html）

6. 人工环境/ 屋顶绿化比例

指标定义	指有降低城市热岛效应、为区域改善热舒适环境而设置的绿化屋顶面积占区域内总屋面面积的比例，以百分数表示	
赋值	屋顶绿化比例≥30%（2020年）	
指标水平	国内领先	
减碳关联	■增加碳汇； ■降低城市热岛效应，减少城市能耗； ■提高屋面保温降低建筑能耗	
计算公式/方法	$屋顶绿化比例=\frac{区域绿化屋顶面积}{区域总屋顶面积}\times 100\%$	
国内参照值	■长沙梅溪湖生态城指标体系：100%（清凉屋面比例）； ■重庆市绿色低碳生态城区评价指标体系：100%	
国际参照值	■德国：30%~40%的平屋顶都有屋顶绿化（2012年）； ■日本：新建建筑物占地面积超过1000 平方米，屋顶必须有20%为绿色植物覆盖（2001年）	
政策参考	■2005年2月开始实施《天津市屋顶绿化技术规程》，规范屋顶绿化的设计、施工、养护管理，保证屋顶绿化安全。天津市园林专家已确定了150余种适宜在当地屋顶生长的植物。日本东京规定，凡是新建建筑物、占地面积超过1000平方米，屋顶必须有20%为绿色植物覆盖。美国将屋顶绿化纳入"绿色建筑评估体系（LEED）"当中去，屋顶绿化可以增加LEED认证的分值，从而获得联邦、州级或者市政有关基金或者补贴。针对于家堡建议裙房屋面设置屋顶绿化	
备注	无	

（图片来源：http://www.topenergy.org/news_56382.html）

7. 人工环境/ 复层绿化比例

指标定义	乔、灌、藤、草结合构成的多层次植物群落的绿化面积占区域内总绿化面积的比例，以百分数表示[1]	

1 天津市绿色建筑评价标准（DB/T29-204-2010）[S].天津：天津市城乡建设和交通委员会，2010.

续表

赋值	复层绿化比例≥90%（2020年）
指标水平	国内领先
减碳关联	■增加绿化碳汇； ■降低城市热岛效应，减少城市能耗； ■净化城市，减少单纯大草坪景观，提升城市空气质量
计算方法/公式	$复层绿化比例=\frac{复层绿化面积}{总绿化面积}\times 100\%$
国内参照值	■天津解放南路地区生态规划指标体系：≥90%
国际参照值	无
政策参考	■2006年天津市园林局制定的《天津城市园林规划设计和绿化种植守则》，天津市树、草的种植结构指导参数为3:1，树木种植量应为植草量的3倍，植草比例不应超过整个绿化面积的25%
备注	无

（图片来源：http://www.pub.yjnet.cn/system/2013/06/09/011295431_07.shtml）

4.3.5.2 低碳资源利用指标

1. 能源使用/ 区域能源集约供应覆盖率

指标定义	采用新技术为区内建筑实行集中供热、集中供冷，综合利用城市电厂余热、冰蓄冷等低碳能源和技术，以集约的手法探求区域低碳化路线的区域能源供应占区域总能源供应的比例，以百分数表示 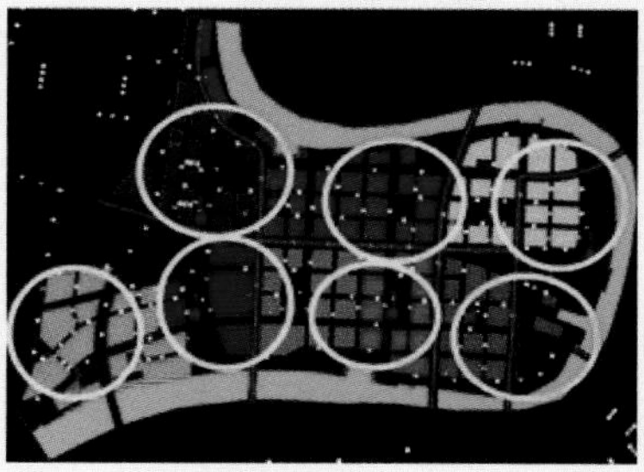
赋值	区域能源集约供应覆盖率≥70%（2020年）
指标水平	国际领先
减碳关联	■能源集约供应，减少能源负荷，建筑能耗及碳排放； ■减少能源机房建筑面积，降低建筑材料碳排放，节约冷热源投资； ■专业合同能源管理，减少运营碳排放，节约运行费用
计算方法/公式	$区域能源集约供应覆盖率=\frac{集约化的区域能源供应建筑面积}{区域总能源供应总建筑面积}\times 100\%$
国内参照值	■长沙梅溪湖生态城指标体系公建区域供冷供热覆盖率：≥54%
国际参照值	无
政策参考	无
备注	赋值说明：根据天津市建筑设计院《于家堡金融区供冷供热专项研究》成果，于家堡地区区域能源供冷供热覆盖率为72.9%，区域能源站的最大供应半径为1km，平均供应半径0.5km

2. 水源利用/ 日人均耗水量

指标定义	指每人每日生活用水中新鲜水的平均使用量，以升/人·日表示	
赋值	日人均耗水量≤ 90升/人·日（即日开始）	
指标水平	国际领先	
减碳关联	■减少污水产生量，减少污水排水能量损耗； ■减少净水需求量，从而减少给水能量损耗； ■减少给水及污水处理碳排放	
计算方法/公式	$$日人均耗水量=\frac{城市年平均生活新鲜水用水量}{总城市人口\times一年中天数}\times 100\%$$	
国内参照值[1]	■天津中新生态城指标体系：≤120升/人·日（2013年）； ■天津南部新城生态指标体系：≤120升/人·日； ■唐山湾（曹妃甸）国际生态城指标体系：≤100~120升/人·日； ■无锡太湖新城·国家低碳生态城示范区规划指标体系：≤120升/人·日； ■青岛中德生态园生态指标体系：≤100升/人·日（2015年）（2020年）； ■廊坊万庄生态城指标体系：≤108升/人·日（2020年）； ■河北省生态宜居城市建设目标指标体系：≤120升/人·日； ■2009-2020年中国低碳生态城市发展战略研究：≤120升/人·日	
国际参照值[2]	■东京：190升/人·日（1998年）； ■新加坡：96 ~ 113升/人·日（2010年）； ■柏林：117升/人·日（1999年）； ■法兰克福：171升/人·日（1999年）	
政策参考	■《建筑给水排水设计规范（GB50015-2003）》与《天津住宅设计标准》对最高日生活用水做出了定额限制：住宅类建筑每人每日85~120升/人·日，酒店式公寓200~300升/人·日，办公楼30 ~ 50升/人·日	
备注	无	

（图片来源：http://news.163.com/13/0821/07/96PL8L9B00014BJ5_all.html）

3. 水源利用/ 非传统水源利用率

指标定义	非传统水源利用率指建筑中非传统水源（包括市政中水、雨水、建筑中水等）的使用量占总给水量的比例，以百分数表示	

1　中新天津生态城指标体系课题组.导航生态城市中新天津生态城指标体系实施模式[M]. 北京：中国建筑工业出版社, 2010.

2　同上。

续表

赋值	非传统水源利用率≥30%（即日开始）
指标水平	国内中上水平
减碳关联	■促进区域水源循环利用，减少供水能量损耗； ■减少污水运送和处理所需的能量损耗
计算方法/公式	$非传统水源利用率=\frac{建筑中非传统水源使用量}{总给水量}\times 100\%$
国内参照值	■天津中新生态城指标体系：≥50%（2020年）； ■无锡太湖新城·国家低碳生态城示范区规划指标体系：≥40%； ■潍坊滨海经济技术开发区生态城建设指标体系：≥30%（2020年）； ■青岛中德生态园生态指标体系：≥30%（2015年），≥50%（2020年）； ■廊坊万庄生态城指标体系：≥70%（2020年）（非饮用水使用非传统水源比例）； ■天津南部新城生态指标体系：≥50%（2020年）； ■长沙梅溪湖生态城指标体系：≥10%
国际参照值	■以色列100%的生活用水和72%的城市污水得到回收利用[1]
政策参考	■我国出台的与非传统水资源利用有关的法律及相关的政策规定如下： 城市污水再生利用技术政策；《城市污水再生利用分类标准》；污水再生利用工程设计规范；《建筑中水设计规范》；《城市污水再生利用工业用水水质》；《城市污水再生利用城市杂用水水质》；《城市污水再利用景观环境用水水质》；《城市污水处理厂污染物排放标准》
备注	指标说明：非传统水源主要包括再生水、雨水以及淡化海水等不作为城市供水常规水源的水体。对非传统水源的利用可以缓解水资源紧缺，提高用水效率、减轻水环境污染，是建设资源节约型和环境友好型社会的必然选择

（图片来源：http://www.zjfx.gov.cn/pages/document/55/document_316.htm）

4. 土地集约/ 人均建设用地面积

指标定义	指城市建设用地面积与相应范围人口之比，以平方米/人表示	
赋值	人均建设用地面积≤60m²/人（2020年）	
指标水平	国际领先	
减碳关联	■减少城市用地，节约土地资源； ■减少城市土地开发碳排放； ■高密度集约开发，减少建筑及交通碳排放	
计算方法/公式	$人均建设用地面积=\frac{城市建设用地面积}{相应范围人口}\times 100\%$	
国内参照值	■天津中新生态城指标体系：≤85.7m²/人； ■唐山湾（曹妃甸）国际生态城指标体系：≤76.9m²/人； ■河北省生态宜居城市建设目标指标体系：≤80m²/人； ■重庆市绿色低碳生态城区评价指标体系：≤100m²/人； ■深圳低碳生态城市指标体系：75~82m²/人； ■中国低碳生态城市评价指标体系：≤85m²/人（2015年），≤80m²/人（2020年）； ■中国生态城市评价指标体系：80~120m²/人	

1　中新天津生态城指标体系课题组.导航生态城市中新天津生态城指标体系实施模式[M]. 北京：中国建筑工业出版社，2010.

续表

国际参照值[1]	■纽约人均占地为112.5m²/人； ■发达国家82.4m²/人（2009年）； ■发展中国家83.3m²/人（2009年）
政策参考	■国务院《关于促进节约集约用地的通知》（国发[2008]3号）：促进节约集约用地是关系民族生存根基和国家长远利益的大计，要从严控制城市用地规模。城市规划要按照循序渐进、节约土地、集约发展、合理布局的原则，从人均用地、用地结构等城市规划控制标准，合理确定各项建设建筑密度、容积率、绿地率，严格按照国家标准进行各项市政基础设施和生态绿化建设。同时强调鼓励开发利用地上地下空间，提高土地利用率； ■国土资源部在《全国土地利用总规划纲要（2006～2020年）》：要合理控制建设规模，积极拓展建设用地新空间，努力转变用地方式，加快由外延扩张向内涵挖潜，由粗放低效向集约高效转变，防止用地浪费，推动产业结构优化升级，促进经济发展方式转变
备注	计算说明：根据《于家堡控制性详细规划》，于家堡金融区规划建设用地面积3.86平方公里，规划常住人口7万人，得出人均建设用地面积55.1m²/人

5. 垃圾处理/ 日人均垃圾产生量

指标定义	指每人每天生活垃圾的平均产生量，以千克/（人・日）表示	
赋值	日人均垃圾产生量≤0.8kg/（人・日）（即日起）	
指标水平	国内中上水平	
减碳关联	■减少垃圾运输与处理碳排放； ■减少纸张浪费，降低植被砍伐； ■保护环境，减少污染	
计算方法/公式	$\text{日人均垃圾生产量}=\dfrac{\text{年城市生活垃圾生产总量}}{\text{城市人口}\times\text{一年中的天数}}\times 100\%$	
国内参照值	■天津中新生态城指标体系：≤0.8 kg/（人・日）（2013年）； ■无锡太湖新城・国家低碳生态城示范区规划指标体系：≤0.8 kg/（人・日）； ■潍坊滨海经济技术开发区生态城建设指标体系： ≤0.8 kg/（人・日）（2015年）； ■青岛中德生态园生态指标体系：≤0.8 kg/（人・日）（2015年）； ■天津南部新城生态指标体系：≤0.8 kg/（人・日）； ■长沙梅溪湖生态城指标体系：≤0.8kg/（人・日）	
国际参照值	■维也纳2008年日人均垃圾产生量1.6 kg/（人・日）[2]； ■东京2000年日人均垃圾产生量为1kg/（人・日）	
政策参考	■2005年4月1日国家颁布的《中华人民共和国固体废弃物污染环境防治法》和《中华人民共和国固体废弃物污染环境防治法释义》正式施行	
备注	定义说明：生活垃圾，是指日常生活中或者为日常生活提供服务的活动中产生的固体废物以及法律、行政法规规定视为生活垃圾的固体废物[3]	

（图片来源：http://www.nipic.com/show/1/77/5566691k309db959.html）

1 仇保兴.兼顾理想与现实：中国低碳生态城市指标体系构建与实践示范初探[M].北京：中国建筑工业出版社.

2 中新天津生态城指标体系课题组.导航生态城市中新天津生态城指标体系实施模式[M]. 北京：中国建筑工业出版社, 2010.

3 《中华人民共和国固体废物污染环境防治法》（自2005年4月1日起施行）.

6. 垃圾处理/ 垃圾分类收集的比例

指标定义	指一定时期内进行分类收集且资源化处理的垃圾量占垃圾总量的百分比，以百分数表示
赋值	垃圾分类收集的比例100%（即日开始）
指标水平	国内领先
减碳关联	■减少垃圾运输与处理碳排放； ■资源循环利用，保护环境
计算方法/公式	$垃圾分类收集的比例=\frac{进行分类收集且资源化处理的垃圾量}{垃圾总量}\times 100\%$
国内参照值	■唐山湾（曹妃甸）国际生态城指标体系：100%； ■深圳光明新区绿色新城建设指标体系：100%（2015年）； ■长沙梅溪湖生态城指标体系：100%； ■上海市崇明生态智慧岛指标体系：≥80%； ■天津市低碳规划指标体系：100%； ■深圳低碳生态城市指标体系：100%； ■重庆市绿色低碳生态城区评价指标体系：100%； ■中国低碳生态城市评价指标体系：无害化处理率100%，资源化利用率≥60%（2015年），资源化利用率≥70%（2020年）
国际参照值[1,2]	■维也纳：总循环利用率40%，总焚烧率30%，总填埋率30%（2007年）； ■哥本哈根：总再循环率64%，总焚烧率27%，总填埋率4%，特殊处理3%（2006年）； ■西雅图：目标2008年垃圾回收利用率达到60%，总堆肥率7%，总再循环率36%，总填埋率57%（2008年）； ■新加坡：目标2012年资源回收利用率60%，2020年资源回收利用率65%，2030年资源回收利用率70%； ■横滨：在不可回收废弃物总量中，大约80%以上用于发电，这些额外的电力供应相当于每年减少30000吨二氧化碳排放量
政策参考	■我国的城市生活垃圾污染防治立法已经初步形成了以宪法中关于环境保护的规定为基础，包括环境保护基本法、单行污染防治法以及行政法规、地方性法规和其他法律文件中相关规定在内的法律法规体系； ■中华人民共和国国民经济和社会发展第十二个五年规划纲要：建立健全垃圾分类回收制度，完善分类回收、密闭运输、集中处理体系，推进餐厨废弃物等垃圾资源化利用和无害化处理
备注	指标说明：垃圾资源化就是变垃圾为有用资源为目标，通过采取各种方法，彻底解决垃圾问题，而城市垃圾资源化就是使城市中的垃圾变废为宝。进行垃圾资源化处理最主要的方法就是将垃圾进行分类，进行垃圾资源的再次利用

（图片来源：http://pic.baike.soso.com/p/20110412/20110412140515-1616777147.jpg）

1　中新天津生态城指标体系课题组.导航生态城市中新天津生态城指标体系实施模式[M]. 北京：中国建筑工业出版社, 2010.

2　蔡博峰. 低碳城市规划[M].北京：化学工业出版社.2011.

4.3.5.3 低碳空间组织指标

1. 绿色建筑/ 高星级绿色建筑比例

指标定义	建成区符合绿色建筑标准的建筑面面积占建成区总建筑面积的百分比（临时建筑除外），以百分数表示	
赋值	绿色建筑比例100%，二星级以上绿色建筑比例≥ 70%（2020年）	
指标水平	国际领先	
减碳关联	■通过建筑“四节”（节地、节能、节水、节材）减少能源、资源、材料等各方面碳排放	
计算方法/公式	高星级绿色建筑比例$=\frac{\text{建成区符合绿色建筑标准的建筑面积}}{\text{建成区总建筑面积}}\times 100\%$	
国内参照值	■天津中新生态城指标体系：100%（即日开始）； ■天津南部新城生态指标体系：100%； ■唐山湾（曹妃甸）国际生态城指标体系：100%； ■潍坊滨海经济技术开发区生态城建设指标体系：≥75%（2020年）； ■无锡太湖新城·国家低碳生态城示范区规划指标体系：100%； ■长沙梅溪湖生态城指标体系：100%； ■青岛中德生态园生态指标体系：100%（2015年）； ■重庆市绿色低碳生态城区评价指标体系：100%； ■深圳低碳生态城市指标体系：≥80%（2020年）； ■中国低碳生态城市评价指标体系：100%	
国际参照值	无	
政策参考	■2012年4月27日财政部、住房城乡建设部发布《关于加快推动我国绿色建筑发展的实施意见》指出：力争到2015年，全省新建建筑中绿色建筑的比例达到15%以上，各设区市建设两个以上10万平方米以上的绿色建筑集中示范区；到2020年，绿色建筑占新建建筑的比例达到30%以上； ■2013年1月1日国办发[2013]1号文“绿色建筑行动方案”中指出：城镇新建建筑严格落实强制性节能标准，“十二五”期间，完成新建绿色建筑10亿平方米；到2015年末，20%的城镇新建建筑达到绿色建筑标准要求	
备注	计算说明：《绿色生态城区评价标准（征求意见稿）》中规定，绿色二星总体数量达到40%以上才能得分； 国内参照值中全部为绿色建筑比例，本指标增加了高星级绿色建筑比例	

2. 城市空间 / 小型街区比例

指标定义	指采用窄街廓、密路网的街道长度占区域内街道总长度的比例，以百分数表示（于家堡小型街区的尺寸范围是100～130米）	

续表

赋值	小型街区比例≥80%（2020年）
指标水平	国内领先
减碳关联	■减少机动车出行，降低交通碳排放； ■鼓励行人步行，促进慢行交通； ■商业配套沿街布局，促进街道活力； ■减少交通拥堵，降低交通碳排放
计算方法/公式	$小型街区比例=\frac{采用窄街廓、密路网的街道长度}{区域内街道总长度}\times 100\%$
国内参照值	■曹妃甸国际生态城高比率的小型街坊60~100米； ■中新天津生态城采用400米乘以400米的小型街坊； ■重庆市绿色低碳生态城区400米内有公共开敞空间的居住区比例为100%
国际参照值	无
政策参考	无
备注	指标说明：该指标用于评估街道拥有适宜的尺度，有适宜的步行环境，网格是相互连通的街道成网络结构分布等。小尺度街区是减少交通拥堵，促进慢行交通的规划模式，可有效减少交通碳排放

3. 立体城市/ 地下空间利用率

指标定义	指建成区内地下空间开发建筑面积与规划建设用地面积之比（以百分数表示）	
赋值	地下空间利用率≥100%（2020年）	
指标水平	国际领先	
减碳关联	■节约城市用地，节约土地资源； ■多层次集约开发利用地下空间； ■增加城市地面开敞景观空间； ■城市功能垂直分布，减少交通排放	
计算方法/公式	$地下空间利用率=\frac{建成区内地下空间开发建筑面积}{建成区建设用地面积}\times 100\%$	
国内参照值	■长沙梅溪湖生态城指标体系：≥35%； ■河北省生态宜居城市建设目标指标体系：≥5%； ■重庆市绿色低碳生态城区评价指标体系：引导性指标，鼓励选择	
国际参照值	无	
政策参考	■根据《于家堡控制性详细规划》，于家堡金融区规划建筑面积950万平方米，地下空间近400万平方米，规划建设用地面积为3.86平方公里，地下空间利用率104%	
备注	无	

4. 立体城市/地下车行交通分担率

指标定义	指区域内地下车行交通系统出行的交通量占总车行交通量的比率，以百分数表示
赋值	地下车行交通分担率≥20%（2020年）
指标水平	国际领先
减碳关联	■节约城市用地，节约土地资源； ■多层次集约开发利用地下空间； ■增加城市地面开敞绿地种植空间； ■城市功能垂直分布，减少交通排放
计算方法/公式	$地下车行交通分担率=\frac{地下车行交通系统出行的交通量}{总车行量}\times100\%$
国内参照值	无
国际参照值	无
政策参考	无
备注	计算说明：根据上海市城市建设设计研究院编制的《于家堡金融区地下空间规划提升》报告，运用cube软件对于家堡金融区地下车行系统进行了测试，结果显示，高峰时段，地下车行系统能缓解地面约15%~25%的交通量

5. 立体城市/地下管道综合走廊长度比例

指标定义	指区域内设置在地下的各类公用类管线集中容纳于一体，并留有供检修人员行走通道的隧道结构的铺设长度与主干路网长度的比例，以百分数表示
赋值	地下管道综合走廊长度比例≥35%（2020年）
指标水平	国内领先
减碳关联	■有利于管网维护，减少市政施工碳排放； ■保障道路通畅，减少交通碳排放； ■道路空间的综合利用，减少建筑材料碳排放
计算方法/公式	$地下管道综合走廊长度比例=\frac{地下的各类公用类管线集中容纳于一体的管道长度}{主干路网长度}\times100\%$
国内参照值	■北京2006年在中关村西区建成了我国大陆地区第二条现代化的共同沟。该共同沟主线长2公里，支线长1公里； ■1994年，上海市政府规划建设了大陆第一条规模最大、距离最长的浦东新区张杨路共同沟，该共同沟全长11.125公里[1]

1 http://baike.baidu.com/view/2358127.htm?fr=aladdin

续表

国际参照值	■1992年，日本已经拥有共同沟长度约310 公里； ■早在1833年，巴黎开始兴建地下管线共同沟，至目前为止，巴黎已经建成总长度约100公里的共同沟网络[1]
政策参考	无
备注	指标说明：城市地下管道综合走廊，即共同沟，将各类管线均集中设置在一条隧道内，消除了通讯、电力等系统在城市上空布下的道道蛛网及地面上竖立的电线杆、高压塔等，避免了路面的反复开挖、降低了路面的维护保养费用、确保了道路交通功能的充分发挥。同时道路的附属设施集中设置于共同沟内，使得道路的地下空间得到综合利用，腾出了大量宝贵的城市地面空间，增强道路空间的有效利用，并且可以美化城市环境，创造良好的市民生活环境； 计算说明：根据上海市城市建设设计研究院编制的《于家堡金融区地下共同沟技术方案》，于家堡金融区的共同沟铺设长度为4千米。于家堡金融区主干路网（含新港路半段）长度为11.19千米，比例为35.7%

（图片来源：http://news.tj.fang.com/2012-03-27/7344817.htm）

4.3.5.4 低碳交通出行指标

1. 绿色出行/ 低碳交通比例

指标定义	指区域内的居民在区内选择步行交通、自行车交通、轨道交通以及常规公交车交通等出行的数量占总体出行数量的比例，以百分数表示
赋值	低碳交通出行比例≥80%（2030年）
指标水平	国际领先
减碳关联	■减少机动车出行，降低交通碳排放； ■鼓励公交出行，保护环境，降低碳排放
计算方法/公式	$\text{低碳交通比例}=\dfrac{\text{居民在区内选择低碳交通出行的数量}}{\text{总体出行数量}}\times 100\%$
国内参照值	■天津中新生态城指标体系：≥30%（2013年），≥90%（2020年）； ■天津南部新城生态指标体系：≥90%； ■深圳光明新区绿色新城建设指标体系：≥80%（2015年）； ■潍坊滨海经济技术开发区生态城建设指标体系：≥80%； ■无锡太湖新城·国家低碳生态城示范区规划指标体系：≥80%； ■青岛中德生态园生态指标体系：≥80%（2020年）； ■长沙梅溪湖生态城指标体系：公共≥40%，慢行交通≥40%； ■中国低碳生态城市评价指标体系：≥80%； ■2009-2020年中国低碳生态城市发展战略研究：>90%（2020年）； ■香港：83.8%
国际参照值	■库里蒂巴：71%； ■斯德哥尔摩：53%； ■维也纳：64%

1 http://baike.baidu.com/view/2358127.htm?fr=aladdin

续表

国际参照值	■阿姆斯特丹：66.1%； ■柏林：60.8%； ■莫斯科：73.7%； ■里约热内卢：85%
政策参考	■2011年4月北京市政府批准《北京市人民政府关于实施工作日高峰时段区域限行交通管理措施的通告》，对汽车出行进行限制，尾号限行能使每天北京五环内少行驶机动车40万左右，增加低碳交通出行比例，减少碳排放； ■2013年12月15日晚，天津市政府召开新闻发布会，宣布从2013年12月16日零时起在全市实行小客车增量配额指标管理，并将自2014年3月1日起按车辆尾号实施机动车限行交通管理措施
备注	无

2. 绿色出行/公共交通分担率

指标定义	指选择公共交通（包括常规公交和轨道交通）出行的总人次占区域内出行总人次的百分比，以百分数表示	
赋值	公共交通分担率≥60%（2030年）	
指标水平	国内领先	
减碳关联	■减少机动车出行，降低交通碳排放； ■减少私家车出行，控制碳源； ■汽车尾气减少，缓解温室效应	
计算方法/公式	$公共交通分担率=\frac{区域内公共交通出行总人次}{区域内出行总人次}\times 100\%$	
国内参照值	■天津市低碳规划指标体系：≥50%（2050年）； ■深圳光明新区绿色新城建设指标体系：≥60%； ■乐清市生态城市指标体系：≥40%； ■深圳低碳生态城市指标体系：≥65%（2020年）； ■河北省生态宜居城市建设目标指标体系：≥30%； ■重庆市绿色低碳生态城区评价指标体系：≥45%； ■中国低碳生态城市评价指标体系：≥80%（2020年）； ■中国生态城市评价指标体系：≥50%	
国际参照值[1]	■东京：70%～80%； ■库里蒂巴：75%以上； ■欧洲、南美等大城市达到40%～60%	
政策参考	■2004年6月，国家领导人重要批示："优先发展城市公共交通是符合中国实际的城市发展和交通发展的正确战略思想"； ■《城市公共交通"十二五"发展规划纲要》：建立政府主导、文明规范、诚信可靠、保障有力的城市公共交通系统，为人民群众提供快捷、安全、方便、舒适的公共交通服务，使广大群众愿意乘坐公交，更多乘公交。到2015年基本确立公共交通在城市交通系统中的主体地位，公共交通的服务能力和服务质量明显提高，行业可持续发展能力显著增强，推进城市交通向更便捷、更清洁、更和谐的方向发展	

1 仇保兴.兼顾理想与现实：中国低碳生态城市指标体系构建与实践示范初探[M].北京：中国建筑工业出版社.

续表

政策参考	■《城市道路交通管理评价指标体系（2008年）》中规定：A类城市达到一级的公共交通分担率为25%～35%，达到二级的公共交通分担为20%～25%
备注	计算说明：根据MVA和天津市渤海规划设计院编制的《天津市滨海新区于家堡金融区综合交通规划》，到2030年的交通行车结构为小汽车15%，常规公交15%，地铁45%，出租车10%，步行10%，自行车5%

3. 绿色出行/ 新型能源公交车比例

指标定义	区内生物质、混合动力、电能等新型能源公交车及城市管理用车数量占总公交车及城市管理用车数量的比例，以百分比表示
赋值	新型能源公交车比例 100%（2020年）
指标水平	国内领先
减碳关联	■推广新能源车，减少交通碳排放； ■清洁能源示范，有效保护环境
计算方法/公式	$新型能源公交车比例=\frac{区域内新型能源公交车及城市管理用车数量}{总公交车及城市管理用车数量}\times 100\%$
国内参照值	■长沙梅溪湖生态城指标体系：≥30%； ■重庆市绿色低碳生态城区评价指标体系：≥80%； ■无锡太湖新城·国家低碳生态城示范区规划指标体系：≥30%； ■天津中新生态城指标体系：100%（2013年）
国际参照值	■美国2009年新能源公交比例：37% [1]
政策参考	■《上海推进新能源高新技术产业行动方案（2009~2012年）》争取2012年政府和公共机构新能源汽车新购比例占30%以上，新能源公交客车新购比例占30%以上； ■《关于开展节能减排财政政策综合示范工作的通知财建[2011]383号》对长沙市提出围绕交通清洁化改造城市交通体系，在城市公共服务领域大力推广使用节能与新能源汽车，鼓励私人购买低排放和新能源汽车，配套建设新能源汽车充电站等基础设施任务
备注	无

（图片来源：http://www.chinabus.info/html/2011-7/201172885526.htm）

4. 绿色出行/ 公共交通系统换乘距离

指标定义	指行人经历从一个公共交通站点下车换乘另一公共交通站点上车的水平距离

1 http://lvyouyc.blog.163.com/blog/static/170974053201010301061134/

续表

赋值	公共交通系统换乘距离≤200米（2020年）
指标水平	国际先进
减碳关联	■缩短公交换乘距离，鼓励公交出行，减少私家车出行； ■减少换成时间，增加公交运行效率
计算方法/公式	无
国内参照值	■廊坊万庄生态城指标体系：3分钟（240米）到达自行车道或5分钟（400米）到达公交站的比例100%； ■长沙梅溪湖生态城规划以300米服务半径设置公交站点，19个常规公交站点、9个码头、2号地铁线梅溪湖西站、麓云路站和文化艺术中心站三个站点在规划区内，此外在地铁周边设路了便捷的换乘连接（地铁与常规公交、地铁与步行、地铁与自行车等）； ■香港地铁网络共有13个换乘站，其中9个可以实现同月台换乘，换乘时间大概只需15秒钟。每天乘坐港铁的乘客在450万人次，这个数值和内地不少一线城市的地铁人流量相同或相近，但即使是高峰期，也很难看见香港地铁出现北京、上海、广州等城市地铁人潮涌涌的盛况[1]
国际参照值	■东京、大板、名古屋地铁换乘距离短，基本上是同站换乘
政策参考	■《绿色生态城区评价标准（征求意见稿）》中评分项规定“城区内整合各种交通系统（不包括步行），实现换乘距离≤200米”； ■《城市道路交通规划设计规范》3.3.2条规定，公共交通车站服务面积，以300米半径计算，不得小于城市用地面积的50%，以500米半径计算，不得小于90%
备注	无

4.3.5.5 低碳经济发展指标

1. 经济活力/R&D投入占GDP比重

指标定义	指一个国家或者地区R&D经费支出与其国内生产总值之比，用百分数表示	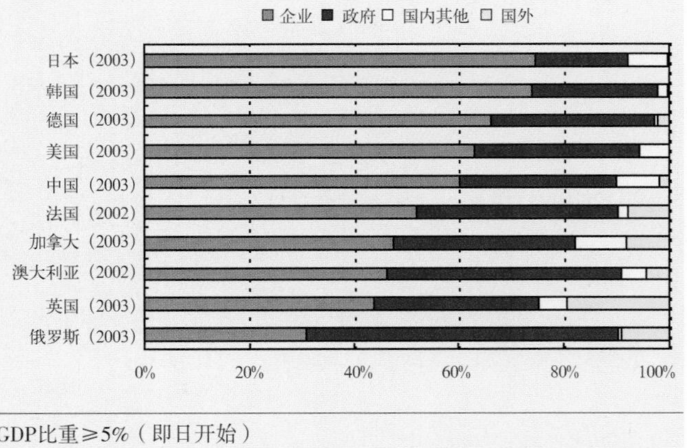
赋值	R&D投入占GDP比重≥5%（即日开始）	
指标水平	国内领先	
减碳关联	■加大R&D投入，开发减碳新技术； ■加大R&D投入，活跃低碳经济运行发展	
计算方法/公式	$R\&D投入占GDP比重=\frac{R\&D经费支出}{生产总值}\times 100\%$	

1 http://paper.people.com.cn/rmrbhwb/html/2012-03/23/content_1025010.htm

续表

国内参照值	■象山县大目湾低碳新城生态建设导则：≥3.5%； ■潍坊滨海经济技术开发区生态城建设指标体系：≥5%（2015年）； ■青岛中德生态园生态指标体系：≥3%（2015年），≥5%（2020年）； ■台北：2.63%
国际参照值[1]	■新加坡：2.61%（2007年）； ■日本：3.44%（2007年）； ■瑞典：3.6%（2007年）； ■韩国：3.47%（2007年）； ■美国：2.68%（2007年）； ■德国：2.54%（2007年）
政策参考	■2006年我国制定并实施了《国家中长期科学和技术发展规划纲要（2006~2020年）》，提出大幅度增加科技投入，保证科技经费的增长幅度明显高于财政经常性收入的增长幅度，使科技投入水平同进入创新型国家行列的要求相适应
备注	定义说明：R&D投入占GDP比重是国际上通用的衡量一个国家或地区科技投入强度的重要指标，也是评价其科技实力和核心竞争力的重要标准之一

（图片来源：http://www.sts.org.cn/tjbg/zhqk/documents/2005/050922.htm）

2. 低碳经济/ 公共事业绿色采购覆盖率

指标定义	绿色采购覆盖率，主要指绿色商品采购量占总采购量的比例	韩国 日本 德国 北欧 美国 加拿大 泰国 欧洲
赋值	公共事业绿色采购覆盖率 100%（2020年）	
指标水平	国内首次提出	
减碳关联	■减少产品全生命周期碳排放； ■有效降低采购过程碳排放	
计算方法/公式	公共事业绿色采购覆盖率$=\frac{\text{绿色商品采购量}}{\text{总采购量}}\times 100\%$	
国内参照值	无	
国际参照值	无	
政策参考	■中国2002年通过的《政府采购法》第九条明确规定，政府采购应当有助于实现国家的经济和社会发展政策目标，包括保护环境的政策目标。这些法律法规的出台，为政府绿色采购提供了切实的法律依据。2007年《国务院关于加快发展循环经济的若干意见》中明确提出，“消费环节要大力倡导有利于节约资源和保护环境的消费方式，鼓励使用能效标识产品、绿色节水认证产品和环境标志产品、绿色标志食品和有机标志食品，减少过度包装和一次性用品的使用。政府机构要实行绿色采购。” ■2008年《国务院关于落实科学发展观加强环境保护的决定》也提出，“在消费环节，要大力倡导环境友好的消费方式，实行环境标识、环境认证和政府绿色采购制度，完善再生资源回收利用体系。”都以国务院文件的方式为中国政府绿色采购提出要求	

1　数据来源：国际统计年鉴2010.

续表

备注	指标说明：绿色采购是探索环保新道路，构建绿色供应链的有效尝试，是利用市场经济手段推动低碳经济、环境保护政策、制度、标准与企业节能减排相结合的有效工具

（图片来源：http://www.xwgw.com/news/showren-523.shtml）

3. 低碳经济/大型公共建筑碳盘查率

指标定义	进行ISO14064温室气体盘查的公共建筑的比率，以百分数表示	设立组织边界与运营边界；内外部核查；创建碳排放清单报告；量化碳排放；鉴别排放源；碳盘查
赋值	大型公共建筑碳盘查率80%（2020年）	
指标水平	国内首次提出	
减碳关联	■为碳交易做准备； ■推动低碳城市可持续发展	
计算方法/公式	$$大型公共建筑碳盘查率=\frac{进行ISO14064温室气体盘查的公共建筑数量}{总公共建筑数量}\times 100\%$$	
国内参照值	无	
国际参照值	无	
政策参考	无	
备注	指标说明：对温室气体的关注是于家堡金融区可持续发展的必要内容，进行温室气体盘查不但能发掘减排潜力，改善环境，降低运营成本，还可以履行社会责任，提高形象。碳盘查是踏出了低碳减排，永续发展的第一步，其收益是立竿见影，而且影响深远	

4. 低碳经济/大型公共建筑参与碳交易的比例

指标定义	参与碳排放权交易的大型公共建筑的数量占大型公共建筑总量的比率，以百分数表示
赋值	大型公共建筑参与碳交易的比例 80%（2030年）
指标水平	国内首次提出
减碳关联	■有效示范建筑碳交易； ■引导活跃碳交易市场

续表

计算方法/公式	大型公共建筑参与碳交易的比例$=\frac{\text{参与碳排放权交易的大型公共建筑的数量}}{\text{大型公共建筑总量}}\times 100\%$
国内参照值	无
国际参照值	无
政策参考	■碳交易，即超额完成碳减排量指标的单位，可将剩余的碳指标，出售给未完成碳减排量指标的单位。2011年10月，国家发改委下发通知，批准北京、上海、天津、深圳等7省市开展碳交易试点工作； ■我国要在2013年启动碳交易试点，2015年基本形成碳交易市场雏形，“十三五”期间在全国全面开展交易。工业企业与大型公共建筑将是强制性碳排放的大户。绿色生态城区评价标准（征求意见稿）评分项中规定“13.2.13 创造条件开展碳交易”
备注	无

4.3.5.6 低碳城市运行指标

1. 智慧城市/ 智能交通覆盖率

指标定义	智能交通覆盖率指区域交通系统内具有道路监控、交通管理信息系统及停车管理信息系统的交通网点数量占全区交通网点总数的比例，以百分数表示	
赋值	智能交通覆盖率100%（2020年）	
指标水平	国际领先	
减碳关联	■智能引导分流车辆； ■优化机动车交通，降低交通碳排放； ■引导停车，减少拥堵，降低交通碳排放	
计算方法/公式	智能交通覆盖率$=\frac{\text{区域交通系统内具有智能交通网点数量}}{\text{全区交通网点总数}}\times 100\%$	
国内参照值	无	
国际参照值	无	
政策参考	■《绿色生态城区评价标准（征求意见稿）》评分项中规定： “10.2.1 城区应规划建设具有道路监控与交通管理信息系统的规划，落实建设并正常运行（20 分）” “10.2.2 城区应规划建设具有停车管理信息系统的规划，落实建设并正常运行（10 分）”	
备注	无	

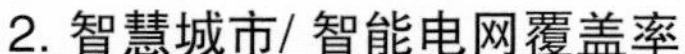

2. 智慧城市/ 智能电网覆盖率

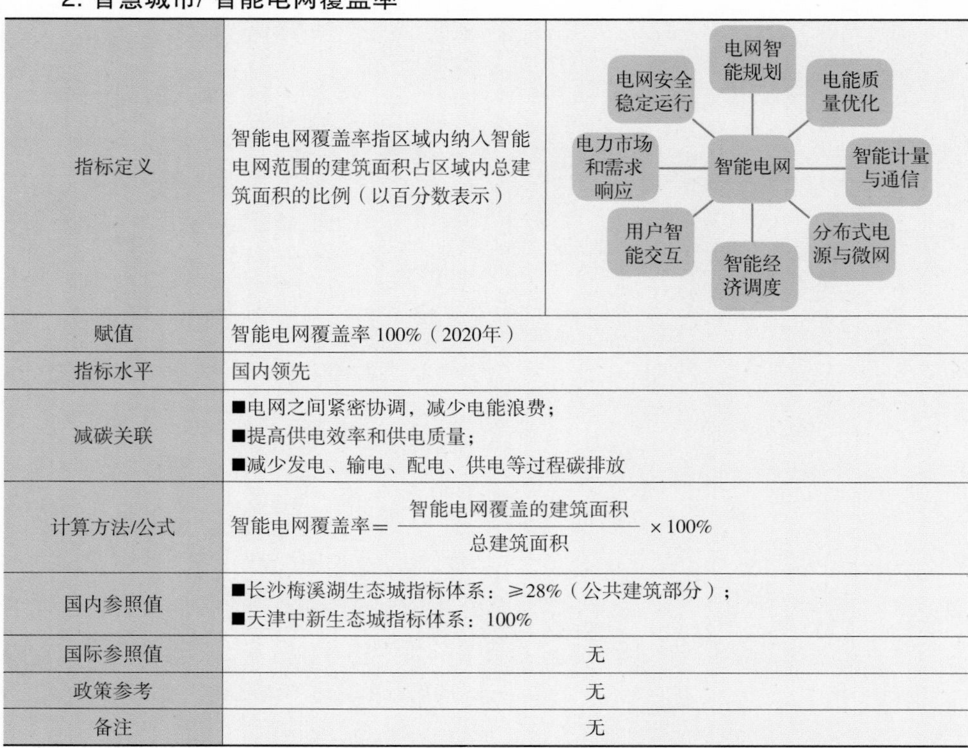

指标定义	智能电网覆盖率指区域内纳入智能电网范围的建筑面积占区域内总建筑面积的比例（以百分数表示）
赋值	智能电网覆盖率100%（2020年）
指标水平	国内领先
减碳关联	■电网之间紧密协调，减少电能浪费； ■提高供电效率和供电质量； ■减少发电、输电、配电、供电等过程碳排放
计算方法/公式	智能电网覆盖率$=\frac{\text{智能电网覆盖的建筑面积}}{\text{总建筑面积}}\times 100\%$
国内参照值	■长沙梅溪湖生态城指标体系：≥28%（公共建筑部分）； ■天津中新生态城指标体系：100%
国际参照值	无
政策参考	无
备注	无

3.智慧城市/ 低碳系统管理服务覆盖率

指标定义	低碳系统管理覆盖率指区域内采用低碳系统管理服务平台的数量占全区管理服务平台总数的比例，以百分数表示
赋值	低碳系统管理服务覆盖率100%（2020年）
指标水平	国际领先
减碳关联	■引导低碳生活、办公、城市运营等； ■提高城市各层级低碳排放管理效率； ■减少城市碳排放总量
计算方法/公式	低碳系统管理覆盖率$=\frac{\text{区域内采用低碳管理服务平台数}}{\text{全区管理服务平台数}}\times 100\%$
国内参照值	■长沙梅溪湖生态城指标体系管理和服务信息化的社区比例100%； ■北京社区公共服务平台和96156热线呼叫系统实现了全覆盖； ■上海实现了市、区、街三级联通和社区服务信息网、热线电话网、实体服务网“三网联动”

续表

国内参照值	■重庆构建起区、街、社区三级服务网络； ■嘉兴通过1221工程，形成了嘉兴模式； ■青岛市四方区综合管理各级社区基础数据，构建起社区信息管理系统，并逐步扩展为四方区地理信息管理系统
国际参照值	无
政策参考	无
备注	指标说明：该指标反映了区域内智能化管理服务水平，体现了区域管理服务的数字化、便捷化和智慧化的水平，一般分为政务服务平台、基本公共服务平台、专项应用平台等几个指标

4.低碳政策/ 低碳政策完善度

指标定义	是否具有低碳经济发展战略规划，是否建立碳排放监测、统计和监管体系，公众的低碳经济意识如何，建筑节能标准的执行情况，以及是否具有非商品能源的激励措施和力度等。该指标可以反映一个地区低碳经济转型的努力程度	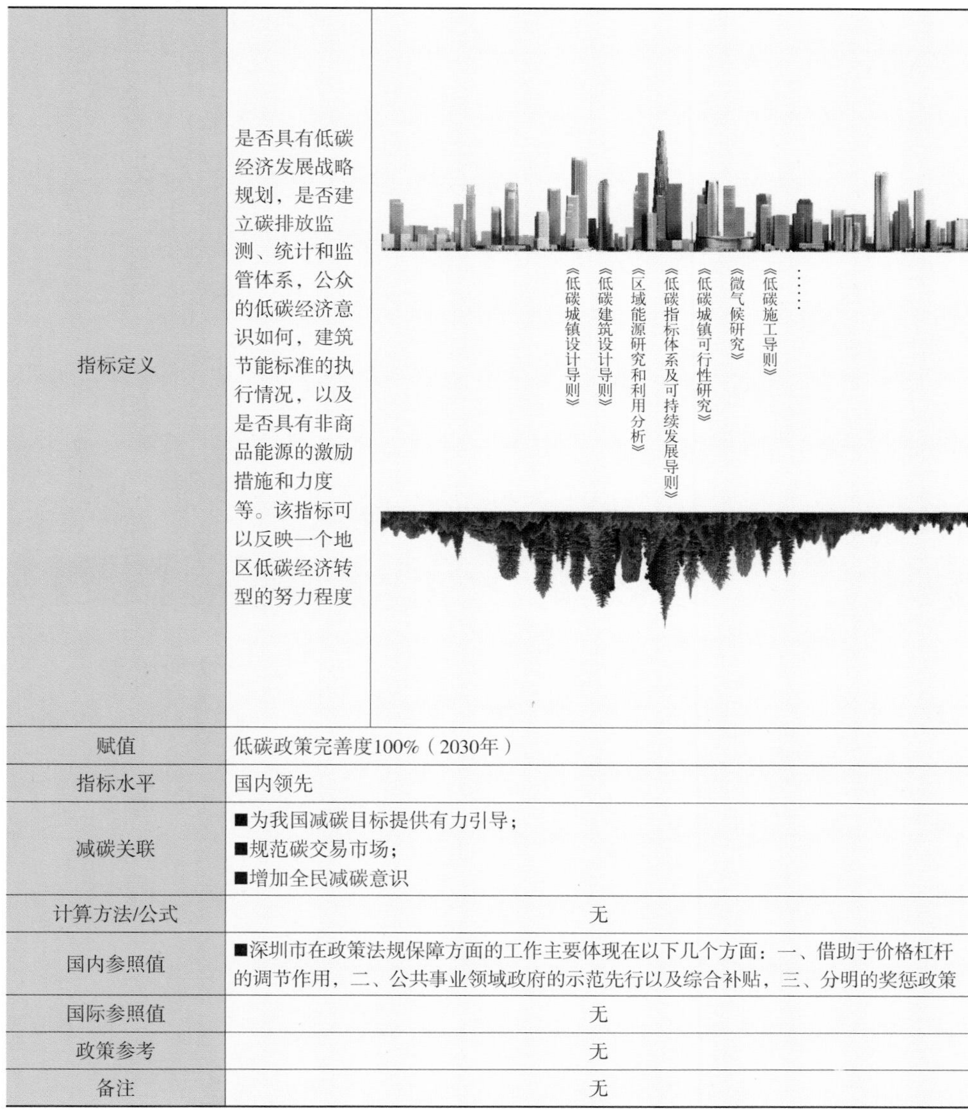
赋值	低碳政策完善度100%（2030年）	
指标水平	国内领先	
减碳关联	■为我国减碳目标提供有力引导； ■规范碳交易市场； ■增加全民减碳意识	
计算方法/公式	无	
国内参照值	■深圳市在政策法规保障方面的工作主要体现在以下几个方面：一、借助于价格杠杆的调节作用，二、公共事业领域政府的示范先行以及综合补贴，三、分明的奖惩政策	
国际参照值	无	
政策参考	无	
备注	无	

第五章

于家堡指标分解与技术路径

5.1 指标分解目的与原则

5.1.1 指标分解的目的

（1）指标分解是将于家堡低碳指标体系中的每个指标根据赋值进行分解，分解为可实施的、可操作的并且能作为量化标准的细化的分项指标，从而使各项低碳指标更易于操作和管理。

（2）指标分解是明确于家堡低碳指标体系低碳城镇各指标对整个于家堡低碳城镇对减少碳排放的作用。

（3）通过指标分解所得到的各项指标的减碳关联，进一步提炼出减碳的技术路径。

5.1.2 指标分解的原则

（1）将涵盖某一领域的总体性指标分解为具体的、细化的可测量指标，所得数据要符合可测性原则，即所有量化指标需要易于测量和获得。

（2）要与于家堡低碳城镇发展阶段相对应——在于家堡低碳城市发展的不同阶段，要有不同指标对其发展进行控制与监管，同时还必须要结合于家堡低碳城区的实际情况（气候、地质、资源等）。

（3）指标实施过程中的动态修正原则——①在已有的于家堡低碳城区指标在实施过程中，量化控制的指标目标值不是一成不变的。在实际社会经济环境下，所能达到的目标值与最初的目标值会有出入，需要一定调整。②指标的确定在最初不一定是完善的，因此在于家堡低碳城区建设运营中，在不断总结回顾中，可能需要增加一些指标，根据实际情况对指标进行还原和实现路径上进行修正。

5.2 指标分解与技术路径

5.2.1 低碳环境保护

1. 低碳环境/ 碳排放总量、单位GDP碳排放与人均碳排放

指标赋值	■碳排放总量目标：2030年较2010年基准减排30%； ■碳强度目标：单位GDP二氧化碳排放量≤150吨/百万美元（2020年）； ■人均碳排放目标：人均碳排放量≤4.4吨/人（2030年）	
指标水平	碳排放总量——国内首次提出 单位GDP碳排放——国内领先 人均碳排放——国内领先	
指标层级	低碳环境	
减碳关联	■碳排放总量、单位GDP排放量和人均碳排放量三项指标都是于家堡低碳城镇减碳指标和衡量标准	
指标分解	■对于整个于家堡低碳城镇发展将碳排放指标分解为低碳环境保护、低碳资源利用、低碳空间组织、低碳交通出行、低碳经济发展和低碳城市运行等六类低碳指标	
低碳路径	■分别从低碳环境保护、低碳资源利用、低碳空间组织、低碳交通出行、低碳经济发展和低碳城市运行等六个方面进行减碳分析，使于家堡低碳城镇低碳指标得以实现	

（图片来源：http://baike.sogou.com/h18761.htm?sp=l10223580）

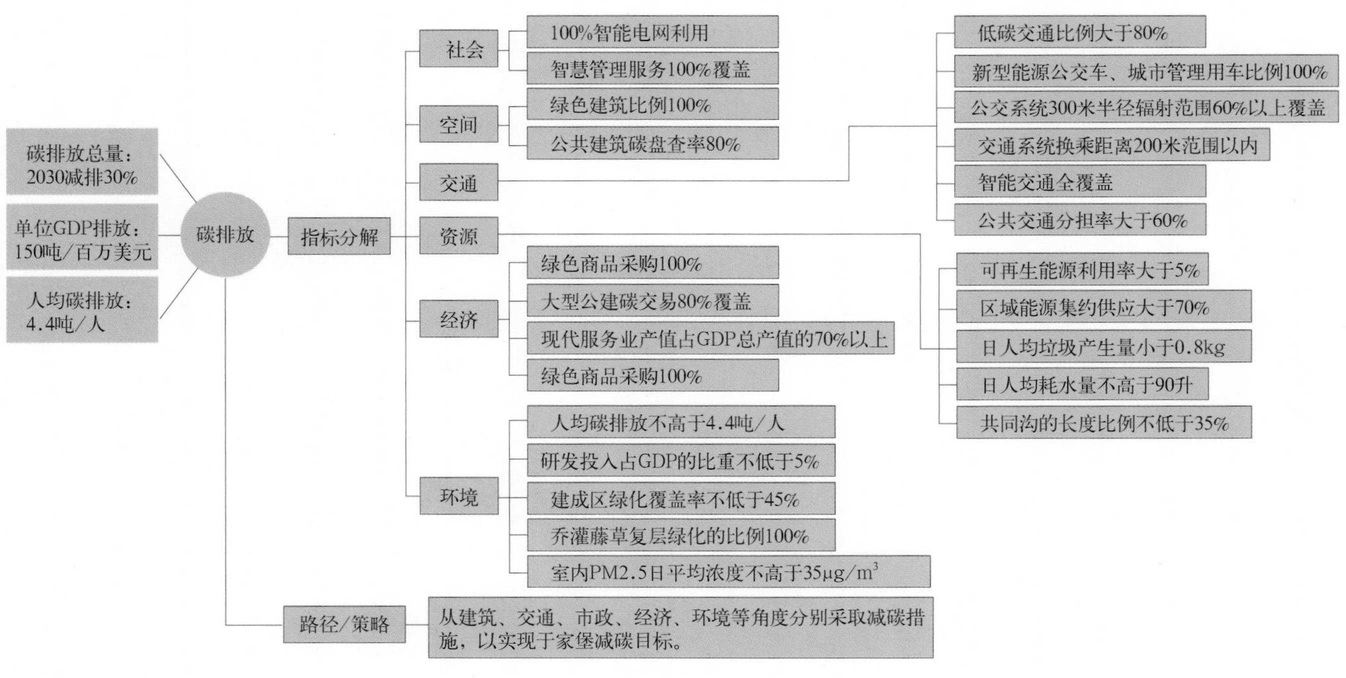

2. 人工环境/ 建成区绿化覆盖率

指标赋值	≥40%
指标水平	国内中上水平
指标层级	人工环境
减碳关联	■构成绿化碳汇； ■降低城市热岛效应，减少城市能耗； ■净化城市，提高城市形象
指标分解	■建筑绿化率大于40%； ■道路绿化覆盖率大于20%； ■裙房屋顶绿化覆盖率大于80%； ■耐盐碱植物指数大于0.7； ■主干道绿化带宽度大于等于5m； ■绿地中乔木覆盖率25%
低碳路径	■在河、湖护坡选择耐湿、抗风、有气生根且叶片较大的攀缘类植物； ■公共景观及公园不设围墙，提高景观的开放性； ■在道路、桥梁两侧坡地选择吸尘、防噪、抗污染的植物； ■增种以本土品种为主的植物并且优先选用常绿阔叶树种； ■增加自然滨水景观带设计，中心公园设计； ■促进建成区景观与海河的连通度；增加生态网络及绿色开敞空间连通度； ■沿河绿化综合纳入防灾减灾、居民游憩的功能； ■保护河流生态廊道、保护河流生物多样性； ■海河水体沿岸按生态学原则进行驳岸、水底处理，提高生态岸线比例

建成区绿化覆盖率
- 指标分解
  - 建筑绿地率大于40%
  - 道路绿化覆盖率大于20%
  - 裙房屋顶绿化覆盖率大于80%
  - 耐盐碱植物指数大于0.7
  - 主干道绿化带宽度大于等于5米
  - 绿地中乔木覆盖率25%
- 路径/策略
  - 植物品种的选择
    - 在河、湖护坡选择耐湿、抗风、有气生根且叶片较大的攀缘类植物
    - 在道路、桥梁两侧坡地选择吸尘、防噪、抗污染的植物
    - 增种乔木
      - 以乡土树种为主
      - 优先选择常绿阔叶树种
  - 滨水景观
    - 自然滨水景观设计
  - 建成区景观与海河的连通度；生态网络及绿色开敞空间连通度；沿河绿化综合纳入防灾减灾、居民游憩的功能
  - 保护河流生态廊道、保护河流生物多样性；海河水体沿岸按生态学原则进行驳岸、水底处理，提高生态岸线比例

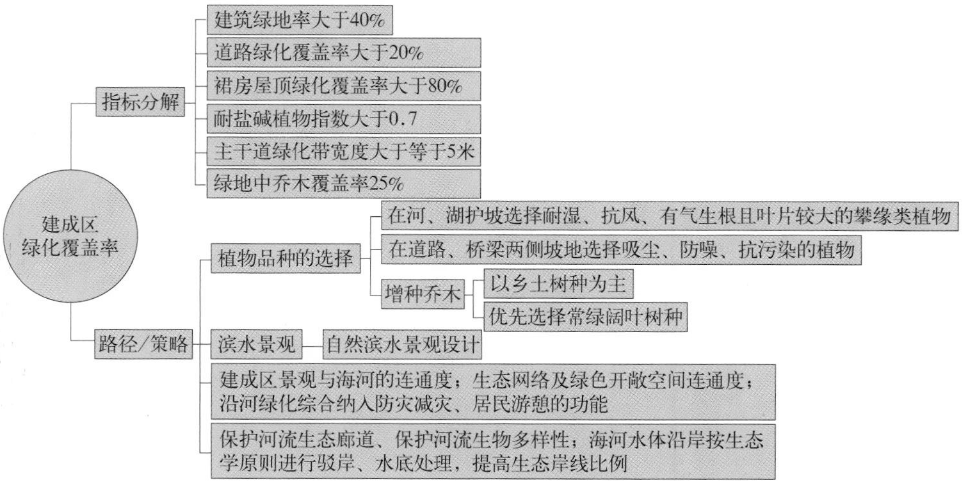

（图片来源：http://www.soso999.org/居住区植物配置/）

3. 人工环境/ 室内PM2.5日平均浓度

指标赋值	≤35μg/m^3
指标水平	国内领先
指标层级	人工环境
减碳关联	■提供健康的室内空气质量； ■提供高舒适性办公环境； ■提高CBD办公建筑品质
指标分解	■公共建筑新风系统安装率100%； ■空调系统空气净化设施安装率>70%
低碳路径	■提高室内空调系统过滤器效率； ■居住建筑设置空气净化设施； ■提高建筑精装修一体化比例； ■粉尘控制、垃圾收集、绿色施工，高标准保洁，防止道路扬尘污染； ■室内抗菌、净化空气植物品种的选择； ■厨房选择性能良好的抽油烟机； ■室内公共空间禁烟管理

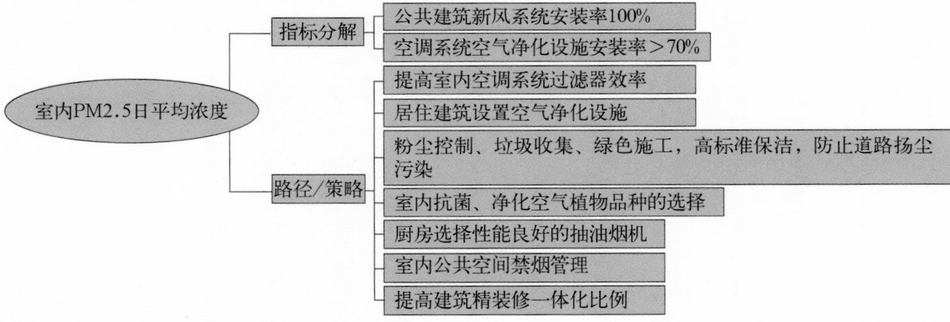

（图片来源：http://www.51yoho.com/bgs/201245/253.htm）

4. 人工环境/ 屋顶绿化比例

指标赋值	≥30%
指标水平	国内领先
指标层级	人工环境
减碳关联	■增加碳汇； ■降低城市热岛效应，减少城市能耗； ■提高屋面保温，降低建筑能耗

续表

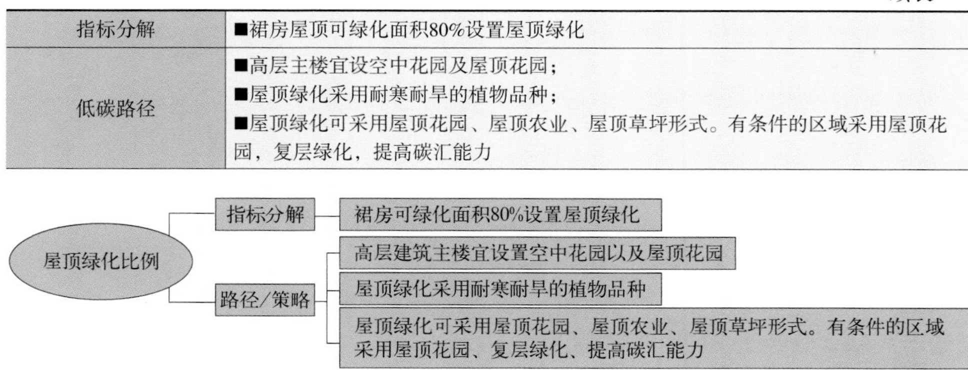

指标分解	■裙房屋顶可绿化面积80%设置屋顶绿化
低碳路径	■高层主楼宜设空中花园及屋顶花园； ■屋顶绿化采用耐寒耐旱的植物品种； ■屋顶绿化可采用屋顶花园、屋顶农业、屋顶草坪形式。有条件的区域采用屋顶花园，复层绿化，提高碳汇能力

（图片来源：http://home.sz.bendibao.com/news/20111012/324164_10.shtm）

5. 人工环境/ 复层绿化比例

指标赋值	≥90%	
指标水平	国内领先	
指标层级	人工环境	
减碳关联	■增加绿化碳汇； ■降低城市热岛效应，减少城市能耗； ■净化城市，减少单纯大草坪景观，提升城市空气质量	
指标分解	■屋顶绿化带之外的其他绿化带复层绿化比例达到80%； ■每100平方米绿地上不少于4株乔木； ■主干道绿化带面积占道路总面积的比例不低于20%； ■次干道绿化带面积占道路总面积的比例不低于15%； ■滨河带铺砖面积控制在30%以下,绿化面积达到70%以上； ■林阴道复层绿化率100%	
低碳路径	■尽可能选用本地植物； ■乔木选择常绿阔叶、落叶阔叶乔木； ■减少纯草坪景观； ■透水地面比例不低于20%	

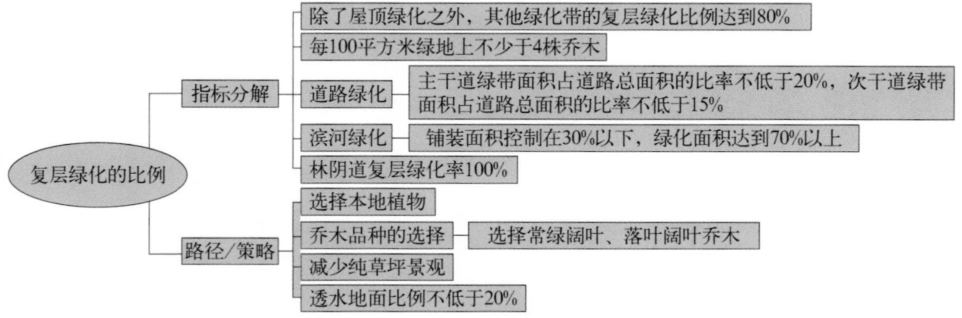

（图片来源：http://gc.yuanlin.com/html/Project/2012-1/Pic_1526.html?PicName=20121/2012113160131.jpg）

5.2.2 低碳资源利用

1. 能源使用/ 区域能源集约供应覆盖率

指标赋值	≥70%
指标水平	国际领先
指标层级	能源使用
减碳关联	■能源集约供应，利用空调负荷互补，减少能源负荷，减少建筑能耗及碳排放； ■减少能源机房建筑面积，减少建筑材料碳排放，节约冷热源碳排放； ■专业合同能源管理，减少运营碳排放，节约运行费用
指标分解	■区域能源集约供应覆盖比例大于70%； ■输送半径不超过1公里，尽量坐落在负荷中心
低碳路径	■区域能源站供应的建筑类型一致，输送半径合理； ■有埋管条件的区域，尽量采用地源热泵，可使一次能源利用率提高50%以上； ■多业态组合优于单一业态组合； ■结合绿地与地下空间设置，充分考虑景观影响； ■必须采用燃气为供热的输入能源时，优先考虑燃气冷、热、电三联供； ■区域能源站建议采用BOT（建造—运营—转让）模式进行融资、建设与管理； ■提高建筑能效，公共建筑节能率高于地方节能标准，竣工验收前增加绿色验收及能源设备调试； ■建设零碳建筑，作为绿色低碳建筑展示中心； ■根据不同建筑使用时间及负荷变化，综合考虑同时使用系数，减少设备总装机容量

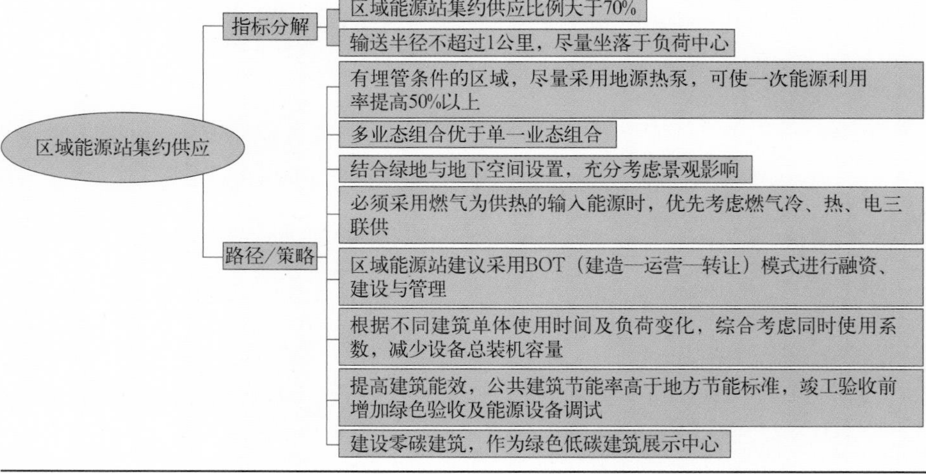

2. 水源利用/ 日人均耗水量

指标赋值	≤90升/人·天
指标水平	国际领先
指标层级	水源利用
减碳关联	■减少污水产生量，减少污水排水能量损耗； ■减少净水需求量，从而减少给水能量损耗
指标分解	■节水器具覆盖率100%； ■节水器具设备使用率100%； ■酒店节水淋浴喷头使用率100%； ■管网漏损率＜8%； ■景观节水灌溉率100%。
低碳路径	■提高非传统水源的比例； ■入户水表后端非人为漏损降低； ■建成可控制水量、水压的供水调度系统； ■节水政策宣传、水价政策激励使人们改变传统用水习惯； ■确定人口统计方法，降低人口数量统计误差

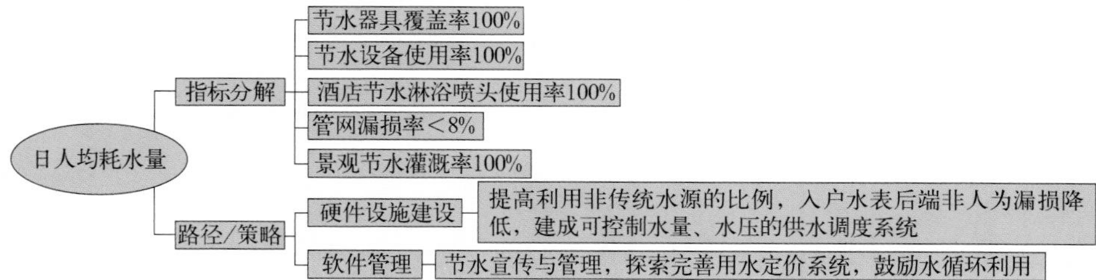

（图片来源：http://www.ssj365.com/zixun_end.aspx?id=3070）

3. 水源利用/ 非传统水源利用率

指标赋值	≥30%
指标水平	国内中上水平
指标层级	水源利用

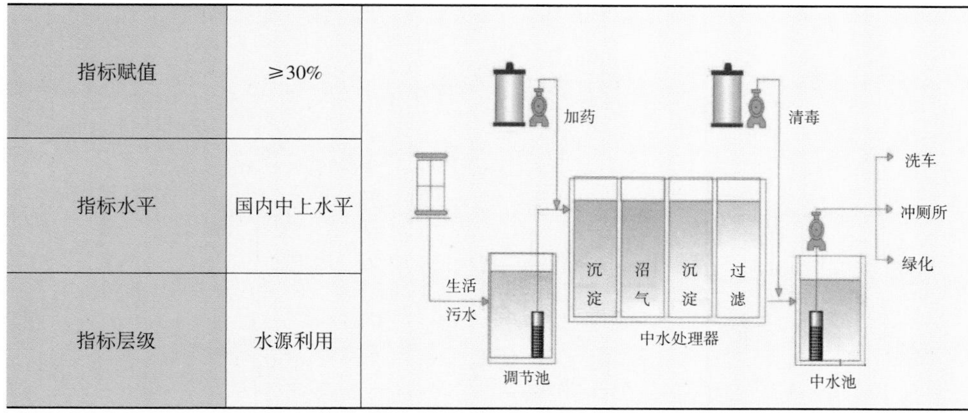

续表

减碳关联	■促进区域水源循环利用，减少供水能量损耗； ■减少污水运送和处理所需的能量损耗
指标分解	■景观灌溉中水利用率100%； ■道路清洗中水利用率100%； ■汽车清洗中水利用率100%； ■再生水管网覆盖率100%； ■污水收集处理率100%
低碳路径	■再生水：①建成再生水利用系统；②建设再生水厂，促进再生水利用； ■污水：①建成污水收集处理系统；②建成污水处理厂，污水厂出水用于再生水和生态补水； ■雨水：①建成雨水利用系统；②雨水结合滨水景观带加以利用，可用于景观生态补水，建设雨水花园、生态水池等

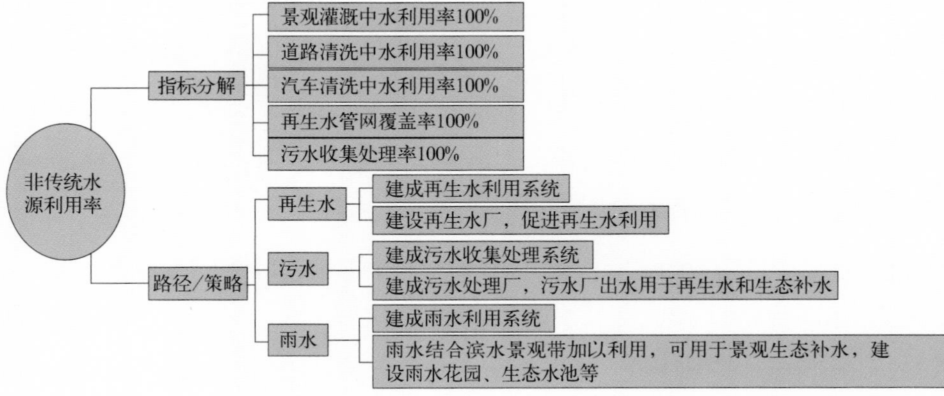

（图片来源：http://shui.bhuiy.com/htm/shejifangan/jiayongchunshuiji/2010/1211/916.html）

4. 土地集约/人均建设用地面积

指标赋值	≤60m²/人	
指标水平	国际领先	
指标层级	土地集约	
减碳关联	■减少城市用地，节约土地资源； ■减少城市土地开发碳排放； ■高密度集约开发，减少建筑及交通碳排放	
指标分解	■人均公共绿地≤ 14 m²/人； ■人均道路用地≤ 19.4 m²/人； ■人均建筑用地≤ 21 m²/人； ■提高城市建筑密度（40%~66%）； ■超高层建筑比例≥ 50%； ■沿街400m范围内有4种以上公共配套设施（便利店、超市、银行、餐厅、商场、交易厅、公园、社区活动、书店等）	

续表

低碳路径	■严格执行建设用地定额指标； ■提高拥有混合功能地块的比例； ■加强建设用地预审管理； ■建立用地考核标准； ■建立健全土地市场动态监测制度

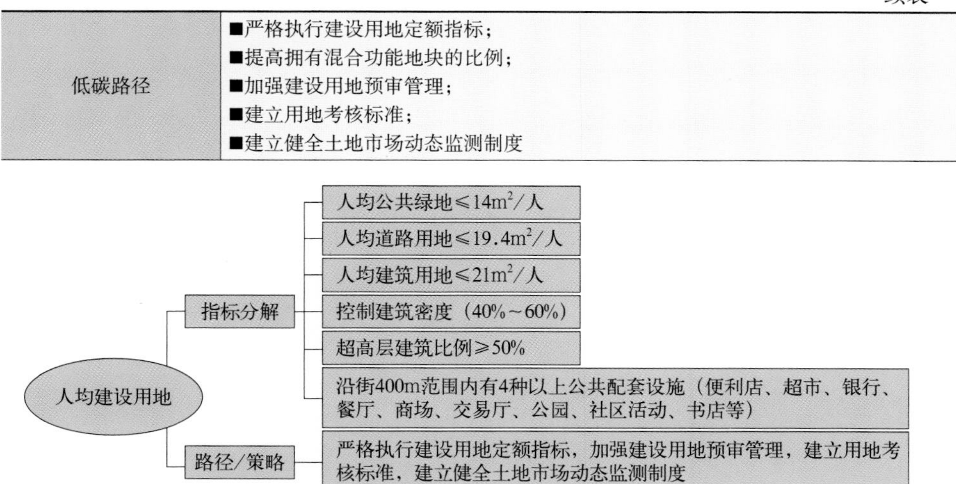

（图片来源：http://www.lcwto.com/news/show-146-4.htm）

5. 垃圾处理/ 日人均垃圾产生量

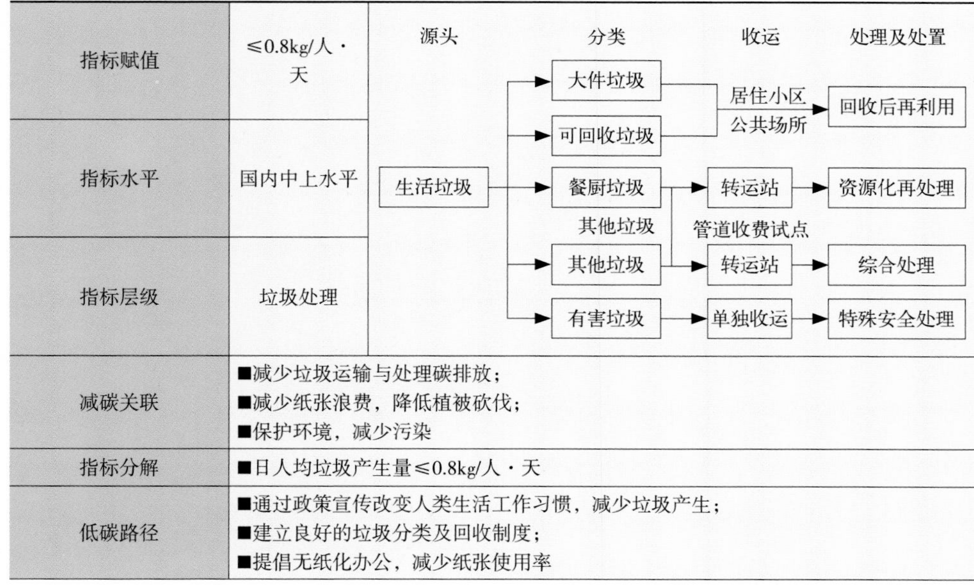

指标赋值	≤0.8kg/人·天	（见流程图）
指标水平	国内中上水平	
指标层级	垃圾处理	
减碳关联	■减少垃圾运输与处理碳排放； ■减少纸张浪费，降低植被砍伐； ■保护环境，减少污染	
指标分解	■日人均垃圾产生量≤0.8kg/人·天	
低碳路径	■通过政策宣传改变人类生活工作习惯，减少垃圾产生； ■建立良好的垃圾分类及回收制度； ■提倡无纸化办公，减少纸张使用率	

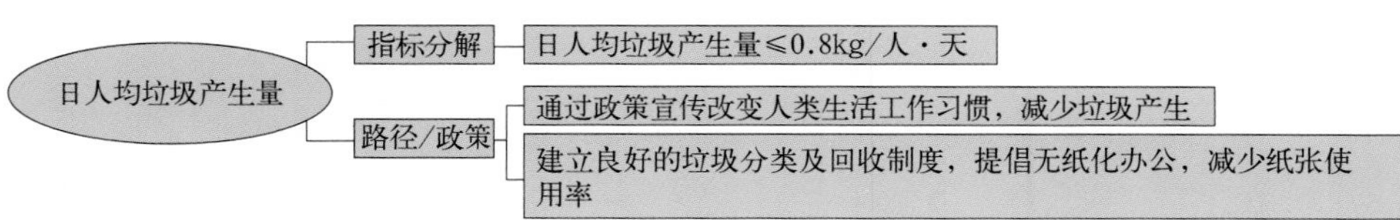

（图片来源：http://blog.sina.com.cn/s/blog_68ecd04001017my6.html）

6. 垃圾处理/ 垃圾分类收集的比例

指标赋值	100% 
指标水平	国内领先
指标层级	垃圾处理
减碳关联	■减少垃圾运输与处理碳排放； ■资源循环利用，保护环境
指标分解	■生活垃圾：①细分投放比例100%；②收集箱100%覆盖，实现源头分类； ■办公垃圾：①纸质垃圾回收率100%；②分类收集率大于70%； ■建筑垃圾：①公寓精装修率100%；②回收利用率60%； ■厨余垃圾：①单独收集率大于50%
低碳路径	■生活办公垃圾回收利用； ■宣传培训垃圾分类和回收利用知识； ■建成垃圾分类转运收集系统； ■建立与社会服务设施相结合的垃圾分拣系统； ■提高剩余物产能产热的焚烧率； ■提高焚烧灰渣的利用率； ■提高厨余垃圾生物降解率； ■建筑垃圾回收利用：单位竣工面积产生建筑垃圾最小化

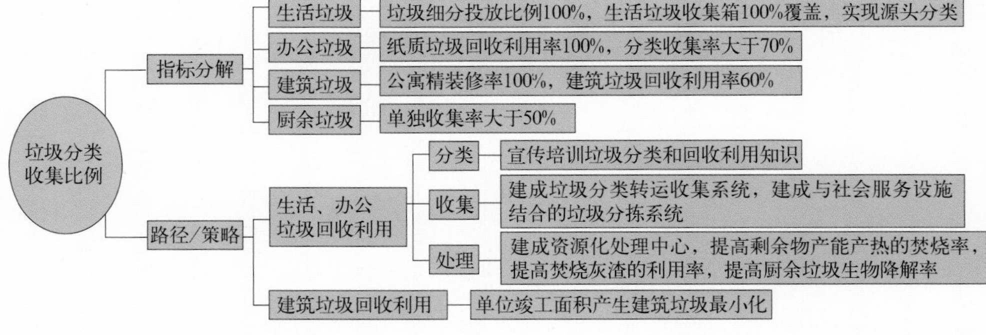

（图片来源：http://www.yptimes.cn/html/2012-03/31/content_7_1.htm）

5.2.3 低碳空间组织

1. 绿色建筑/ 绿色建筑比例

指标赋值	100%，且二星以上70%
指标水平	国际领先
指标层级	绿色建筑
减碳关联	■通过建筑“四节”（节地、节能、节水、节材）减少能源、资源、材料等各方面碳排放
指标分解	■建成区内100%为绿色建筑，并且70%以上为二星及以上； ■建筑绿色施工比例100%； ■建筑智能化比例100%
低碳路径	■全面符合绿色建筑常规指标：①国标《绿色建筑评价标准》；②地标《天津市绿色建筑评价标准》； ■针对超高层绿色建筑的评价：执行《绿色超高层建筑评价技术细则》； ■针对超高层建筑：①结构体系选择，减少钢筋混凝土使用；②减少幕墙光污染；③超高层建筑能量回馈电梯利用率100%；④新风热回收设置比例100%；⑤高性能建筑幕墙围护体系；⑥纯玻璃幕墙建筑控制（天津规划管理规定）；⑦超高层建筑南向及其他朝向的窗墙比控制；⑧公共建筑提高系统能效，采用高能效设备；⑨注重绿色验收、注重能源系统调试管理； ■制定绿色建筑专项规划，鼓励进行国际标准绿色评价（如LEED，BREEAM等）

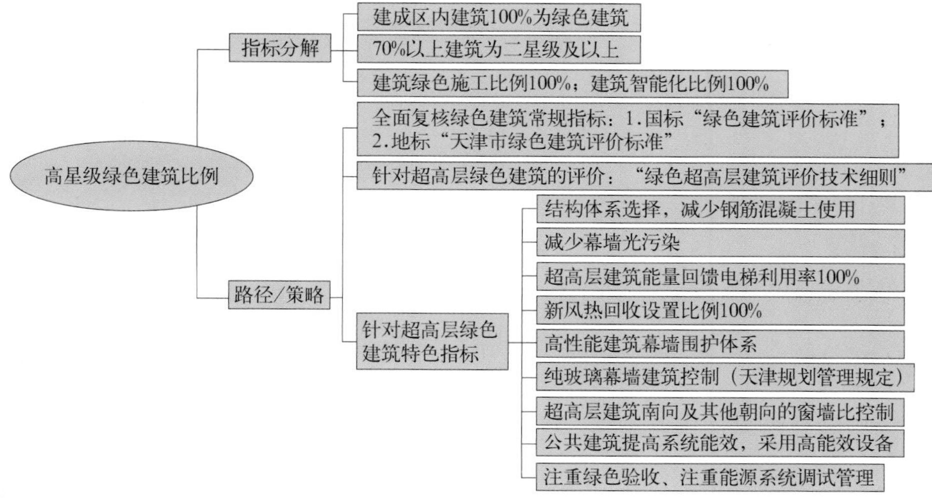

（图片来源：http://tieba.baidu.com/f?kz=1429884511）

2. 城市空间/ 小型街区比例

指标赋值	≥80%	
指标水平	国内领先	
指标层级	城市空间	
减碳关联	■减少机动车出行，降低交通碳排放； ■鼓励行人步行，促进慢行交通，降低交通碳排放； ■商业配套沿街布局，促进街道活力； ■减少交通拥堵，降低交通碳排放	
指标分解	■100米尺度的街区比例90%； ■小型街区的比例达到80%； ■公共服务中心500m服务范围覆盖居民用地比例不低于60%； ■地面公交站点300m服务范围覆盖建成区的比例不低于60%	
低碳路径	■窄街廓、密路网的道路布局； ■减小道路转弯半径，增加行人穿越道路便捷性； ■轨道交通站点地块混合开发，开发强度较周边地块提高	

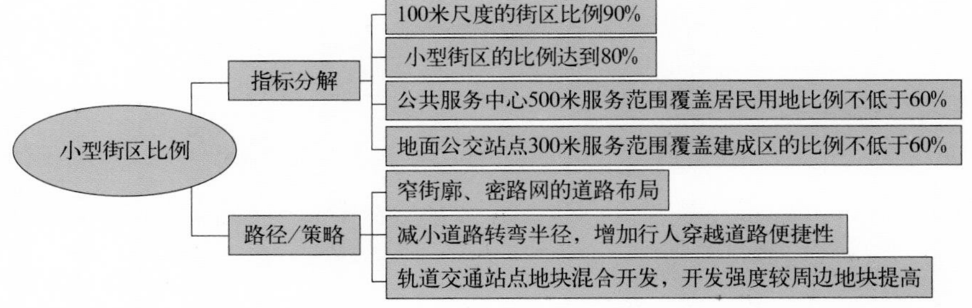

（图片来源：http://tj.house.sina.com.cn/news/2009-04-20/152194493.html）

3.立体城市/ 地下空间利用率

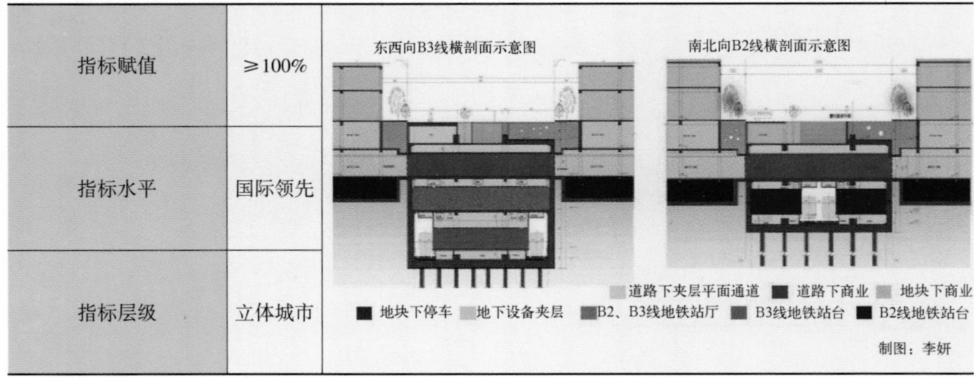

指标赋值	≥100%	
指标水平	国际领先	
指标层级	立体城市	

续表

减碳关联	■节约城市用地，节约土地资源； ■多层次集约开发利用地下空间； ■增加城市地面开敞景观空间； ■城市功能垂直分布，减少交通排放
指标分解	■地下车库连通率100%； ■地下车库停车比例90%； ■地下轨道交通站与上盖建筑连通比例100%； ■地上景观公园与地下商业、交通连通比例100%； ■地下商业空间比例50%
低碳路径	■多层次地下空间利用：空间向多层地下发展； ■多功能地下空间综合利用；功能涵盖交通、商业、市政； ■增加地下空间空气质量检测，确保地下环境健康

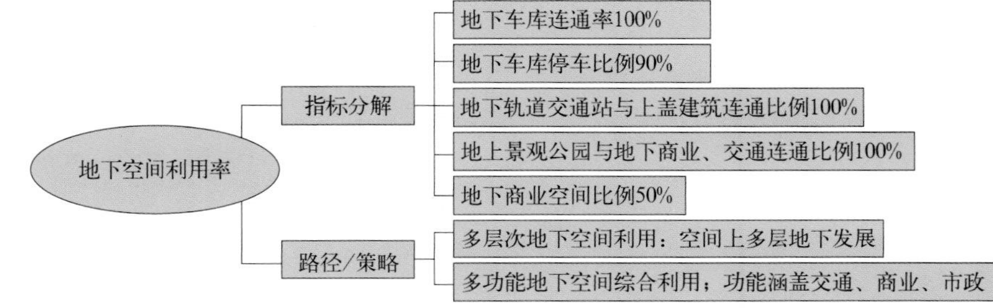

（图片来源：http://roll.sohu.com/20120116/n332248225.shtml）

4.立体城市/地下车行交通分担率

指标赋值	≥20%	
指标水平	国际领先	
指标层级	立体城市	
减碳关联	■节约城市用地，节约土地资源； ■多层次集约开发利用地下空间； ■增加城市地面开敞绿地种植空间； ■城市功能垂直分布，减少交通排放	
指标分解	■地下车行交通的比例不低于20%； ■过境车辆地下车行比例100%	
低碳路径	■大力开发地铁系统； ■公交导向开发（TOD）； ■地下人行交通干道； ■打造便捷舒适的地下人行环境，提升步行交通的比例； ■地下人行出口与地铁站点、会展文化建筑、地标超高层建筑、公共绿地的无缝对接	

续表

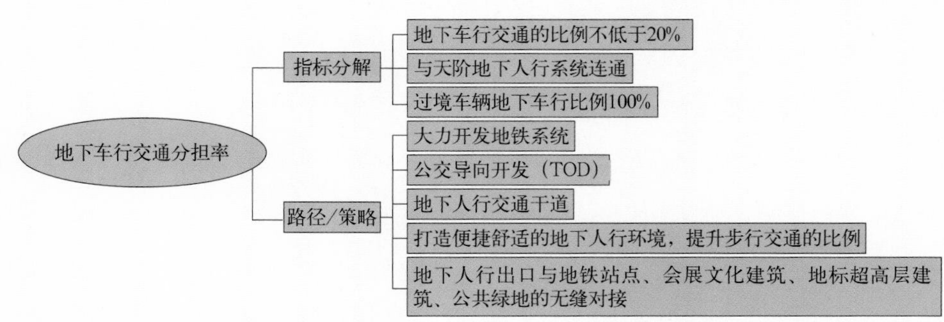

（图片来源：http://www.chexun.com/2012-04-14/100713067.html）

5.立体城市/地下管道综合走廊长度比例

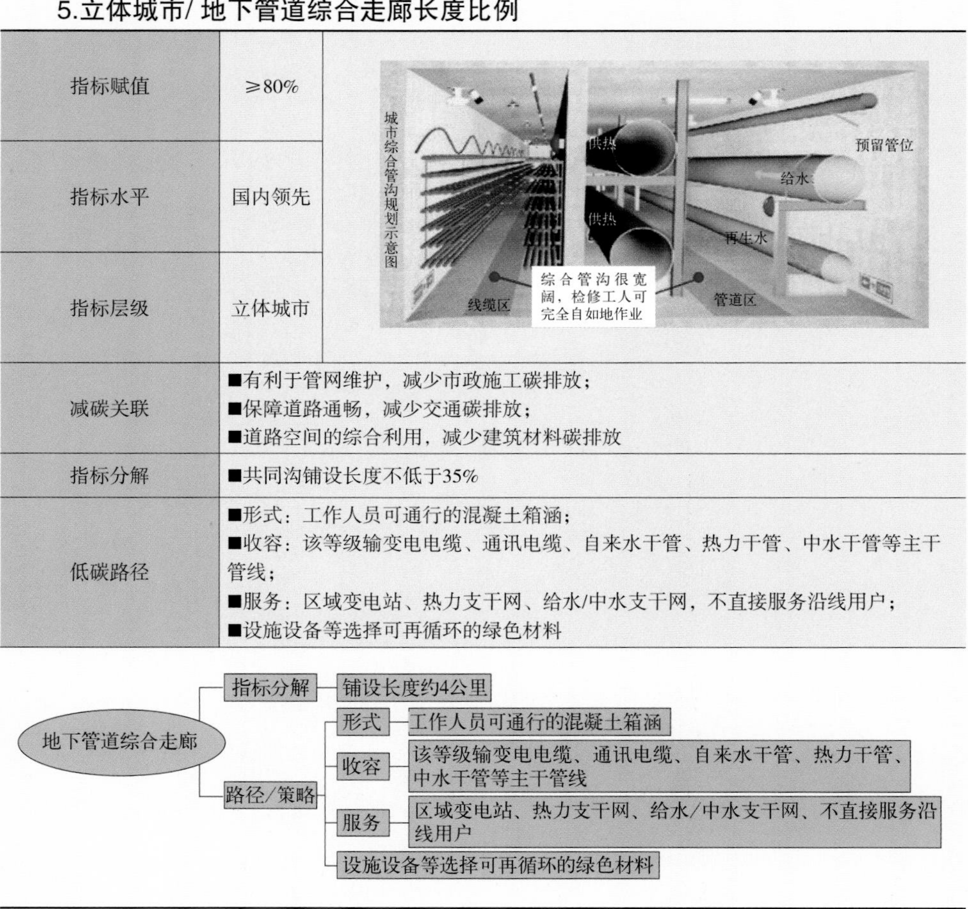

指标赋值	≥80%	
指标水平	国内领先	
指标层级	立体城市	
减碳关联	■有利于管网维护，减少市政施工碳排放； ■保障道路通畅，减少交通碳排放； ■道路空间的综合利用，减少建筑材料碳排放	
指标分解	■共同沟铺设长度不低于35%	
低碳路径	■形式：工作人员可通行的混凝土箱涵； ■收容：该等级输变电电缆、通讯电缆、自来水干管、热力干管、中水干管等主干管线； ■服务：区域变电站、热力支干网、给水/中水支干网，不直接服务沿线用户； ■设施设备等选择可再循环的绿色材料	

地下管道综合走廊
指标分解
铺设长度约4公里
路径/策略
形式
工作人员可通行的混凝土箱涵
收容
该等级输变电电缆、通讯电缆、自来水干管、热力干管、中水干管等主干管线
服务
区域变电站、热力支干网、给水/中水支干网、不直接服务沿线用户
设施设备等选择可再循环的绿色材料

（图片来源：http://hebei.hebnews.cn/2011-05/10/content_1984418.htm）

5.2.4 低碳交通出行

1. 绿色出行/低碳交通比例

指标赋值	≥80%
指标水平	国际领先
指标层级	绿色出行
减碳关联	■减少机动车出行，降低交通碳排放； ■鼓励公共交通，保护环境，降低碳排放
指标分解	■轨道交通站点400m覆盖率100%； ■用地出入口至公交站点距离小于200m； ■轨道交通站点设置自行车租赁点比例100%； ■轨道交通站及公交枢纽提供非机动车换乘停车场，提供50%客运量自行车停车位； ■慢行系统网密度不小于2.5km/km^2，宽度>3.5m； ■慢行道路遮阴率>80%； ■人行道透水路面覆盖率>70%（含绿化）； ■公交专用道密度不小于主干道网密度
低碳路径	公共交通 ■高密度规划布局遵循公交导向开发（TOD）模式； ■城际间公交探讨推广快速公交（BRT）或定制公交系统； ■于家堡区内循环公交线路； ■区内公交与周边公交枢纽的便捷衔接； ■在轻轨、BRT站点周边布置当地公交系统中心站及机动车停车换乘场库； ■提高公交专用道比例，并实行公交价格补贴政策（低价及免费公交） 慢行交通 ■建立自行车专用道（慢行林阴道）；提高人行道绿化覆盖率；慢行系统优先路权； ■区域慢行系统连续无障碍，并与景观、城市空间相结合，慢行系统与机动车道间设置隔离带，并形成林阴道； ■保证慢行系统安全，慢行系统优先路权 机动车需求管理 ■降低停车配套指标，减少机动车总量需求，控制停车泊位总量及价格； ■轨道站点附近设地下公共停车场； ■区域边缘枢纽处对小汽车有效截留，设置停车场； ■控制过境车辆（价格杠杆、过境车辆地下通行） 低碳出行政策 ■鼓励小汽车合乘； ■过境收费管理，高收费杠杆； ■拥堵费的收取

续表

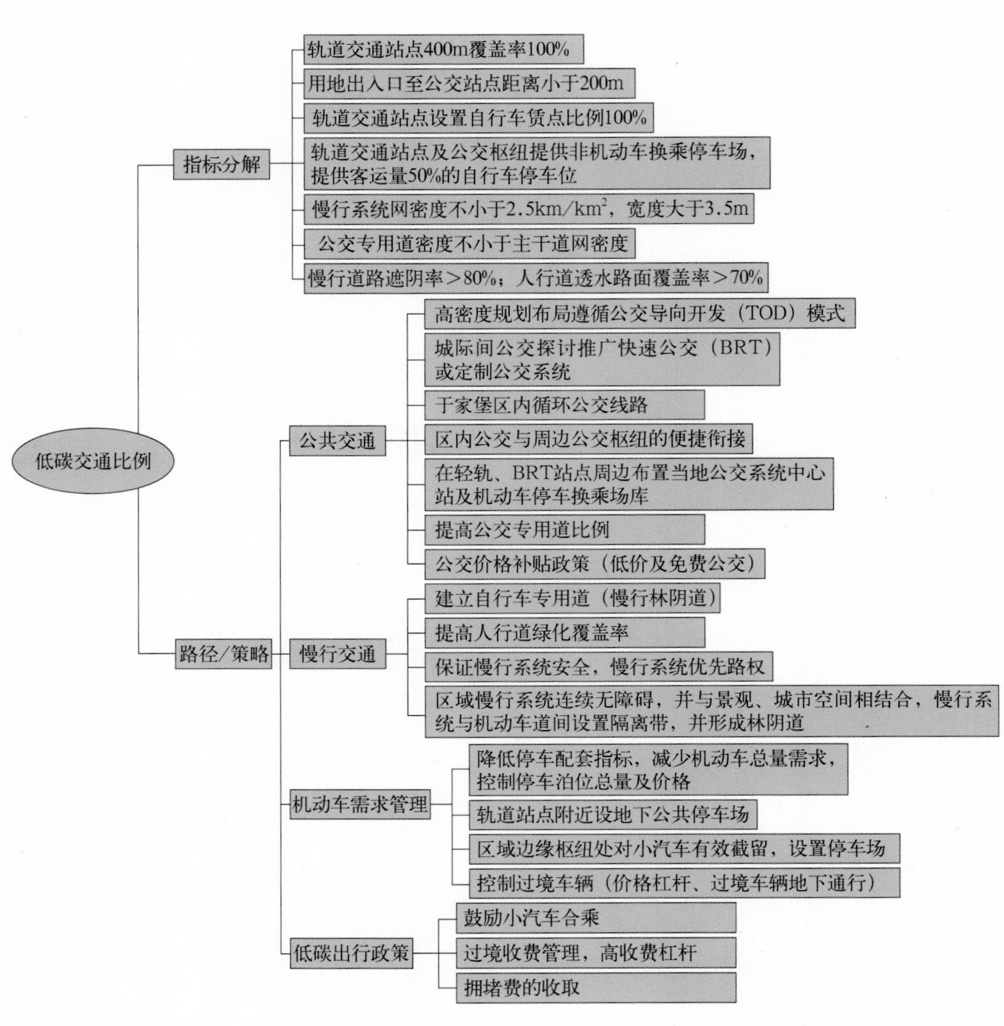

（图片来源：http://www.sztb.gov.cn/pcjt/zhjt/201305/t20130529_18267.htm）

2. 绿色出行/ 公共交通分担率

指标赋值	≥60%
指标水平	国内领先
指标层级	绿色出行
减碳关联	■减少机动车出行，降低交通碳排放； ■减少私家车出行，控制碳源； ■汽车尾气减少，缓解温室效应
指标分解	■公交车准点率>50%； ■公交线路网密度≥3km/km^2； ■减少出行距离：轨道交通站点400m覆盖率100%； ■公交发车间隔<10min
低碳路径	■减少出行次数：鼓励网络视频会议、电话会议、在家办公等方式； ■公交站点人性化设施，提供遮阳、座椅及无障碍设施。公交站点提供详细交通信息，包括完善的路线图、班次时间表，并提高慢行系统与公交接驳的便捷度； ■提升公共交通设施、装备水平，提高公共交通舒适性； ■规划、增加公交车专用道比例，提高公交可达性和便捷性； ■推进换乘枢纽及步行道、自行车道、公共停车场等配套设施建设，轨道交通站点设置自行车租赁网点； ■智能公共交通系统建设：通过交通指南、交通网站、交通服务热线、电台电视台、可变信息标志、手机、车载导航终端、触摸屏等方式，为不同的受众群体选择合适的出行方式、路径、出入口和换乘方案提供交通信息服务

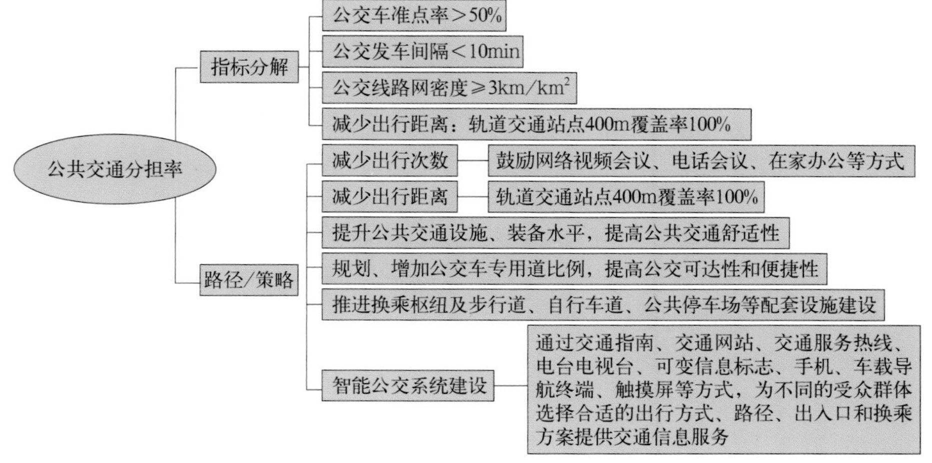

3. 绿色出行/ 新能源公交车比例

指标赋值	100%
指标水平	国内领先
指标层级	绿色出行
减碳关联	■推广新能源车，减少交通碳排放； ■清洁能源示范，有效保护环境
指标分解	■电动或混合动力公交车比例100%； ■电动或混合动力城市管理用车比例100%； ■电动充电桩覆盖率100%
低碳路径	■政府及有关部门制定相应政策法规等作为引导； ■交通部门对新能源公交进行补贴； ■提倡鼓励人们出行乘坐公共交通工具； ■设定公交专用道，新能源公交车具有行驶优先权

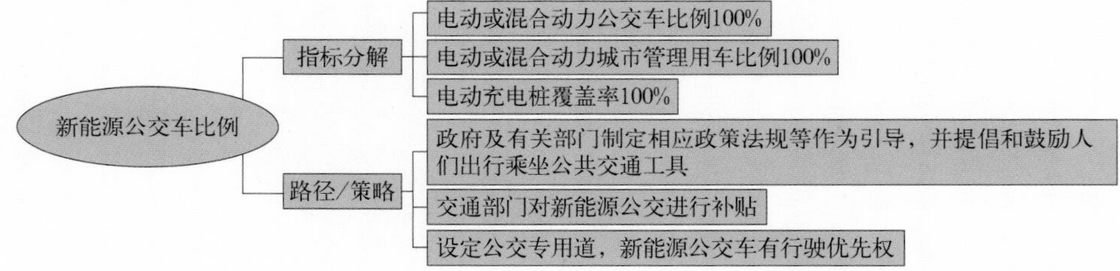

（图片来源：http://blog.sina.com.cn/s/blog_9a3223e901016hdp.html）

4. 绿色交通/ 公共交通系统换乘距离

指标赋值	≤200m
指标水平	国际领先
指标层级	绿色出行

续表

减碳关联	■缩短公交换乘距离，减少私家车出行； ■增加公共交通分担率，减少换乘时间
指标分解	■公共交通系统换乘距离≤200m； ■街道上绿化节点（结合街角、公交站点等）辐射距离小于100m
低碳路径	■建立大型公共交通换乘站； ■建立公交、地铁、轨道交通等城市综合交通体系

公共交通系统换乘距离
指标分解
公共交通系统换乘距离≤200m
街道上绿化节点（结合街角、公交站点等）辐射距离小于100m
路径/策略
建立大型公共交通换乘站
建立公交、地铁、轨道交通等城市综合交通体系

（图片来源：http://tj.house.sina.com.cn/news/2011-07-01/0848131364.shtml）

5.2.5 低碳经济发展

1. 经济活力/ R&D投入占GDP比重

指标赋值	≥5%	
指标水平	国内领先	
指标层级	经济活力	
减碳关联	■加大R&D投入，开发减碳新技术； ■加大R&D投入，活跃低碳经济运行发展	
指标分解	■研发经费占GDP的比例不低于5%； ■第三产业产值占GDP比值大于95%； ■海外优秀人才数量占科技人才比例大于10%	
低碳路径	■产业结构以金融产业为主； ■吸引企业研发部门入驻； ■对高端研究人才的要有吸引政策	

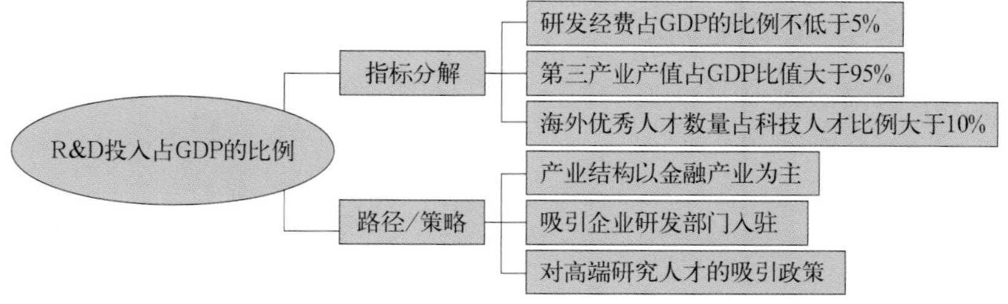

（图片来源：http://www.ime.ac.cn/xwzt/zhxw/200909/t20090917_2492576.html）

2. 低碳经济/公共事业绿色采购覆盖率

指标赋值	100%
指标水平	国内首次提出
指标层级	低碳经济
减碳关联	■减少产品全生命周期碳排放； ■有效降低采购过程碳排放
指标分解	■公共事业绿色采购覆盖率80%； ■政府绿色建材采购覆盖率100%
低碳路径	■建筑施工过程中材料采购的控制与管理——绿色监理； ■建立绿色商品交易平台； ■绿色产品网络交易平台的建立和管理； ■鼓励进驻于家堡企业进行绿色采购； ■倡导绿色消费； ■以新金融公司为主体开展招商活动，引进投资主体，设立绿色供应链促进中心

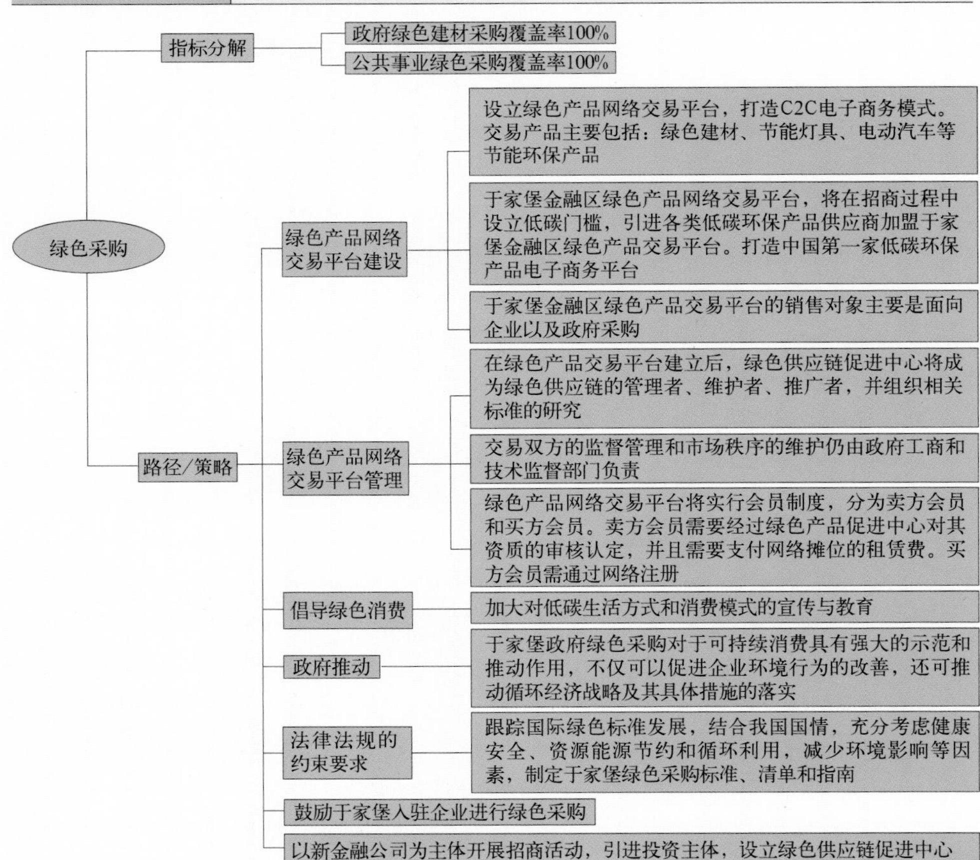

（图片来源：http://www.587766.com/yinshua/yinshuaxinwen/2014-01-25/31512.html）

3. 低碳经济/ 大型公共建筑碳盘查率

指标赋值	≥80%
指标水平	国内首次提出
指标层级	低碳经济
减碳关联	■为碳交易做准备； ■推动低碳城市可持续发展
指标分解	■碳盘查技术在大型公建单位的普及率达到90%以上； ■大型公建碳盘查技术人员占总人数的比例不低于10%
低碳路径	■加大温室气体减排的宣传与教育； ■加大温室气体盘查员的培训，组建技术团队； ■鼓励企业进行第三方核证机构的温室气体核查； ■加强量化技术标准的统一与更新

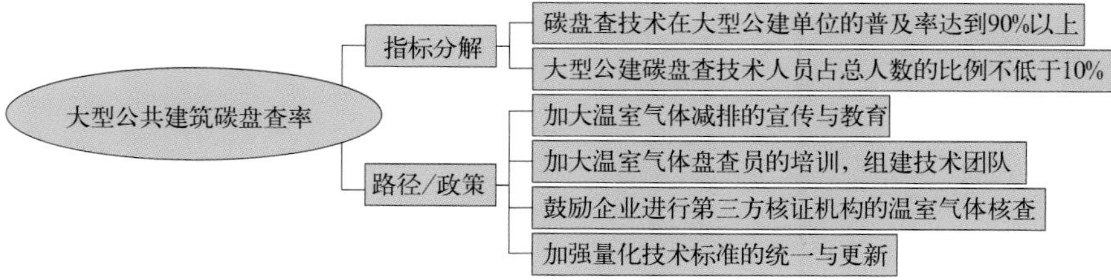

4. 低碳经济/ 大型公共建筑参与碳交易的比例

指标赋值	≥80%
指标水平	国内首次提出
指标层级	低碳经济
减碳关联	■有效示范建筑碳交易； ■引导活跃碳交易市场
指标分解	■碳交易平台电子化交易覆盖率100%； ■年均碳排放量2万吨以上的企业参与碳交易的比例达到100%
低碳路径	■建立科学的配额分配制度，利用电子化系统，防止权力寻租； ■鼓励自愿减排交易； ■对高排放的企业征收碳税； ■交易平台建设与交易信息的公示与监管； ■建立第三方核证机构资质审核与管理制度； ■技术标准规范要跟踪国际标准并根据国情指点地方补充标准技术规范

续表

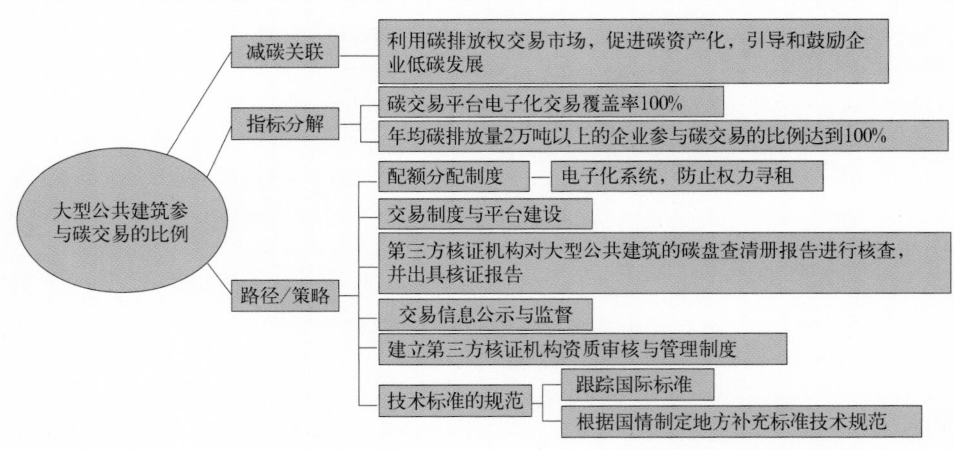

（图片来源：http://epaper.bjnews.com.cn/html/2010-01/20/content_57232.htm）

5.2.6 低碳城市运营

1.智慧城市/智能交通覆盖率

指标赋值	100%	
指标水平	国际领先	
指标层级	智慧城市	
减碳关联	■智能引导分流车辆； ■优化机动车交通，降低交通碳排放； ■引导停车； ■减少拥堵、减少交通碳排放	
指标分解	■互联网覆盖率100%； ■智能信号控制100%； ■智能停车诱导系统比例100%； ■智能交通信息显示板覆盖率100%； ■电子公交站牌覆盖率100%； ■公交班次定点准点率80%	
低碳路径	■建立智能行车引导系统； ■建立智能交通监控系统； ■建立出租车智能运营管理系统	

续表

低碳路径	■建立停车、公交等智能一卡通系统； ■建立智能交通管理，减少公共汽车空置率，提高公交线路使用效率； ■建立智能收费系统； ■建立紧急智能救援系统； ■建立过境车辆智能控制系统

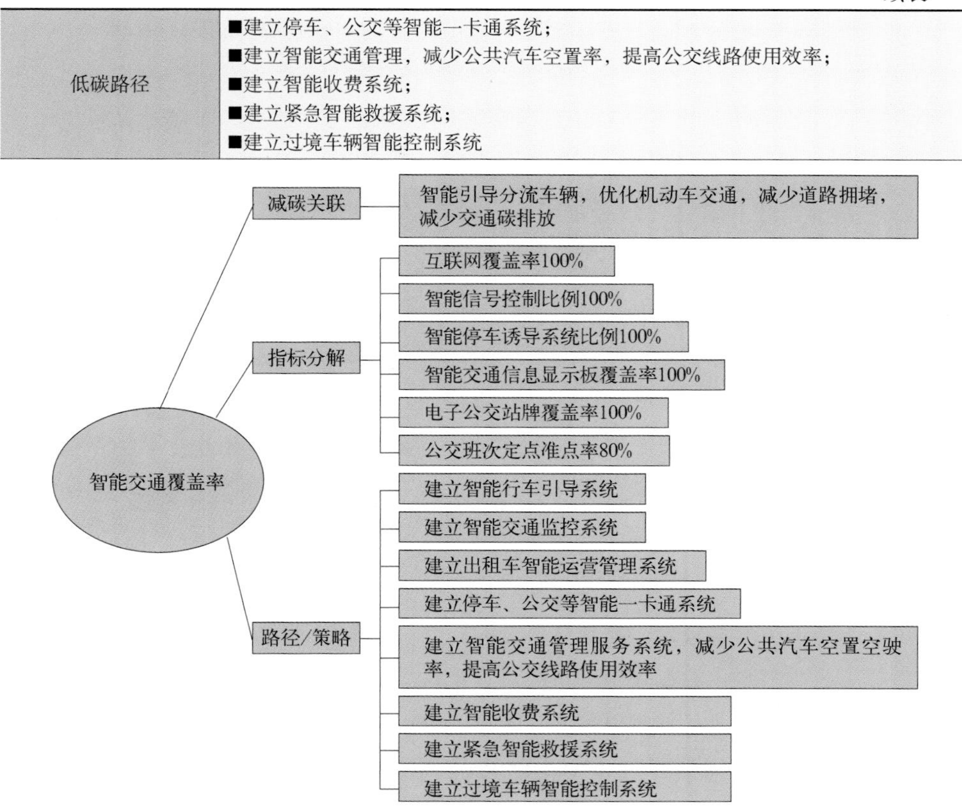

（图片来源：http://auto.hexun.com/2013-09-27/158377956.html）

2.智慧城市/智能电网覆盖率

指标赋值	100%	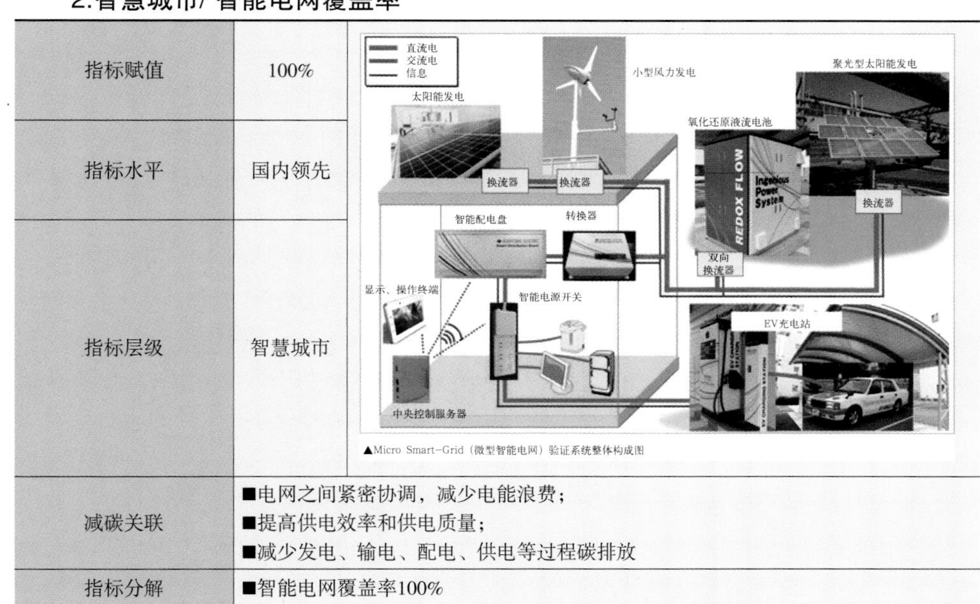 ▲Micro Smart-Grid（微型智能电网）验证系统整体构成图
指标水平	国内领先	
指标层级	智慧城市	
减碳关联	■电网之间紧密协调，减少电能浪费； ■提高供电效率和供电质量； ■减少发电、输电、配电、供电等过程碳排放	
指标分解	■智能电网覆盖率100%	

续表

低碳路径	■全面建成横向集成、纵向贯通的智能电网调度技术支持系统，实现电网在线智能分析、预警和决策，以及各类新型发输电技术设备的高效调控和交直流混合电网的精益化控制； ■形成完善的电动汽车充放电配套基础设施网，满足电动汽车行业的发展需要，适应用户需求，实现电动汽车与电网的高效互动； ■实现电网设施全寿命周期内的统筹管理； ■通过智能电网调度和需求侧管理，大幅提升电网资产利用小时数，提高电网资产利用效率； ■形成智能用电互动平台，完善需求和管理，为用户提供优质的电力服务； ■电网可综合利用分布式电源、智能电能表、分时电价政策以及电动汽车充放电机制，有效平衡电网负荷，降低负荷峰谷差，减少电网及电源建设成本； ■形成覆盖电网各个环节的通信网络体系，实现电网数据管理、信息运行维护综合监管、电网空间信息服务以及生产和调度应用集成等功能，全面实现电网管理的信息化和精益化

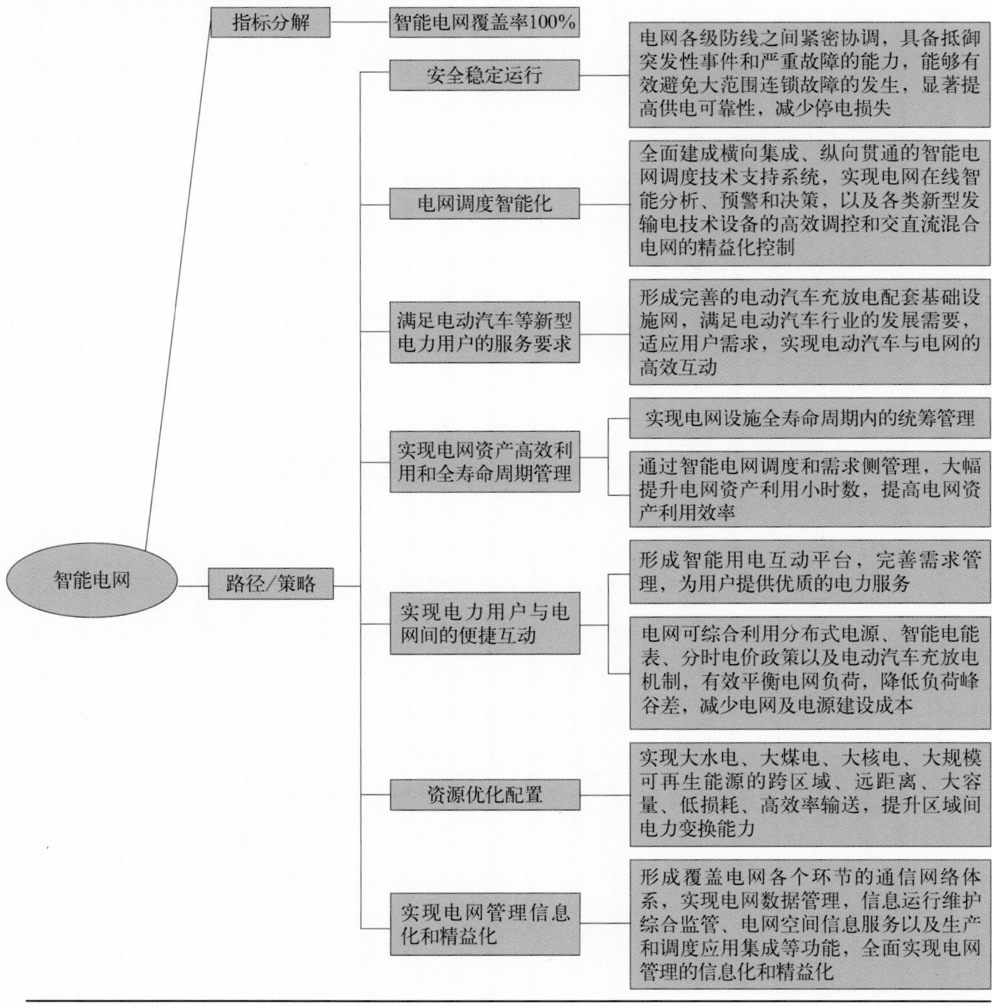

（图片来源：http://global-sei.cn/news/press/11/11_10.html）

3.智慧城市/低碳系统管理覆盖率100%

指标赋值	100%
指标水平	国际领先
指标层级	智慧城市
减碳关联	■引导低碳生活、办公、城市运营等； ■提高城市各层级低碳排放管理效率； ■减少城市碳排放总量
指标分解	■无线网络覆盖率应在95%以上； ■建设数字城管平台，实现城区常态管理与应急指挥； ■传感网络建设投资占社会固定资产总投资的1%以上； ■行政审批项目网上办理比例应在90%以上； ■城市道路传感终端安装率应在100%； ■市民电子健康档案建档率应达到100%； ■环境质量自动化监测比例应达100%； ■企业智慧化能源管理比例应达70%以上； ■重大突发事件信息化应急系统建设率应达100%； ■网络教学比例应在50%以上； ■社区信息服务系统覆盖率应在99%以上； ■电子商务交易额占商品销售总额的比重应在30%以上； ■企业信息化系统使用率应在95%以上
低碳路径	■建设能对城市的各类公共信息进行统一管理、交换的信息平台，满足城市各类业务和行业发展对公共信息交换和服务的需求； ■明确智慧城市的运营主体并建立运行监督体系； ■建设城市基础空间数据库、人口基础数据库、法人基础数据库、宏观经济数据库、建筑物基础数据库等公共基础数据库； ■通过制定和落实房产管理的有效政策，并利用信息技术手段进行房产管理，促进政府提升在住房规划、房产销售、中介服务、房产测绘等多个领域的综合管理服务能力； ■通过信息技术手段的应用，提升城市在建筑节能监督、评价、控制和管理等方面的工作水平； ■利用信息技术手段对从水源地监测到龙头水管理的整个供水过程实现实时监测管理，制定合理的信息公示制度，保障居民用水安全； ■实现城市地下管网数字化综合管理、监控，并利用三维可视化等技术提升管理水平； ■建立支撑政府决策的信息化手段和制度； ■通过信息技术手段的应用，在提升覆盖率的基础上，通过信息服务终端建设，提高目标人群享受社会救助、社会福利、基本养老服务和优抚安置等服务的便捷程度，提升服务的质量监督水平，提高服务的透明度，保障社会公平

续表

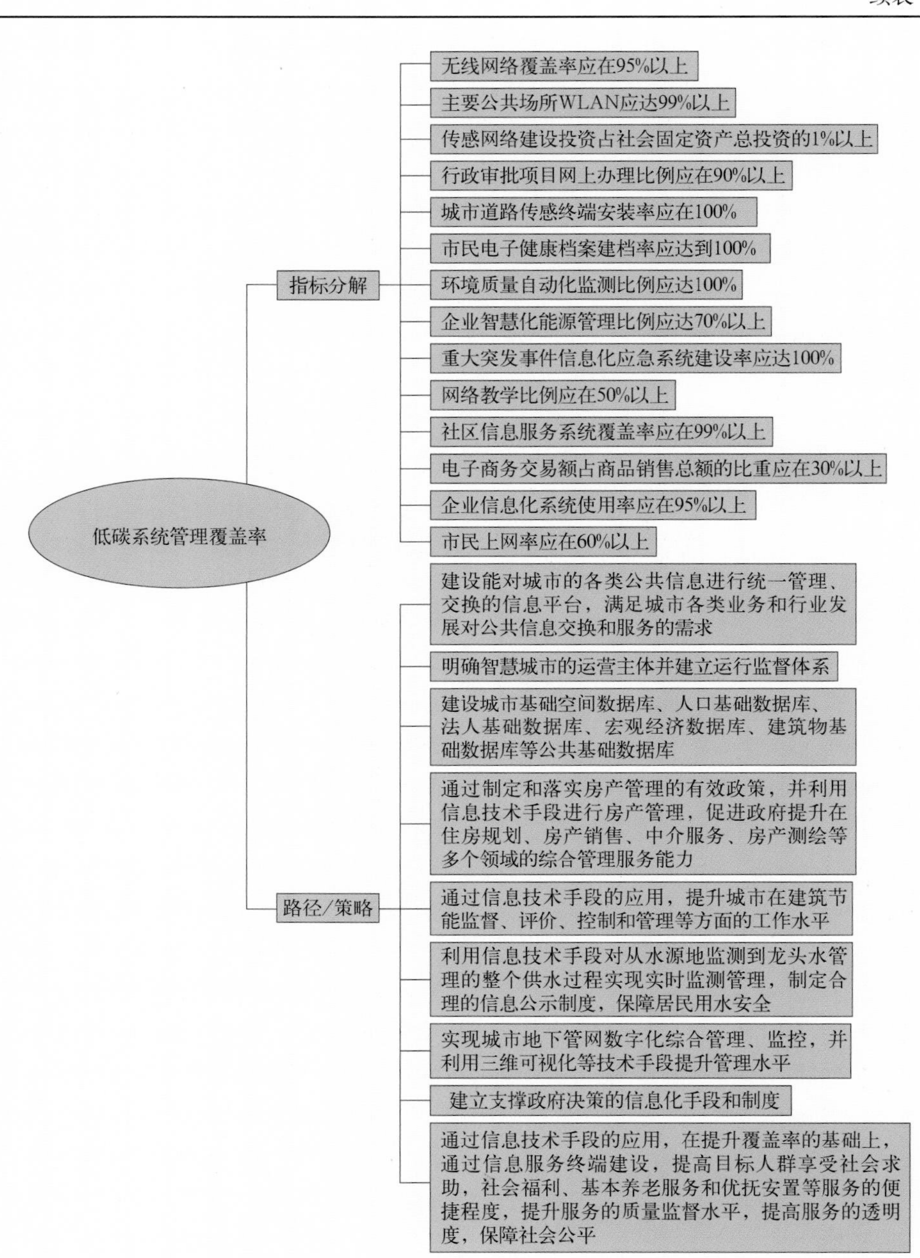

（图片来源：http://www.nipic.com/show/9185959.html）

4.低碳政策/ 低碳政策完善度

指标赋值	100%
指标水平	国内领先
指标层级	低碳政策
减碳关联	■通过完善的低碳政策指导于家堡低碳城市规划、设计、建设、运营和管理等各阶段的发展； ■为我国减碳目标提供有力引导； ■规范碳交易市场； ■增加全民减碳意识
指标分解	■低碳政策完善度100%； ■建筑合同能源管理比例大于20%
低碳路径	■低碳发展战略规划（交通、资源、城市运行、空间组织、环境）； ■建立碳排放监测、统计与监管体系； ■政策宣传使公众的低碳经济意识提升：①倡导低碳生活方式与消费方式；②政府完善各项节能环保法规；③提高居民绿色生活普及度和政策制定参与度；④创建特色鲜明的低碳品牌，推广低碳旅游，打造城区特有的低碳识别形象并制定城区低碳生活方式导则； ■建筑节能标准的执行； ■可再生能源利用的激励措施：①完善税收优惠政策；②健全对可再生资源的投资体系；③提高全社会开放利用可再生能源的意识

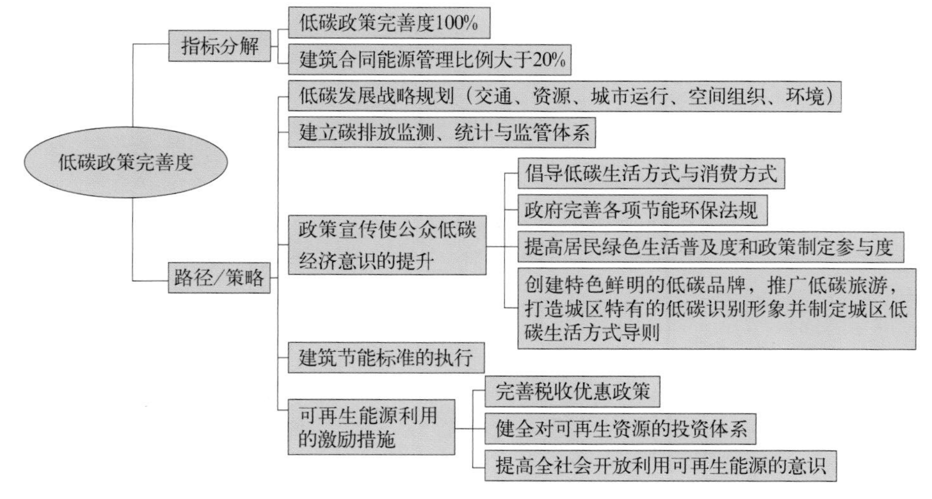

第六章

于家堡低碳城市实施策略建议

指标体系制定了于家堡的低碳量化目标，指标分解则将目标进一步细化，在此基础上探讨低碳城镇的实施，根据于家堡金融区城市规划发展的实际情况，探寻符合于家堡特色的低碳城市实施路径，研究低碳城市的实施策略，通过量化指标评价低碳城市的实施程度。

通过实施路径将于家堡低碳城市实施分解为能源、交通、建筑、公共服务、系统管理和示范展示6个方面，分别分析相应的低碳实施方法。

从于家堡金融区城市规划、管理、政策制定角度，分析研究低碳城市的实施策略，提出切实可行的行动建议。

针对指标体系实施情况的评估首次提出了“于家堡金融区低碳发展综合指数”，该“指数”依据本研究所建立的指标体系中涉及指标，利用科学合理计算方法，来量化评价低碳城市的实施程度。

路径是方法，策略是行动，“指数”是评价，本章将从这三个方面出发，为于家堡区域的建设、发展、运营规划的低碳实施提供建议。

6.1 于家堡低碳城市实施路径

6.1.1 低碳城市的发展路径

未来城市发展的主导趋势是实现城市的低碳发展，如何实现城市低碳发展是当今急需研究的重大课题之一。城市的低碳发展涉及经济、社会、人口、资源、环境等各个领域，是一项复杂的系统工程。能源是城市发展的动力，是城市系统的输入端，从源头上改变输入能源的基底，加快碳基能源向氢基能源的转变，是实现城市低碳发展的根本；经济结构影响能源消耗，优化产业结构是实现城市经济低碳发展的重要措施，同时通过发展低碳技术，提高能源的利用效率也是实现经济低碳发展的关键所在；公众的出行方式、消费方式和居住方式对社会的低碳化有重要影响，鼓励使用公共交通，提倡消费低碳产品，引导居住公共住宅，推动树立能源节约理念，是实现低碳社会的重要举措；低碳技术是实现城市能源、经济、社会低碳的支撑和保障。

国内外低碳城镇的发展路径一般包括以下几方面内容：

（1）能源发展的低碳化：基底低碳

从基底上改变能源供给，加速从“碳基能源”向“低碳能源”和“氢基能源”转变，将彻底实现城市的低碳和零碳发展。充分利用风能、太阳能等清洁、可再生能源发电，逐步提高新能源在能源结构中的比例。

（2）经济发展的低碳化：结构低碳

经济结构决定能源的消费结构，在一定程度上也决定着温室气体的排放强度。产业结构影响能源消耗总量和经济能耗强度，第二产业是节能减排的重点行业。为了降低经济的能耗强度和碳排放强度，需要加快产业结构的优化升级，从结构上实现经济的低碳、高效发展。

（3）社会发展的低碳化：方式低碳

随着经济的不断发展，对物质和舒适生活的需求也与日俱增。为实现城市的低碳发展，人们要改变以往高消费、高浪费的生活方式。通过调整交通方式，大力发展公共交通和轨道交通，大容量公共交通的发展可以有效削减未来城市道路交通的能源需求和温室气体排放。同时，城市建设应推行紧凑的城区格局，让居民徒步或依靠自行车就能方便出行。通过调整消费方式，民众应优先选择低碳产品。每个家庭尽量使用节能电器和节能灯，尽量不使用一次性用品，尽量不用塑料袋。通过调整居住方式，提倡居住低碳建筑和公共住宅。对于办公楼、宾馆、商场等大型商业建筑，公开其能源消耗情况，进行能源审计，提高大型建筑能效。

（4）技术发展的低碳化：支撑低碳

低碳技术是指有效控制温室气体排放的新技术，包括在节能、煤的清洁高效利用、可再生能源及新能源、二氧化碳捕获与埋存等领域，它涉及电力、交通、建筑、汽车等部门。

6.1.2 国内外低碳城镇建设案例研究

国外相关低碳城镇建设案例 表6.1

项目名称	相关规划或行动计划	实践策略与概况
伦敦	伦敦能源策略 市长气候变化行动计划	能源更新与低碳技术应用，发展热电冷联供系统，用小型可再生能源装置代替部分由国家电网供应的电力，改善现有和新建建筑的能源效益，引进碳价格制度，向进入市中心的车辆征收费用，提高全民的低碳意识
纽约	纽约规划2030气候变化 专项规划	针对政府、工商业、家庭、新建建筑及电器用品五大领域制定节能政策，增加清洁能源的供应，构建更严格的标准推进建筑节能，推行BRT（快速公交系统），试行交通巅峰时段进入曼哈顿区车辆收费计划
哥本哈根	哥本哈根气候计划	大力推行的风能和生物质能发电，建立世界第二大近海风能发电工程，推行高税的能源使用政策，制定标准推广节能建筑，推广电动车和氢能汽车，鼓励居民自行车出行，目前36%的居民骑车前往工作地点，倡导垃圾回收利用，仅有3%的废物进入废物填埋场

续表

项目名称	相关规划或行动计划	实践策略与概况
东京	东京二氧化碳减排计划 气候变化策略	着重调整一次能源结构，以商业碳减排和家庭碳减排为重点，提高新建建筑节能标准，引入能效标签制度提高家电产品的节能效率，推广低能耗汽车使用，高效进行水资源管理，防止水资源流失
波特兰	气候行动计划	从建筑与能源、土地利用和可移动性、消费与固体废物、城市森林、食品与农业、社区管理等方面设定不同的目标和行动计划，将节能减排作为一项法律推行，在市区建设供步行和自行车行驶的绿道，优化交通信号系统以降低汽车能耗，运用LED交通信号灯
多伦多	气候变化：清洁空气和可持续能源行动计划	设立专项基金建设太阳能发电站等基础设施项目，用深层湖水降低建筑室内温度取代传统空调制冷，LED照明系统取代传统灯泡和霓虹光管，着力发展垃圾填埋气发电
弗莱堡	气候保护理念	发展策略集中在能源和交通上，推行城市建筑太阳能发电且并入电网，进行城市有轨电车和自行车专用道建设，其弗班区和里瑟菲尔德新区被视为低碳城市建设的样本，通过示范区的形式推进低碳城市建设
阿姆斯特丹	阿姆斯特丹气候变化行动计划	政府出资进行城市基础设施的低碳化改造，在Zuidas区抽取深层湖水减低建筑室内空气温度取代传统空调制冷，鼓励使用环保交通工具，目前37%的市民骑车出行
奥斯汀	奥斯汀气候保护计划	以商业和居住为重点推进可持续能源计划促进能源更新，规划到2020年全市30%的能源供给来自可再生能源，引入并绿色建筑行业标准LEED以推行绿色建筑计划
芝加哥	气候行动计划	推行风力发电改善能源结构，推广氢能汽车，建立氢气燃料站，在全市范围内进行生态屋顶建设，利用城市屋顶储存雨水和存储太阳能，用LED交通信号灯取代传统交通信号灯
斯德哥尔摩	斯德哥尔摩气候计划 斯德哥尔摩气候关于气候和能源行动计划	大力推行城市机动车使用生物质能，城市车辆全部使用清洁能源，向进入市中心交通拥堵区的车辆征收费用，制定绿色建筑标准促进建筑节能，建设自行车专用道鼓励自行车出行，其哈默比湖城已成为低碳生态城市建设的样本
西雅图	西雅图气候行动计划	推广电动汽车使用，推广BRT（快速公交系统），建立更完善的公共交通系统，建设自行车专用道，建立紧凑的社区为步行提供可能性，规定所有新建的建筑面积大于5000平方英尺的建筑必须符合绿色建筑标准LEED并设定相应奖励制度

国内相关低碳城镇建设案例 **表6.2**

项目名称	发展理念与模式	实践策略与概况
上海	强调综合型低碳城市建设，规划建设崇明岛东滩生态城和临港新城	重点发展新能源、氢能电网、环保建筑、燃料电池公交，崇明岛东滩生态城和临港新城为其低碳城市建设的亮点，但目前崇明东滩生态城建设项目已被搁置
保定	以产业为主导进行低碳城市建设	以“中国电谷”和“太阳能之城”计划为依托，规划形成风电、光电、节电、储电、输变电和电力自动化六大产业体系，并从城市生态环境建设、低碳社区建设、低碳化城市交通体系建设等方面入手进行低碳城市构建
天津	以中新天津生态城为契机进行新区低碳生态城市建设	构建循环低碳的新型产业体系、安全健康的生态环境体系、优美自然的城市景观体系、方便快捷的绿色交通体系、循环高效的资源能源利用体系以及宜居友好的生态社区模式，有望成为国内低碳生态城市建设的样本

续表

项目名称	发展理念与模式	实践策略与概况
唐山	在曹妃甸生态城新区进行低碳生态城市建设	利用中国和西方专家的合作优势，将不同的思路和知识结合起来转化为新的整合的城市形态和系统解决方案：由指标体系引导的全面整合规划，重点探索循环经济、节能、节水、节地的高效紧凑发展
深圳	强调综合型低碳城市建设，以光明新区为试点	始于光明新区低碳建设，从优化城市空间结构、完善绿色市政规划、引导产业低碳化发展、建立绿色交通系统、发展绿色建筑等方面入手，以绿色建筑为重点，与住房和城乡建设部共建“低碳生态示范市”
无锡	强调综合型低碳城市建设	规划建立较完整的六个低碳体系，即：低碳法规体系、低碳产业体系、低碳城市建设体系、低碳交通与物流体系、低碳生活与文化体系、碳汇吸收与利用体系

在低碳城镇建设实施上，国外低碳城市实践要点主要集中在能源、建筑、交通三大领域，且注重综合型低碳城市建设并大都根据其自身资源禀赋及其社会发展和城市化阶段制定了较为有效的低碳发展模式和策略。在能源更新方面，哥本哈根和芝加哥均利用其丰富的风力资源发展风力发电；伦敦和弗莱堡等城市推行建筑太阳能发电并入电网。在交通减排方面，纽约、哥本哈根、东京、弗莱堡、阿姆斯特丹、芝加哥、斯德哥尔摩、西雅图等城市均着力推广使用清洁能源的汽车及BRT 等环保交通方式；波特兰、弗莱堡、斯德哥尔摩等城市均开展了自行车专用道建设；伦敦、纽约和斯德哥尔摩实行对进入市中心交通拥堵区的车辆征收费用的制度；波特兰和芝加哥用LED 交通信号灯取代传统交通信号灯。在建筑减排方面，纽约、东京、哥本哈根、奥斯汀、斯德哥尔摩、西雅图等城市均通过制定或引入相关绿色建筑标准推进建筑节能；多伦多和阿姆斯特丹结合其湖泊资源抽取深层湖水减低建筑室内空气温度取代传统空调制冷。

国内的低碳城市建设尚处于初步探索阶段，迄今为止仍难总结出较为细化的不同案例城市实践要点，虽然国内城市也强调综合型低碳城市建设，但现阶段仍停留在宏观的低碳发展策略上，相当数量的案例城市在发展模式上属于新区示范型和产业主导型。

通过对国内外低碳城市发展的研究，能够为于家堡低碳实施路径的选择提供很好的借鉴。

6.1.3 于家堡低碳实施路径

于家堡低碳实施路径的选择要建立在于家堡指标体系的基础上，从低碳环境保护、低碳资源利用、低碳空间组织、低碳交通出行、低碳经济发展、低碳城市运行几个层面出发，结合国内外低碳城市的实施经验，同时要依据于家堡金融区低碳、高密度、金融中心的特点和“低碳于家堡，智慧金融区”的低碳城市定位，因地制宜地选择低碳发展道路。最后，实施路径的选取还要考虑能够“量化”评判，便于通过“于家堡金融区低碳发展指数”来评价低碳示范城镇的建设实施程度。

依据实施路径的选择原则，于家堡低碳实施路径包含低碳能源、低碳交通、低碳建筑、公共服务事业、低碳系统管理和低碳技术展示六个方面（图6.1）。

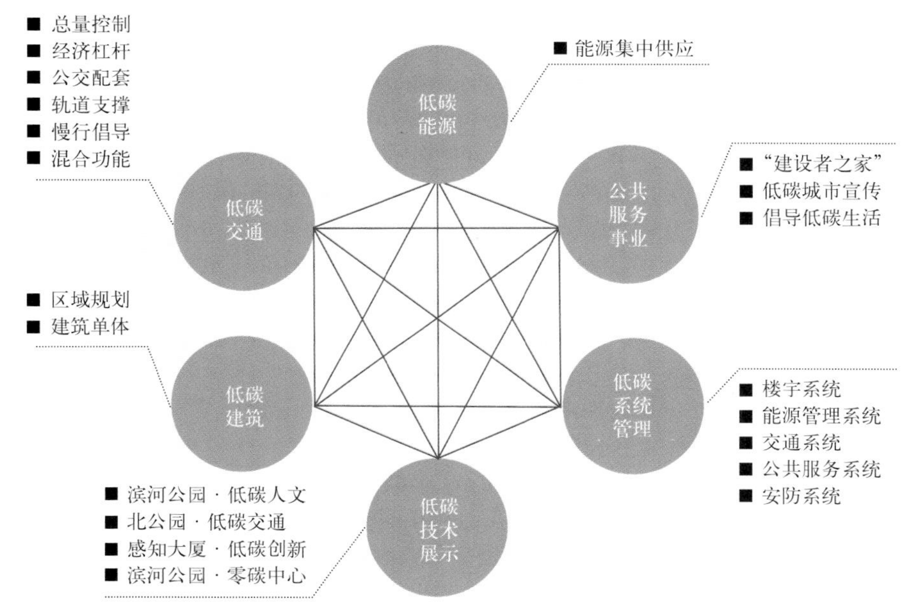

图6.1 于家堡金融区低碳实施路径

6.1.3.1 低碳能源

于家堡作为CBD，属于高密度集中区域，在高密度地区进行大规模集中型的开发中，相比在各个建筑物中单独进行空调和热水的能源供应，采用在开发地区的能源中心集中供应给各个建筑物的方法，能够发挥规模和尺度上的优势，积极促进低碳化进程，是能源低碳化最有效的措施。

通过对于家堡区域能源条件、能源使用权代价、能源价格、能源利用等级的研究和动态负荷与全年供冷供热量模拟分析，在能源合理性评价基础上，规划建设若干座集中区域能源站，对于能源系统必须独立的建筑业态，采用自建能源站，最终实现对于家堡绝大部分区域的覆盖。起步区2座大型冰蓄冷中心已开工建设，该工程由世界节能环保行业的领跑者苏伊士环能集团负责建设，预计建成后将为228万平方米的楼宇提供供冷服务。远期到2020年共建设8座集中区域能源站，服务面积约690.7万平方米，占规划建筑面积的72.9%。此外，在有埋管条件的区域，尽可能地采用埋管地源热泵系统，实现供冷、供热过程的区域内最低碳排放及热岛效应与最大程度节水。目前已确定起步期建筑采用电厂余热以及冰蓄冷技术，后期建筑将根据建设时序和建筑功能，分别采用天然气等清洁能源和电厂余热等废弃资源和其他可再生能源，为建筑物提供低碳的冷热源。

在区域能源集中供应的模式下，考虑到于家堡地区电力供应情况等因素，采用热电联供的区域供冷供热设施规划。利用冰蓄冷技术，在夜晚进行制冰，在白天利用冰进行制冷，既可以节约成本，又充分利用电网能源，达到节能减排的目的。

由于于家堡属于高密度集约型区域，可再生能源的利用对整体降低二氧化碳排放量的效果不是很高，但可作为示范性项目用于低碳技术展示。因此，在建设过程中，可以尝试阶段性地配置太阳能光伏发电或者采用光伏建筑一体化开发利用太阳能，以可再生能源的低碳示范为目标，在实现可再生能源利用的同时，提高环境宣传力度。

6.1.3.2 低碳交通

根据研究数据，城区交通对城市温室气体排放量的增加起了主要作用，来自交通工具的碳排放平均约占城市总排放量的33%。同时，于家堡金融区作为目前全球最大规模的金融商务区，计划日间工作人口约30万，夜间居住人口7万，城市密度和人口密度都非常高，潮汐式交通现象明显，面临巨大的交通压力。因此，交通的低碳化是实现低碳城市的重要途径。

实现交通的低碳化可通过以下具体措施：

1.总量控制

对交通出行总量进行控制，减少进入于家堡金融区的机动车，特别是家用型私家车，通过制定有关政策措施，如通过控制小汽车停车位的供应数量等有效手段对私人小汽车的总量进行控制，缓解交通拥挤，降低总体碳排放水平。

2.经济杠杆

尝试提高停车费及差别化停车收费，重点区域交通拥堵收费制度（如新加坡、伦敦、斯德哥尔摩等），补贴城市公共交通运营费用。

3.公交配套

结合实际建设情况、现状问题以及上位规划调整等原因，加强对公共交通线路规划的深化和提升；加强公交枢纽、场站建设，保证公共交通系统站点距离小于等于400米，为人群出行提供更便捷的公共交通环境，推动低碳交通的发展；采用公交优先战略，优先安排公共交通设施的建设用地、公共交通资金，重点支持轨道交通、常规公交系统和综合交通枢纽的建设，优先给予公共交通城市道路资源分配和路口放行，优先给予公交企业财税扶持，尝试通过合理收取停车费与城市拥堵费补贴城市公共交通运营费用；加强对车辆节能标准的管理，在区域范围内保证汽车排放达到国家节能标准，区域公共交通车辆优先选用节能型车辆或者新能源车辆。到2015年，使公共交通成为区内的主要出行方式，同时实现绝大多数公共交通车辆采用新能源动力。

4.轨道支撑

重点发展以轨道交通为主体的公共交通系统，通过地铁线路B2、B3、Z1、Z4的建设，加快于家堡城市交通发展进程，再配套建设快速公共交通系统，结合交通线路的智能优化，增加车辆投入，加大政府扶持力度，完善轨道交通与常规公交、慢行交通系统的衔接。现阶段于家堡金融区综合交通枢纽站已完成土建工程，途经此地的3条贯穿滨海新区的轨道交通也已全面开工。同时，京津城际高铁站也完成了60%以上的土建工程，将于2015年实现通车。届时，中心商务区内将形成5条跨海河桥梁、一条跨海河隧道、3条快速轨道交通和一座高铁站将搭建起新区内的立体交通枢纽框架。

5.慢行倡导

依托轨道交通站点，串联半岛重点区域，构“日”字形地下公共人行系统网络；建设一定数量的自行车存放设施，或采用自行车租赁的方式；提供全天候步行设施，与公交站点，轨道交通车站等无缝衔接；鼓励采用慢行交通出行方式，到2015年，实现步行和自行车出行方式比例的平稳增长。

6.混合功能

与周边地区协同发展，加强区域土地多功能混合使用，完善居住、就业、教育、医疗、商业等混合功能的配套，确保城市功能完整性，提升职住平衡度，有助于减少不必要的交通出行并缩短工作和生活出行时间。

6.1.3.3 低碳建筑

低碳建筑是指建筑材料生产商在生产建材、设备时，业主在使用建筑时，建筑施工单位在修建、拆除建筑时，尽量提高能效，降低能耗，减少二氧化碳排放量。由此可见，低碳建筑强调的是组成建筑各元素的能耗、二氧化碳排放量。只有将建筑物每个组成元素的能耗和二氧化碳排放量计算分析后，才能判断其是否为低碳建筑。

低碳建筑与绿色建筑的概念基本一致，但绿色建筑是从能源消耗角度来强调建筑的“节约”，而低碳建筑除了包涵建筑的“节约”外，还强调了“减排”、“低排放”。低碳建筑，不仅考虑城市的建筑，同时还考虑到建筑的能耗问题。简单来说，就是建筑在设计、建造、使用、废弃等一个完整的生命周期中，都应是低碳的。

针对于家堡金融区高密度高强度的开发模式，低碳建筑的实施要从区域规划和单体建筑两个层面来考虑。

1.区域规划层面

在于家堡金融新区的开发建设过程中，坚持规划先行原则，大力推广绿色节能建筑，严格执行新建建筑节能强制性标准和合理用能评估制度，运用绿色节能的设计方法和施工技术，促进对新建建筑的绿色节能建设，实现绿色建筑比例达到100%，且二星以上的比例达到70%的目标。

以中国国家绿色建筑标准为准则，开展区域绿色建筑专项研究，确定了绿色建筑规划标准，编制低碳交通规划、区域能源站规划、绿色建筑规划、地下空间与慢行系统规划、景观规划、管网及共同沟规划，为低碳建筑打造一个高起点的实施平台。

2.单体建筑层面

在建筑设计上引入低碳理念，广泛采用低碳建筑技术，如充分利用太阳能、选用隔热保温的建筑材料、合理设计通风和采光系统，在运行过程中，倡导低碳装饰，推广使用节能灯和节能电器，鼓励使用高效节能的空调系统，从各个环节做到“节能减排”，有效降低每个建筑的碳排放量。

于家堡金融区内规划建设有大量超高层建筑，超高层建筑具备集约化、垂直发展、形象突出、可以作为地标建筑等优点的同时，还存在着高能耗、室内环境质量差、对城市环境存在影响、建设维护成本高等劣势，因此，超高层建筑应注重通过实施控制和调节室内空气品质、热舒适、采光通风等环境要素，对能源、水资源、建筑材料的选用、使用、维护、排放等全过程优化设计和控制，通过设置便捷的功能系统，实施智能调控，确保运营安全。另外，于家堡超高层建筑主要采用框架核心筒结构体系，建筑结构材料主要采用高强度钢，大大降低材料用量，增加建筑使用面积，有效降低碳排放量。同时，超高层建筑一般具有建筑面积大、功能复杂等特点，其本身拥有丰富的废水资源，可采用中水回用技术有效降达到节水的目的。

同时，绿色建筑总增量成本控制在每平方米建筑面积约300~500元内，建筑设计总能耗低于国家批准或备案的节能标准规定值的70%~80%。

在于家堡金融区的建设中，全面实施低碳施工，在保证质量、安全等基本要求的前提下，贯彻执行国家的法律、法规及相关的标准规范，倡导低碳施工管理。建立与于家堡金融区“低碳示范城镇”建设相配套的低碳施工监管体系，形成对施工阶段能源消耗、温室气体排放的约束机制。制定并实施减排量交易等激励政策，使低碳施工规范化、标准化；加强对施工现场的碳排放量核证，对项目分阶段开展碳盘查工作，在施工单位间进行虚拟碳中和、碳交易；同时发展适合低碳施工的节能和清洁发展技术，淘汰落后施工方案，推动低碳施工技术创新；加强对区内建设、施工、监理人员的低碳知识培训，设立专职的低碳监管工程师，全面负责低碳施工的监管工作；建立低碳施工管理体系，进一步完善低碳施工方案。

6.1.3.4 公共服务事业

合理建设布局配套公共服务设施（配套公建）如学校、医院、商店、住宅等设施。配套公建的项目与规模，必须与居住人口规模相对应，并应与住宅同步规划、同步建设、同期交付。

结合于家堡金融区的建设周期，为参建施工人员集中建设了“建设者之家”，建设者之家实施物业管理，为参建人员提供了舒适的生活环境，以及专业化的服务与管理，同时可长期使用，降低了能源和物资消耗，并且一次性建设也避免了由重复建设而造成的碳排放、能源消耗和资源浪费。如“建设者之家”内采取100%的照明节能灯配置，生活区10点以后关灯等节能措施。

组织低碳城市宣传策划制作低碳城市形象片、低碳规划宣传片、推广片，提升城市影响力；鼓励社会举办各种低碳理念的宣传活动，如举办低碳经济会展，建设低碳宣传教育基地；充分利用智慧城市的功能特点，通过网络、电子商务等手段进一步加强低碳文化的宣传。到2015年，在建筑内部和公交站台等处设立节能宣传媒介，提高公众的低碳节能意识，引导低碳消费，通过人们日常行为的转变，降低二氧化碳排放量。

建立多方合作机制，促进政府、企业、行业协会、咨询公司、投资公司、科研机构及媒体等多方面力量的参与和合作，定期组织策划碳足迹沙龙，成立低碳协会组织，共同倡导和践行低碳生活方式。组织公众参与活动，进行气候变化和低碳经济的宣传教育，如开展系列主题论坛、讲座、科普宣传周、“低碳的一天”等系列宣传动员活动，鼓励企业参与，如开展创建低碳（绿色）机关、社区、学校、医院、企业、家庭等活动，并表彰和奖励那些在低碳方面作出较好表率的个人和组织，逐步形成公众共同关注、参与和支持低碳经济发展的浓厚氛围。

6.1.3.5 低碳系统管理

于家堡金融区从智慧城市运营层面以“低碳”、“绿色”为主轴，从楼宇、交通、能源、公共服务、安防等方面为于家堡提供低碳的管理系统，进而构成经济与社会的发展平台，建设智慧低碳社区。

1.楼宇系统

楼宇系统包括设备物理状态监测系统、人员感知服务系统和物品电子标签监测系统。根据最终用户需求、物业管理需求和社会管理需求等实际情况，选择配置相关的子系统，建立服务子系统间或与其他系统间的相互关联。服务子系统间的关联组合可向最终用户提供不同的感知服务。

楼宇系统以GIS和3D技术为基础，所有的设备物理状态、人员状态、物品信息、报警信息均应直观、动态地显示在地图上，操作上应以鼠标为主。与低碳能源管理系统智慧协同，对重要设备、贵重金融资产、票据的使用与保管环境进行有效的监管与报警。

2.能源管理系统

在能源管理上综合应用运用物联网技术，提供全面且操作简单的智慧系统，具有系统预警及专家建议功能，为碳排放交易平台提供数据基础与支撑，保障节能目标的实现与可持续性。为了区域总体的低碳目标达成，天津新金融投资股份有限公司已与苏伊士环能集团签订能源中心项目合作协定，对起步区的能源站建设统一管理，以实现对低碳化运行的有效支持。对能源消费实际情况（二氧化碳排放的实际状况）的监控实行可视化，并将低碳化的任务和应对方法向所有用户共享，以加快目标的完成。到2015年起步区能源管理系统基本建立，实现对起步区能源供应和消耗的初步管理。并随着整个区域的建设进度，逐步扩大区域能源管理范围，完善区域能源管理系统。

3.交通系统

建立区域内道路交通信息采集系统，并与市交通信息平台连接，完善区域内道路出行信息服务和交通监控系统；建立区域内停车管理和诱导系统，运用物联网技术检测金融区地下停车场每一个车位的实时状态；发展区域内的智能化地面公交系统，在技术上保证公交车的正常快速地运行，采用多媒体查询终端为社会公众提供公共交通信息服务，发布道路交通状态和交通事件等信息，为出行者选择合理路径提供参考；公交站点应为出行者发布换乘车辆需等待时间或换乘车辆的当前位置等信息，减少出行者的等待时间。到2015年，实现智能交通系统在起步区的基本覆盖。

4.公共服务系统

公共服务系统包括可用于金融区公共区域、公共区域关联基础设施和服务公众用户的系统，包括变电站智能辅助系统、配网设施智能监测管理系统、排水管网监测系统、公共事业服务监测计量系统和公共照明管理系统。

5.安防系统

于家堡金融区安全防范系统的防护对象为楼宇内部和公共区域，楼宇内部安全防范系统指建筑物内部的安全防范系统，公共区域安全防范系统是指单体建筑物室外的安全防范，这部分安全防范是安全防范的薄弱区域，也是整个于家堡金融区安全防范的重点。公共区域应包括公共停车场、变电站、能源中心、共同沟、地面道路、公交站台和广场等。

安全防范系统提供标准和开放的集成接口，为未来于家堡金融区城市综合管控平台提供安全防范的数据，同时公共区域安全防范要与相关单体建筑物的安全防范系统进行联动，实现内外协同的整体安全防范体系。

6.1.3.6 低碳技术展示

通过设施设备展示，宣传低碳理念，普及低碳知识，示范低碳技术，展示低碳成果。通过高新科学技术展示，加强区内的局部“零碳排放”示范建设，形成低碳示范效应，带动更多企业、园区创新低碳技术，推动高碳向低碳转型。通过建设具有低碳经济特征的新兴产业群、高新技术产业群和现代服务业产业群，形成绿色产业链，建设低碳产业聚集区，逐步整合和集聚国内外的低碳企业、资金、技术和人才，提升于家堡金融区的品牌价值和竞争力，推动于家堡金融区低碳产业的聚集效应，将于家堡金融区打造成为低碳产业基地。

通过设计参观路线的方式，以参观者的视觉，将于家堡起步区建设过程中引入的低碳理念、应用的低碳技术和设备等充分展示给公众。并按照参观对象的不同分别设置不同的参观路线，根据不同站点的特点，分别设置不同的参观主题。主要的展示项目为滨河公园、北公园、感知大厦、都市农业、零碳中心等。

滨河公园以低碳示范为原则，在各个功能区分别在种植策略、固碳释氧植物选择、灌溉方式、雨水收集、地面铺装、城市家具和低碳人文宣传等方面融入低碳设计策略，形成低碳人文的示范效应。

北公园以低碳交通作为主要展示主题，展示内容包括区域内循环巴士、EV充电桩设置、自行车租赁、公交系统和慢行系统的无缝结合和光伏公交站等。

感知大厦作为于家堡低碳创新研究成果的示范地块，主要展示感知中心、绿色建筑技术示范和中水利用等。感知中心通过建立物联网信息交互平台，对单栋建筑和区域能耗进行监测，实现能耗可视化、能效关键路径和能源受控，并可将数据传输到零碳中心进行信息同步显示，同时利用此平台对区内的交通信息进行采集，提供交通管理策略。楼宇绿建技术展示包括高效节能照明光源、高效灯具和附件，大空间智能照明控制系统，断热铝合金中空Low–E玻璃外檐门窗，全空气空调系统采用变风量低温送风系统，种植屋面，市政中水供给冲厕及浇洒使用等。中水利用技术指超高层中水利用系统，在高层利用灰水过滤补充厕所水箱，降低水泵升压耗能。

鉴于于家堡金融区屋顶有都考虑绿化，考虑发展都市农业技术，在部分屋顶结合日照情况种植蔬菜/花卉，以提高于家堡绿色、固碳能力和低碳示范影响力，同时实现食物生产透明、安全和可追溯性、减少食物里程，可作为都市人新的休闲娱乐方式之一。

在滨河公园投资建设500平方米左右的零碳中心，充分展示于家堡区域内的低碳成果，通过相关设施让参观者体现低碳技术、低碳生活，如建立交通示范模型，与参与者形成互动，建立能源管理模型，实时体现区域的低碳效果。此外，还将配合滨河公园的基础服务设施，成为公园内的功能性服务设施，为进入公园参观的公众提供公共性服务，如小型餐厅、咖啡馆等。

6.2 于家堡低碳城市实施策略

6.2.1 指标体系在低碳城市规划控制中的应用

6.2.1.1 落实的层次

由于低碳城市系统庞大复杂，指标体系不完全局限于城市规划方面，因此于家堡生态指标体系需分管理类和规划类指标，对于非规划可控制的管理类指标单列，需要由规划、国土、环保、交通等部门共同落实。则规划类指标则对应城市规划的不同空间层面分为系统层面、街区层面和地块层面来分层落实。

6.2.1.2 落实的时间

城市的建设不是一蹴而就，为真实合理反映出低碳城市建设的步伐，根据城市建设的实际情况，于家堡目前将分四期规划发展。

起步期在半岛的西岸。起步期的1A部分包括了商业，金融服务大厦以及会议中心。而整个起步期将包括交通枢纽以及其他的办公和服务性住宅塔楼。

第二期将发展半岛北边的联系着塘沽区与于家堡新中央商业区。第二期的地块功能包括有管理办公、住宅和一般办公。

第三期包含了在半岛东岸的混合功能建筑，将延续启动区的地块模式。

第四期将发展半岛的南部，其中服务性住宅和办公功能混合将会是这一区域的主要功能，同时，第四期将结合具有独特文化性的河滨公园和中央大道的终点来发展。

6.2.1.3 落实的主体

低碳城市的建设不是仅靠政府的单方面推动，还需城市的管理者、建设者和使用者全面的理解和落实低碳理念来实现。于家堡生态指标体系按实施和操作主体，分为政府、企业和公众三类，将主要实施和操作主体分别加以明确。

1.政府层面

在提出规划设计条件的同时，政府在此过程中更重要的责任是在规划先行的前提下完善相关指标体系的法制化建设。建议在整个指标体系的实施过程中，将绿色专项规划设计导则、绿色建筑星级标准、绿色建筑施工手册、竣工验收导则、建筑全生命周期的能耗与材耗等规划相关的指标与要求纳入进来，以此为基础发展相对应的法律法规，将各项相关指标落实到法律层次，赋予其法律效应。而低碳城市指标表的相关内容可作为辅助数据，配合法律法规实现数据化、科学化。[1]根据具体情况和实际使用需求，可编辑适合政府层面的使用手册，突出政府层面管控和宣传的各项指标，主要涵盖在宏观层面体现低碳城市优势的指标，并对与规划相关的每个指标进行解读，说明其意义及实施策略。

2.企业层面

政府层面建立了相对完善的法律法规体系的同时，需要各地块开发商与企业在项目开发建设与运营管理阶段，严格遵守并完成低碳指标的相关要求。在项目实际运营过程中可配合能源管理体系，进一步落实低碳城市的减排目标。在完成过程中除了政府对各项目的监督指导以外，企业自身也需要对项目实施过程的指标完成度进行监测评价。此外，企业层面的使用手册也将起到良好的辅助作用，主要需提出在项目开发建设时，要求项目开发商必须严格遵守并落实相关的低碳指标，注重可操作性。

3.公众层面

编制低碳城市指标的公众使用手册，宣传低碳城市的优势指标，倡导低碳减排、低碳出行、能源与资源节约等方面低碳城市生活方式，同时对公众提出在低碳城

---

1 仇保兴.我国城市发展模式转型趋势——低碳生态城市[J]. 现代城市. 2010(01)

市日常生活所要承担的义务，例如在通勤距离相对较短的两个目的地之间，尽量选择大众捷运等公共交通方式，或者使用慢行系统。可定期由政府组织低碳知识普及与宣传活动，全面推广、营造于家堡低碳城市区域工作与生活模式的低碳化文化。

6.2.1.4 低碳指标体系的规划管理实施

指标体系的顺利实施应以城市规划的相关内容为平台，将其理念、方法、技术、内容融入现行城市规划的编制、管理和实施体系，特别是法定规划、标准规范、管理程序、行政许可等城市规划核心环节。现有的规划许可文件除包括用地面积、建筑面积、建筑覆盖率等常规内容外，还应从空间布局、低碳生态建设、低碳交通、节能减排等方面适当增加低碳控制与引导内容，例如在用地规划许可证中增加屋顶绿化率、地下空间面积、绿化覆盖率等控制指标，以及有关用地混合、紧凑开发、交通系统换乘距离、慢行线路出入口方位引导等定性说明内容。

对指标体系的各类指标分别在控制性详细规划层面、修建性详细规划层面及能耗控制管理方面进行了落实与控制[1]。

控规、修详规与管理层面对各类低碳指标的落实控制 表6.3

目标层	准则层	指标层	序号	初步赋值	控规	修详	管理
低碳环境保护	低碳环境	碳排放总量	1	2030年较2010年基准减排30%			
		碳强度	2	≤150吨/百万美元	GDP		
		人均碳排放	3	≤4.4吨/人			
	人工环境	屋顶绿化比例	4	≥30%			
		建成区绿化覆盖率	5	≥40%			
		室内PM2.5日平均浓度	6	≤35μg/m³			
		复层绿化的比例	7	≥90%			
低碳资源利用	能源使用	区域能源集约供应覆盖率	8	≥70%			
	水源利用	日人均耗水量	9	≤90升/人·天			
		非传统水源利用率	10	≥30%			
	土地集约	人均建设用地面积	11	≤60m³/人			
	垃圾处理	日人均垃圾产生量	12	≤0.8kg/人·天			
		垃圾分类收集的比例	13	100%			
低碳空间组织	绿色建筑	绿色建筑比例	14	100%，且二星以上的比例≥70%			
	城市空间	小型街区比例	15	≥80%			
	立体城市	地下空间利用率	16	≥100%			
		地下交通分担率	17	≥20%			
		地下管道综合走廊长度比例	18	≥35%			

1 颜文涛，王正，韩贵锋，叶林. 低碳生态城规划指标及实施途径[J]. 城市规划学刊，2011，3(47)[2014-01-20].

续表

目标层	准则层	指标层	序号	初步赋值	控规	修详	管理
低碳交通出行	绿色出行	低碳交通比例	19	≥80%			
		公共交通分担率	20	≥60%			
低碳交通出行	绿色出行	新型能源公交车比例	21	100%			
		公共交通系统换乘距离	22	≤200m			
低碳经济发展	经济活力	R&D投入占GDP比重	23	≥5%			
	低碳经济	公共事业绿色采购覆盖率	24	100%			
		大型公共建筑碳盘查率	25	80%			
		大型公共建筑参与碳交易比例	26	80%			
低碳城市运行	智慧城市	智能交通覆盖率	27	100%			
		智能电网覆盖率	28	100%			
		智慧管理服务覆盖率	29	100%			
	低碳政策	低碳政策完善度	30	100%			

通过规划控制手段将规划方案的理念和技术具体化，实现于家堡低碳城市指标体系的应用实效。将指标体系的量化指标纳入土地出让、规划设计条件、单体建筑能耗限值控制等方面。

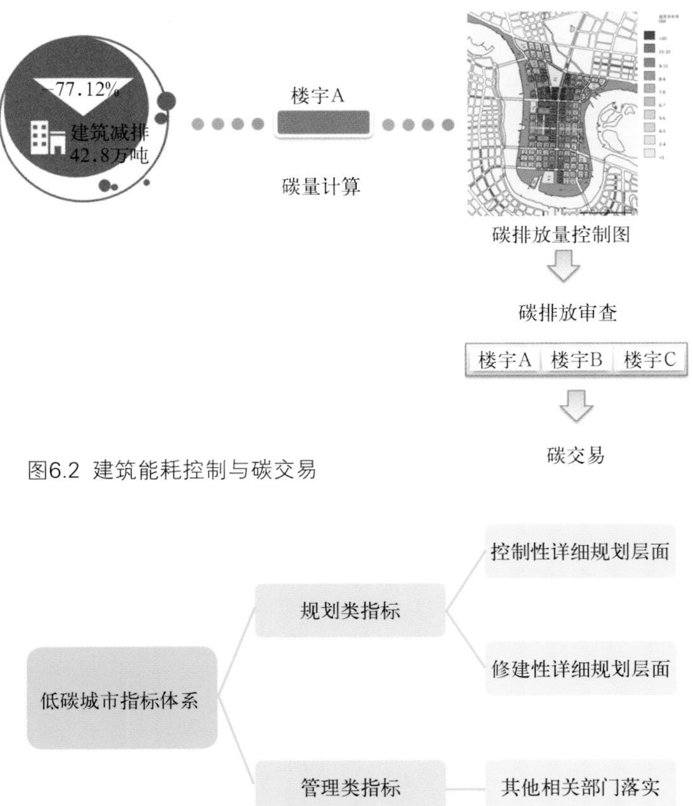

图6.2 建筑能耗控制与碳交易

图6.3 低碳规划实施步骤

1.按规划步骤实施

为了更好地与规划设计、土地开发、建设管理等各规划建设阶段紧密结合，首先可根据指标体系所囊括的不同城市管理部门，将其划分为规划类指标和管理类指标，其中管理类指标由于指标内容超过了规划部门的管理权限，需要环境、交通等其他部门配合落实。而规划类指标根据规划步骤与管理范围的不同则需要进一步分层细化：可分为控制性详细规划层面和修建性详细规划层面。控制性详细规划层面指标是对于家堡城市的经济、交通、资源、环境等低碳规划技术运用的指标进行定量及定性控制，并提出相应的控规修订与补充建议。修建性详细规划层面指标是对各地块开发及单体建筑建设的低碳指标进行的引导控制，对建筑设计、建筑环境、建筑节能、低碳技术应用等进行定性定量的要求控制，通过修建性详细规划和建筑设计进行落实[1]。实施步骤如图6.3所示：

（1）控制性详细规划层面

控规是实现对低碳城镇规划与建设控制性的最佳规划与实践的载体，而当前于家堡控规的核心手段就

1 张若曦，薛波. 浅析指标体系在生态城市规划控制中的应用——以曹妃甸生态城指标体系设计为例[C]. 规划创新：2010中国城市规划年会论文集. 2010.

是指标体系。将关键指标按照控制性来操作，十分有利于相关指标内容与我国规划控制体系的结合。本着指标体系可操作性的重要原则，目前于家堡的控制性详细规划应充分考虑规划编制与管理过程的控制与引导，对低碳城市指标体系提出的相关措施作出相应的调整，以确保指标体系的顺利实施。为了将低碳指标转化为可操作的规划管理法定依据，建议将相关指标落实至控规的法定图则中，以确保低碳城市指标体系的相关内容在控规层面的具体实现。例如，指标体系中资源节约层面提出了对区域能源集约供应覆盖率与绿色建筑比例的要求。而于家堡传统控规中没有涉及相关内容，因此首先需要在控规文本中加入低碳指标控制内容。需要添加的指标参考下表：

低碳规划指标表 **表6.4**

序号	低碳指标	指标属性	城市规划内容
1	区域能源集约供应覆盖率	控制性	基础设施与公共设施
2	绿色建筑比例	控制性	城市设计与建筑控制
3	屋顶绿化比例	控制性	城市设计与建筑控制
4	建成区绿化覆盖率	控制性	土地使用
5	地下空间利用率	控制性	土地使用
6	交通系统换乘距离	控制性	基础设施与公共设施
7	小型街区比例	控制性	土地使用

其次，在原有图则中加入低碳指标内容，使其直接渗透到图则。从土地利用、交通控制、建筑管理、地下空间等方面加入具体的低碳指标及控制引导要求。以屋顶绿化比例为例：根据低碳指标体系的相关要求，于家堡区域内的屋顶绿化比例应为≥30%，而根据于家堡各地块开发强度不同，因此屋顶绿化适宜在容积率相对较低的地块布置，建议在5.0以下的地块控制屋顶绿化。如图6.4所示。

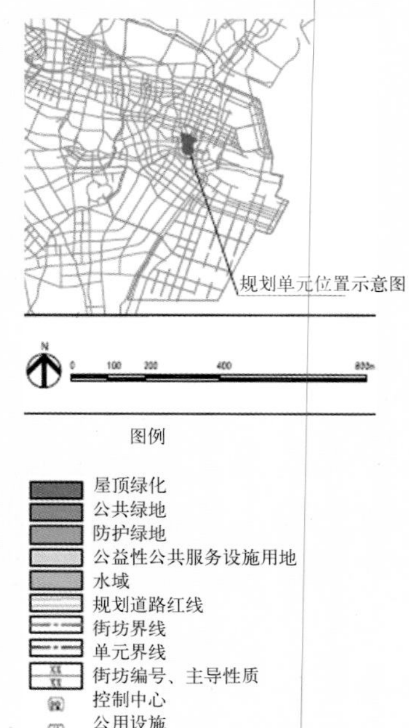

中心商务区TGf（07）06
单元土地细分导则
注：以上为公示方案，项目实施以行下政审批文件为准。

注：本单元规划40处屋顶绿化，根据低碳指标体系的相关要求，于家堡区域内的屋顶绿化比例应为≥30%，而根据于家堡各地块开发强度不同，因此屋顶绿化适宜在容积率相对较低的地块布置，建议在5.0以下的地块控制屋顶绿化

图6.4 屋顶绿化

（2）修建性详细规划层面

根据低碳城市指标体系修改的修建性详细规划（修详规），鉴于其针对于家堡控规范围内的相应地块，具体措施需要根据控制性详细规划的内容制定。而由于各地块条件不同，在修详规具体内容也需按具体情况做相应修改。因此，建议建立开发建设全过程的监管机制。传统的规划设计包含“两图一表”的控制内容，“两图”即用地性质布局图和地块坐标详图，“一表”即传统地块控制指标表。用地性质布局图控制了地块的用地性质及各地块间的区位关系，地块坐标详图包括地块详细坐标信息、红线退线、出入口位置等地块数值化信息，传统的地块控制指标表包括容积率、建筑密度、建筑高度、绿化率等传统地块控制内容[1]。在于家堡各地块开发建设的过程中，在保持传统规划设计控制内容的同时，可以通过下图的五个步骤，对建设项目进行系统把控从而在全过程实现低碳指标体系的控制监督落实：

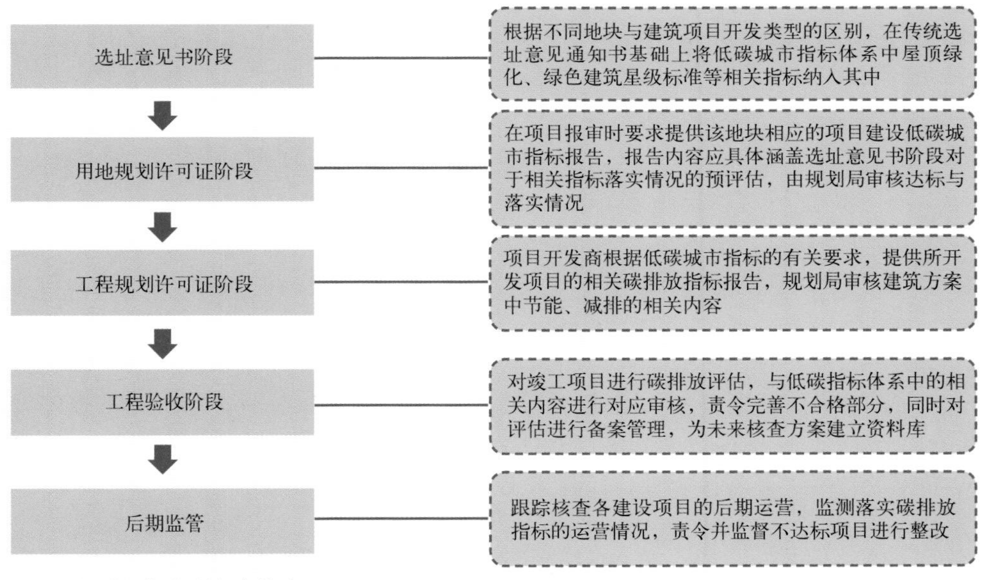

图6.5 低碳指标修详规实施步骤

选址意见书阶段：根据不同地块与建筑项目开发类型的区别，在传统选址意见通知书基础上将低碳城市指标体系中屋顶绿化、绿色建筑星级标准等相关指标纳入其中，例如，于家堡某地块的商业地产开发在其规划选址意见书中，除了包含用地面积、绿地率、建筑密度、建筑面积等传统指标外，应根据控规对该地块的控制要求，加入绿色建筑星级标准指标、复层绿化比例等，并考虑是否纳入屋顶绿化，以配合完成控规中对相关指标的总体要求。下表为需要纳入规划选址意见书的低碳指标：

1 陈洁燕. 无锡太湖新城国家低碳城市示范区指标体系探讨[C]. 城市发展与规划大会. 2011.

低碳指标　　表6.5

序号	指标体系指标层项目
1	屋顶绿化
2	建成区绿化覆盖率
3	绿色建筑星级标准
4	复层绿化的比例

用地规划许可证阶段：在项目报审时要求提供该地块相应的项目建设低碳城市指标报告，报告内容应具体涵盖选址意见书阶段对于相关指标落实情况的预评估。由规划局审核规划条件中所提出的对场地的控制与设计指标是否达标，以监控本阶段在未来实际操作过程中的落实。

工程规划许可证阶段：项目开发商根据低碳城市指标的有关要求，提供所开发项目的相关碳排放指标报告，规划局审核建筑方案中节能、减排的相关内容。

竣工验收阶段：对竣工项目进行碳排放评估，与低碳指标体系中的相关内容进行对应审核，责令完善不合格部分，同时对评估进行备案管理，为未来核查方案建立资料库。

后期监管阶段：根据指标体系的各项指标要求，跟踪核查各建设项目的后期运营，监测落实碳排放指标的运营情况，责令并监督不达标项目进行整改，同时为未来项目实施过程中避免相关错误总结实践经验。

（3）管理类指标配合规划指标

与规划相关的管理类指标，如低碳交通比例与二级空气质量达标率等指标，直接反映了相关规划指标在实施过程中的实际效果。如果实际值未能按预期达到初步赋值的标准，则直接反映为规划指标在实施过程中可能存在相关问题，因此管理类指标对相关规划指标的落实起到了关键的辅助作用。但由于规划部门权利范围有限，则需要如环境、市政、交通等相关部门的配合与支持。与规划相关的管理类指标见表6.6：

规划管理类指标　　表6.6

序号	指标体系指标层项目
1	非传统水资源利用率
2	大型公共建筑碳盘查率
3	碳排放总量
4	公共交通分担率
5	新型能源公交车比例
6	智能交通覆盖率
7	地下交通分担率
8	智能电网覆盖率
9	碳强度
10	室内PM2.5日平均浓度

2.低碳城市指标体系的落实修订

低碳城市指标体系在规划层面的落实效果对其未来运营与修订的影响尤为重要。指标体系所对应的具体不同操作主体主要包括：政府部门、项目开发商、使用者。不同操作主体的指标落实情况，可通过法定及非法定实施手段，如行政管理、建设控制、环境保护等进行监督管理，进行年度碳排量控制指标考核，构建统一统计数据系统进行评估统计，完成于家堡金融区年度碳排放指标落实报告，并由指标体系实施监管机构进行统一监督管理，同时根据报告中的指标落实情况，对金融区内碳排放指标体系进行实时反馈及科学修订，保证指标体系的良好操作性及实施监管力度[1]。

（1）政府部门

建议将低碳城市指标体系在规划过程中的实施进展纳入政府绩效考评制度，审核于家堡金融区每年已建成和未建成区的规划方案实施进度与效果，及时掌握各地块项目的实施情况，对未能按时、按量完成的项目进行再审查，发现其滞后原因，制定修改办法及时做出补救。收录每年的指标数据以建立于家堡低碳城市指标体系的数据库，为今后指标的修订做好准备。

（2）项目开发商

每年定期跟踪审核各地块项目开发商对指标体系的落实情况，责令未达标项目停工整改，收录各开发建成项的目数据资料，完善指标体系数据库。

（3）使用者

对指标体系的基层使用者进行走访调查，结合反馈内容对具体问题进行汇总、分析，总结使用经验，发现指标体系在实际运营过程中的漏洞与不足，研究并提出问题解决方案，修订指标体系相关内容以进一步完善、提高实际运营效率并将资料汇总至数据库备案。

6.2.1.5 小结

通过规划控制手段将规划方案的理念和技术具体化，并将其实现于家堡低碳城市指标体系的应用实效性十分重要。根据具体落实层面的不同，本节将低碳城市指标的分为政府层面、企业层面和公众层面，力求从宏观到中观，再到微观的逐层细化，使指标体系在不同的服务层面能够最大限度地发挥效能。鉴于传统规划方案在实现低碳城市中的局限性，根据规划层级的不同分层细化，将具体指标融入相关层级中，指导其在整体实施过程中的碳排放控制。但指标体系过于庞大复杂，在未来

1 李强. 城市生态规划指标体系研究——以河南省商丘市为例[D]. 天津大学. 2004:9～10, 22.

的实践阶段可能会根据具体情况而有所调整。期望在今后的实际运营过程中能够及时发现漏洞和不足，以进一步完善其服务功能，使指标体系在未来管理实施的实践过程中不断修订升级，形成与于家堡低碳城市发展相同步的规划管理指标体系，推进于家堡金融区低碳化目标的顺利实现。

6.2.2 管理政策

6.2.2.1 于家堡金融区低碳城镇发展运营模式

天津新金融投资有限责任公司是于家堡金融区的城市运营商，承担于家堡金融区的整体规划、开发建设、招商引资和经营管理任务。新金融公司对金融区的管理模式采取开放的合作模式，在建设形式上，投资人可选择的模式包括自行建设、合作开发、由新金融公司代建（投资人未来可回购或以租代购）、购买新金融公司已经开发的土地，自行开发建设。在产业集群方面以新金融低碳城市研究院为平台，加强与入住于家堡项目的企业和机构，政府部门、社会公众、商业企业以及其他APEC经济体之间的合作。在运营管理方面，以“低碳于家堡，智慧金融区”为目标，以新金融低碳院和新金融感知城市应用与运营公司为龙头，并成立了新金融苏伊士、新金融安保、新金融第一太平和绿色供应链服务中心等多家公司，打造涵盖技术研究、投资建设和运营管理等全过程的低碳智慧产业链，带动区域经济和地区低碳城镇的发展。

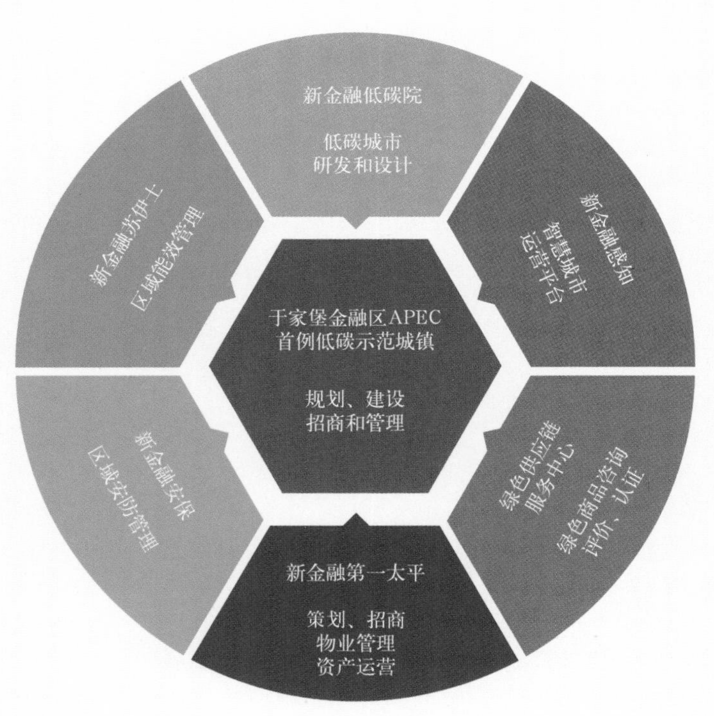

图6.6 于家堡金融区低碳产业

6.2.2.2 于家堡金融区低碳城镇管理核心

为了加快于家堡金融区低碳城镇的发展，以政府管理为推手，不断完善工作推进机制。管理核心为以下几个方面：

（1）制定低碳发展规划和行动方案

加快制定于家堡金融区低碳城镇发展规划与行动方案，并将低碳目标列入于家堡金融区的国民经济与社会中长期发展规划。细化工作目标、任务和重点，在低碳城市发展纲要与规划的引领下，将节能减排放在工作的首位，真正作为硬任务来抓。

（2）健全低碳城镇建设决策管理体系

统筹成立于家堡金融区低碳经济工作领导小组，下设低碳示范城镇建设工作组，牵头负责于家堡金融区低碳城镇建设的各项工作，研究一体化的低碳城市发展战略和规划，组织协调解决低碳城市建设中的矛盾和困难，形成高效的组织机构和管理体系。

（3）优化低碳城镇建设环境与氛围

于家堡金融区要大力倡导低碳消费理念，构建低碳消费文化，在各个环节上制定科学的监管措施与奖惩制度，继续推进政府绿色采购制度，积极推进低碳消费理念的宣传工作，加强全民低碳消费教育。一是合理引导低碳消费需求，促进居民消费结构低碳化。二是完善低碳消费的制度监管体系，增强低碳消费的制度保障力。

6.2.2.3 于家堡金融区低碳城镇政策体系建议

于家堡金融区低碳城镇建设政策体系的创新，涉及能源、建筑、交通、文化、产业等诸多领域，需要政府多部门合理分工、协调配合,并引导企业、公众广泛参与。

于家堡金融区低碳城镇政策建议清单 **表6.7**

序号	政策领域	政策建议
1	低碳能源	对节能服务企业合同能源管理项目企业所得税实行减免优惠政策
2	低碳交通	（1）采取财政补贴方式，鼓励开展节能与新能源汽车示范推广试点，在公交、出租等领域推广使用节能与新能源汽车 （2）制定停车收费结构与收费方式等相关政策，发挥经济杠杆调节作用，所得财政收入补贴公共交通和慢行交通系统的发展。建设一定数量的自行车存放设施，或采用自行车租赁的方式 （3）设立方便快捷的自行车租赁站，提供全天候步行设施，与公交站点，轨道交通车站等无缝衔接 （4）建立政府引导的、以直接融资和间接融资相结合的智能交通产业化投融资体系，制定相应税收优惠政策，鼓励创业资本投资于智能交通创业企业
3	绿色建筑	（1）对已获得绿色建筑评价标识的项目，根据认定等级，给予金融区内的资金奖励 （2）对承担设计、施工、监理的企业，在工程招投标中给予适当的业绩加分或资金奖励 （3）对区内新建建筑的设计、施工、运营等提供全程专业化的咨询服务 （4）制定大型公共建筑能耗定额和减排量指标，对减排量明显的建筑给予资金奖励 （5）对结合建筑设计运用新技术，扩大屋顶绿化、垂直绿化面积的建筑，运用投资、信贷、税收、利率等经济杠杆，优先支持一部分重点工程的建设

续表

序号	政策领域	政策建议
4	低碳经济	（1）发展绿色碳基金，开发以碳排放为特征的衍生交易，建立碳风险投资机制，培育低碳金融市场交易体系，构建多元化的低碳投融资渠道 （2）建立绿色信贷长效机制，开设绿色上市融资通道，完善财税金融政策，加大对低碳产业的扶持力度
5	低碳文化	（1）在于家堡金融区积极探索低碳社区建设、低碳园区创建、低碳建筑创建等各种低碳试点 （2）鼓励社会举办各种低碳理念的宣传活动，通过各种宣传媒介提高公众的低碳节能意识，引导低碳消费
6	绿色采购	（1）在政府采购中对已授予绿色低碳商品标识并列入政府优先采购目录的产品予以政策扶持，采取价格扣除或评标加分等优惠措施 （2）生产绿色产品的企业实施价格补贴，鼓励生产商积极改造、开发生产设备和工艺
7	低碳产业	（1）制定并落实财税政策，引入总部经济，吸引金融产业、文化创意产业等区内主导产业落户 （2）设立低碳科技专项资金。重点扶持节能减排、新能源、储能、天然气高效利用、碳捕捉与封存利用等低碳技术的研发与产业化 （3）打造低碳技术创新基地。实施低碳技术创新平台建设计划，加强低碳发展地方标准修订工作，建立低碳技术标准研究平台 （4）设立于家堡金融区低碳经济发展投融资专项资金，落实财税政策配套支持 （5）引进低碳相关技术人才。通过设立相关岗位、落实住房、子女入学、学术研修津贴等方面的优惠政策，吸引国内外科技人才，加强与相关科研机构、高校合作，聚集和培养一批研发人才和高层次创新团队
8	可再循环材料应用	（1）实行垃圾分类与垃圾回收工作的对接 （2）对回收的可再循环材料进行加工利用，在区内回收再利用的项目或企业给予相应的税费减免和财政补助

6.2.3 低碳行动建议

针对于家堡低碳城镇指标体系的六个目标层：低碳资源利用、低碳环境保护、低碳空间组织、低碳交通出行、低碳经济发展和低碳城市运行，提出建设低碳城镇的具体行动方案。低碳城镇的建立需要各方的积极参与，需要政府和市场的紧密合作，经济驱动力是低碳建设不可或缺的动力。同时需要公众意识的普遍提高和各方积极参与。政府通过媒体宣传、社区活动和学校教育等方式，在社会上积极进行低碳发展宣传，让民众明白低碳发展对居民生活和环境保护的重要作用，同时通过补贴和成立基金等形式，建立低碳生活模式的有效激励机制，促进全社会发展意识的转变。

于家堡金融区低碳行动建议清单 **表6.8**

序号	行动建议	行动内容	行动部门
领域一：低碳城市管理			
1	制定碳排放行动方案	制定碳排放清单编制的工作方案及能力建设计划。由负责部门专门出台计划，并邀请专家讨论	新金融总工办
2	建立评价低碳发展资金效果的机制	建立完善的资金使用反馈渠道，定期核查资金使用情况，并与原始期望进行比较评估	新金融财务资金部

续表

序号	行动建议	行动内容	行动部门
领域一：低碳城市管理			
3	制定关于绿色采购的规定	由绿色产品名录考察拟定绿色采购名单和采购方式，并拟定实行	绿色供应链服务中心
4	编制绿色产品名录（节能、环保产品名录）及文件	根据节能、节水、低污染、低毒性、可再生和可回收的原则，参考国家名单，编制绿色产品名录	绿色供应链服务中心
5	设立信息平台，对外部公开低碳规划和管理文件的相关信息	设立网络、广播、报纸等信息平台，公开低碳规划和管理文件的相关信息；收集低碳发展的相关政策、措施、项目、活动等信息并定期公布	发改委
6	建立沟通反馈渠道	通过网络、报纸、行政机构等构建公众对低碳规划和管理文件进行反馈意见的渠道	发改委
7	组建城市综合信息管理中心	对区域内建筑的能源、交通、环境、市政设施、安防智能化管理和低碳化运行	新金融感知
8	低碳生活文化宣传	负责部门通过建设垃圾分类和减量化试点，以及各种宣传方法，推进提高居民垃圾分类和减量化意识	城市管理行政执法局
领域二：低碳经济			
1	在服务业中推广自愿减排协议签署工作	设定协议模板，对各企业举办宣传活动，促使服务业企业签订自愿减排协议	新金融总工办
2	鼓励参与碳交易	建立碳风险投资机制，培育低碳金融市场交易体系，构建多元化的低碳投融资渠道	绿色供应链服务中心
3	建立碳排放核证体系	通过第三方碳排放量核算单位负责对项目建设、调试全过程的碳排放进行核证，基于入驻企业和碳排放数据确定项目的碳排放量基准	绿色供应链服务中心
4	制定鼓励低碳投资技术企业注册和设立的激励政策	制定鼓励低碳投资技术企业注册和设立的激励政策（包括物质和非物质方面）	新金融投资发展部
领域三：低碳能源			
1	建立能源管理监测平台	及时对外公开节能监察的结果	新金融苏伊士
2	制定鼓励合同能源管理服务企业注册和设立的激励政策	制定鼓励能源服务企业注册和设立的激励政策（包括物质和非物质方面）	新金融投资发展部
3	建立区域能源管理系统	建立具有系统预警及专家建议功能的智慧能源管理系统，实现能源供应和消耗的管理，为碳排放交易平台提供数据基础与支撑	新金融苏伊士
领域四：低碳建筑			
1	定期编制和公布建筑能耗统计分析报告	建立排放监测、统计体系、长效反馈和监管机制，根据统计数据编制排放清单	新金融低碳院
2	编制城市新区新建建筑用能规划	编制城市新区新建建筑用能规划、计划、行动导则	住建部
3	建立低碳施工监管体系	对区内建设、施工、监理人员进行低碳知识培训；设立专职的低碳监管工程师；建立低碳施工管理体系，完善低碳施工方案	新金融低碳院
4	建设“零碳排放”试点项目	建设“零碳排放”的试点项目，进行低碳展示、宣传和体验	新金融总工办
领域五：低碳交通			
1	启动交通部门碳排放统计清单编制工作	在交通领域建立排放监测、统计体系、长效反馈和监管机制，根据统计数据编制排放清单	交通运输局（综合规划处）

续表

序号	行动建议	行动内容	行动部门
2	建设智能交通系统	建立区域内道路交通信息采集系统；建立公交智能高度指挥平台；完善出租车智能调度平台；建立区域内停车管理和诱导系统	交通运输局
3	制定公交优先发展方案	由负责部门牵头制定公交优先发展意见	交通运输局、公交公司
4	建设慢行交通系统	设立方便快捷的自行车租赁站，建立自行车租赁管理系统	交通运输局、规划局

6.3 于家堡金融区低碳发展综合指数

6.3.1 于家堡金融区低碳发展综合指数构想

2010年9月于家堡金融区被亚太经合组织确定为“APEC首例低碳示范城镇”。自此以后于家堡金融区围绕低碳示范城镇建设方式和运营方式展开了大量的研究工作，并逐步展开了“于家堡金融区低碳示范城镇”的建设工作。如今于家堡金融区在“低碳示范城镇”的建设过程中取得了卓越的成绩。但始终缺少一套科学合理的方法去评价于家堡金融区低碳示范城镇的建设程度，“于家堡金融区低碳发展综合指数”将填写这一空白。

“于家堡金融区低碳发展综合指数”的计算方法将综合本研究所建立的指标体系中涉及指标对“于家堡金融区低碳示范城镇”的影响程度，利用科学合理的方法为每一个影响因子和各个子系统赋予权重值，综合考虑所有影响因子的影响程度，最终研究出一个科学合理的“低碳发展综合指数”计算方法，作为今后于家堡金融区低碳示范城镇建设的评价方法。

将本研究所建立的于家堡金融区低碳发展指标体系中所涉及的部分主要指标每一年的数值经过科学处理，然后代入到“低碳发展综合指数”计算方法中，将得到本年度于家堡金融区的低碳发展综合指数，也可将历年的于家堡金融区低碳发展综合指数计算结果综合到一起，绘制出历年来于家堡金融区低碳发展综合指数变化曲线图，从而可以醒目地看出每一年于家堡金融区在低碳示范城镇建设过程中的变化与成绩。

6.3.2 于家堡金融区低碳发展综合指数构建步骤

“于家堡金融区低碳发展综合指数”的计算方法是一套科学合理的低碳示范城镇的评价方法，主要构建步骤为：

（1）针对本研究所建立的于家堡金融区低碳发展指标体系的各个子系统中的指标进行主成分提取，提取的主成分为各个子系统的主要影响因子。

（2）针对上述提取的主要成分，根据每一个指标对低碳示范城镇建设的影响程度，利用科学合理的方法进行权重赋值。

（3）综合考虑各子系统的影响因子以及影响因子的权重值，建立各个子系统的计算公式。

（4）将上述主要影响因子的数值结合所赋予的权重值代入各个子系统的计算公式，计算各个子系统的指数值。

（5）针对本研究所建立的于家堡金融区低碳发展指标体系所涉及的各个子系统利用科学合理的方法进行权重赋值。

（6）综合考虑于家堡金融区低碳发展指标体系的各个子系统的权重值，建立“于家堡金融区低碳发展综合指数”的计算公式。

（7）将上述各个子系统的指数值结合各个子系统所赋予的权重值代入“于家堡金融区低碳发展综合指数”计算公式中，最终得出科学合理的“于家堡金融区低碳发展综合指数”数值，作为于家堡金融区低碳示范城镇建设的评价指数。

6.3.3 于家堡金融区低碳发展指标体系各个子系统的主成分提取、主成分权重赋值及主成分得分方法

（1）于家堡金融区低碳发展指标体系各个子系统的主成分提取及主成分权重赋值

所谓主成分提取即经过分析研究所建立的整个指标体系，筛选出对指标体系目标层影响较大的主要成分，并通过权重赋值的方法使其量化。本研究针对于家堡金融区低碳发展指标体系各子系统的主成分提取及主成分权重赋值主要采用的方法为德尔菲法，即专家规定程序调查法。该方法主要是由研究人员拟定调查表，按照既定程序，以函件的方式分别向专家组成员进行征询；而专家组成员又以匿名的方式（函件）提交意见。经过几次反复征询和反馈，专家组成员的意见逐步趋于集中，最后获得具有很高准确率的集体判断结果。

针对本研究内容即于家堡金融区低碳发展指标体系的主成分提取及主成分权重赋值，专家将首先按照各个子系统的各项指标成分对各个子系统目标层的影响程度打分，从而提取出对各个子系统目标层的主要影响成分。其次，同样依据各个子系统所提取出的主成分对各个子系统目标层的影响程度打分，进行主成分权重赋值，主成分权重赋值的打分范围为1~10分，分数越高说明此主成分对所属子系统目标

层的影响越大，总分数相加应当等于100，其整个于家堡金融区低碳发展指标体系主成分提取及权重赋值结果如下：

于家堡金融区低碳发展指标体系主成分提取及权重赋值表 表6.9

目标层	准则层	指标层（主成分提取结果）	权重赋值
低碳环境保护	低碳环境	碳排放总量递减率	8
		碳强度	7
	人工环境	屋顶绿化比例	4
		建成区绿化覆盖率	4
低碳资源利用	能源使用	区域能源集约供应覆盖率	7
	水源利用	非传统水源利用率	3
	垃圾处理	垃圾分类收集的比例	5
低碳空间组织	绿色建筑	绿色建筑比例	7
	立体城市	地下空间利用率	5
		地下车行交通分担率	5
低碳交通出行	绿色出行	低碳交通比例	7
		公共交通分担率	6
		新型能源公交车比例	5
低碳经济发展	低碳经济	公共事业绿色采购覆盖率	5
		大型公共建筑碳盘查率	4
		大型公共建筑参与碳交易的比例	4
低碳城市运行	智慧城市	智能交通覆盖率	5
		智能电网覆盖率	5
		智慧管理服务覆盖率	4

（2）于家堡金融区低碳发展指标体系各个子系统的主成分得分方法

本研究项目中，所谓的主成分得分即于家堡金融区低碳发展指标体系各个子系统的主成分在于家堡金融区低碳示范城镇建设过程中历年来发展变化的评价值，此主成分得分还可以用以衡量于家堡金融区在低碳示范城镇建设过程中此指标的发展变化情况。

本研究项目中主成分得分的方法为：首先，利用德尔菲法建立于家堡金融区低碳发展综合指数主成分评分表；其次，依据于家堡金融区低碳发展指标体系各子系统的主成分历年的变化情况对照上述评分表得出分值。

于家堡金融区低碳发展指标体系各子系统主成分评分表 表6.10

目标层	准则层	指标层	条件	得分
低碳环境保护	低碳环境	碳排放总量递减率	1%–3%	1
			3%–5%	5
			5%以上	10
		碳强度	>250吨/百万美元GDP	1
			≤250吨/百万美元GDP >150吨/百万美元GDP	5
			≤150吨/百万美元GDP	10

续表

目标层	准则层	指标层	条件	得分
低碳环境保护	人工环境	屋顶绿化比例	≤10%	1
			>10%，<30%	5
			≥30%	10
		建成区绿化覆盖率	≤20%	1
			>20%，<40%	5
			≥40%	10
低碳资源利用	能源使用	区域能源集约供应覆盖率	≤50%	1
			>50%，<70%	5
			≥70%	10
	水源利用	非传统水源利用率	≤10%	1
			>10%，<30%	5
			≥30%	10
	垃圾处理	垃圾分类收集的比例	≤50%	1
			>50%，<80%	5
			≥80%	10
低碳空间组织	绿色建筑	绿色建筑比例	≤50%的二星级以上绿建	1
			>50%的二星级以上绿建 <70%的二星级以上绿建	5
			≥70%的二星级以上绿建	10
	立体城市	地下空间利用率	≤40%	1
			>40%，<80%	5
			≤80%	10
		地下车行交通分担率	≤10%	1
			>10%，<20%	5
			≥20%	10
低碳交通出行	绿色出行	低碳交通比例	≤50%	1
			>50%，<80%	5
			≥80%	10
		公共交通分担率	≤30%	1
			>30%，<60%	5
			≥60%	10
		新型能源公交车比例	≤60%	1
			>60%，<100%	5
			100%	10
	低碳经济	公共事业绿色采购覆盖率	≤60%	1
			>60%，<100%	5
			100%	10
低碳经济发展		大型公共建筑碳盘查率	≤40%	1
			>40%，<80%	5
			≥80%	10
		大型公共建筑参与碳交易的比例	≤50%	1
			>50%，<80%	5
			≥80%	10

续表

目标层	准则层	指标层	条件	得分
低碳城市运行	智慧城市	智能交通覆盖率	≤50%	1
			>50%，<100%	5
			100%	10
		智能电网覆盖率	≤50%	1
			>50%，<100%	5
			100%	10
		智慧管理服务覆盖率	≤50%	1
			>50%，<100%	5
			100%	10

注：指标未达到最低标准的及未实施的指标按0分计算

6.3.4 于家堡金融区低碳发展指标体系各个子系统指数计算模型

于家堡金融区低碳发展指标体系各个子系统指数的计算模型将利用德尔菲法得出的各个子系统中主成分权重的结果以及主成分得分，并以此为依据，构造出评价模型，即：

$$Y_k^l=\sum_{j=1}^{n}X_jC_j$$

其中Y_k^l为在第k年第l子系统的指数值。X_j为通过德尔菲法分析所得到的各个子系统内主成分的权重值，n为每个子系统内所选取的主成分的个数，C_j为各个子系统内每个主成分的得分。

6.3.5 于家堡金融区低碳发展指标体系各个子系统权重赋值

于家堡金融区低碳展指标体系各个子系统权重赋值是指综合考虑本研究所建立的指标体系各个子系统目标层对总目标层，即于家堡金融区低碳发展综合指数的影响程度，使各个子系统的目标层针对于家堡金融区低碳发展的影响程度量化，使其便于应用于指标评价计算过程。于家堡金融区低碳发展指标体系各个子系统权重赋值的方法同样采用德尔菲法，其结果如下：

于家堡金融区低碳发展指标体系各子系统权重赋值表 表6.11

总目标层	目标层	权重值
于家堡金融区低碳发展综合指数	低碳环境保护	8
	低碳资源利用	8
	低碳空间组织	6
	低碳交通出行	7
	低碳经济发展	5
	低碳城市运行	7

6.3.6 “于家堡金融区低碳发展综合指数”综合评价模型构建

通过上述建立的于家堡金融区低碳发展指标体系各个子系统指数计算模型，可以计算出影响于家堡金融区低碳发展的各个子系统的指数值，各个子系统的指数值得出后，再根据上述利用德尔菲法确定各个子系统的权重，应用综合指数评价模型进行综合得分即于家堡金融区低碳发展综合指数的计算。其综合指数评价模型为：

$$Y_k=\sum_{l=1}^{6}W_lY_k^l$$

其中，Y_k为第k年于家堡金融区低碳发展综合指数综合指数值，W_l为各准则层权重值，Y_k^l为第k年于家堡金融区低碳发展指标体系中第l子系统的指数值。

运用上述所建立的于家堡金融区低碳发展指标体系各个子系统指数计算模型与于家堡金融区低碳发展综合指数综合评价模型的综合计算分析，可以得到历年来于家堡金融区低碳发展的指数值，应用得出的综合指数值将其绘制为于家堡金融区低碳发展综合指数曲线图谱，可以准确看出于家堡金融区在低碳示范城镇建设过程中历年来的变化特征。

6.3.7 “于家堡金融区低碳发展综合指数”的意义

于家堡金融区低碳发展综合指数的计算结果将会涉及两方面内容，分别是于家堡金融区低碳发展指标体系各个子系统的指数结果，以及于家堡金融区低碳发展指标体系综合指数结果。

于家堡金融区低碳发展指标体系各个子系统的指数结果分别代表于家堡金融区在低碳示范城镇建设过程中各个领域的建设情况以及发展水平，主要包括于家堡金融区在资源节约、环境友好、经济持续、社会和谐、低碳环境保护、低碳资源利用、低碳空间组织、低碳交通出行、低碳经济发展和低碳城市运行等领域的低碳建设水平。

而于家堡金融区低碳发展指标体系综合指数结果将是于家堡金融区低碳示范城镇建设的一个总体评价结果，说明于家堡金融区在低碳示范城镇建设过程中的建设程度、发展情况以及综合评价水平。同时，通过对于家堡金融区低碳发展综合指数结果的研究以及对整个指标体系各项指标的贡献权重的分析，能够反过来对于家堡金融区低碳示范城镇建设过程中各项策略的实施完成率进行绩效评估，从而发现在于家堡金融区整体的建设过程中所采取的先进实施策略与不足的实施策略，进而在未来的建设过程中对先进的实施策略加以发扬，而对不足的实施策略加以优化和提升。

6.3.8 “于家堡金融区低碳发展综合指数”评价模型模拟应用

本节将举例说明“于家堡金融区低碳发展综合指数”评价模型的应用过程与方法，但本节所涉及的数据内容全部为虚拟数据，仅供说明“于家堡金融区低碳发展综合指数”评价模型的应用。

首先，假设于家堡金融区在2010年、2015年和2020年的建设情况如下表所示：

于家堡金融区低碳城镇建设指标情况表 表6.12

目标层	准则层	指标层	2010年	2015年	2020年
低碳环境保护	低碳环境	碳排放总量递减率	0.5%	2.5%	3.6%
		碳强度	300吨/百万美元GDP	200吨/百万美元GDP	140吨/百万美元GDP
	人工环境	屋顶绿化比例	8%	20%	35%
		建成区绿化覆盖率	18%	30%	45%
低碳资源利用	能源使用	区域能源集约供应覆盖率	40%	60%	75%
	水源利用	非传统水源利用率	10%	40%	50%
	垃圾处理	垃圾分类收集的比例	0%	100%	100%
低碳空间组织	绿色建筑	绿色建筑比例	0%	60%	100%
	立体城市	地下空间利用率	0%	70%	100%
		地下车行交通分担率	0%	15%	25%
低碳交通出行	绿色出行	低碳交通比例	0%	60%	85%
		公共交通分担率	20%	40%	65%
		新型能源公交车比例	0%	80%	100%
低碳经济发展	低碳经济	公共事业绿色采购覆盖率	0%	60%	100%
		大型公共建筑碳盘查率	0%	60%	85%
		大型公共建筑参与碳交易的比例	0%	60%	85%
低碳城市运行	智慧城市	智能交通覆盖率	0%	60%	100%
		智能电网覆盖率	0%	60%	100%
		智慧管理服务覆盖率	0%	60%	100%

其次，根据于家堡金融区低碳发展指标体系主成分提取及权重赋值表和于家堡金融区低碳发展指标体系各子系统主成分评分表确定2010、2015和2020年度于家堡金融区低碳城镇建设过程中各项指标的权重与等分值。

于家堡金融区低碳城镇建设指标得分表 表6.13

目标层	准则层	指标层	2010年得分	2015年得分	2020年得分	权重赋值（k）
低碳环境保护	低碳环境	碳排放总量递减率	0	1	5	8
		碳强度	1	5	10	7

续表

目标层	准则层	指标层	2010年得分	2015年得分	2020年得分	权重赋值（k）
低碳环境保护	人工环境	屋顶绿化比例	1	5	10	4
		建成区绿化覆盖率	1	5	10	4
低碳资源利用	能源使用	区域能源集约供应覆盖率	1	5	10	7
	水源利用	非传统水源利用率	1	10	10	3
	垃圾处理	垃圾分类收集的比例	0	10	10	5
低碳空间组织	绿色建筑	绿色建筑比例	0	5	10	7
	立体城市	地下空间利用率	0	5	10	5
		地下车行交通分担率	0	5	10	5
低碳交通出行	绿色出行	低碳交通比例	0	5	10	7
		公共交通分担率	1	5	10	6
		新型能源公交车比例	0	5	10	5
低碳经济发展	低碳经济	公共事业绿色采购覆盖率	0	5	10	5
		大型公共建筑碳盘查率	0	5	10	4
		大型公共建筑参与碳交易的比例	0	5	10	4
低碳城市运行	智慧城市	智能交通覆盖率	0	5	10	5
		智能电网覆盖率	0	5	10	5
		智慧管理服务覆盖率	0	5	10	4

再次，根据于家堡金融区低碳发展指标体系各个子系统指数计算模型即：

$$Y_k^l=\sum_{j=1}^{n}X_jC_j$$

以及上述于家堡金融区低碳城镇建设指标得分表计算于家堡金融区低碳发展指标体系各个子系统指数值。

于家堡金融区低碳发展指标体系各子系统指数值　　表6.14

目标层	准则层	指标层	2010年得分	2015年得分	2020年得分	子系统权重值
低碳环境保护	低碳环境	碳排放总量递减率	15	83	190	8
		碳强度				
	人工环境	屋顶绿化比例				
		建成区绿化覆盖率				
低碳资源利用	能源使用	区域能源集约供应覆盖率	10	115	150	8
	水源利用	非传统水源利用率				
	垃圾处理	垃圾分类收集的比例				
低碳空间组织	绿色建筑	绿色建筑比例	0	85	170	6
	立体城市	地下空间利用率				
		地下车行交通分担率				
低碳交通出行	绿色出行	低碳交通比例	6	90	180	7
		公共交通分担率				
		新型能源公交车比例				

续表

目标层	准则层	指标层	2010年得分	2015年得分	2020年得分	子系统权重值
低碳经济发展	低碳经济	公共事业绿色采购覆盖率	0	65	130	5
		大型公共建筑碳盘查率				
		大型公共建筑参与碳交易的比例				
低碳城市运行	智慧城市	智能交通覆盖率	0	70	140	7
		智能电网覆盖率				
		智慧管理服务覆盖率				

最后，根据于家堡金融区低碳发展指标体系各子系统指数值，各子系统的权重值及于家堡金融区低碳发展综合指数综合评价模型，即：

$$Y_k=\sum_{l=1}^{6}W_lY_k^l$$

计算出于家堡金融区低碳发展综合指数结果，并绘制成曲线图。

于家堡金融区低碳发展综合指数发展预测 **表6.15**

总目标层	2010年综合指数	2015年综合指数	2020年综合指数
于家堡金融区低碳发展综合指数	242	3539	6630

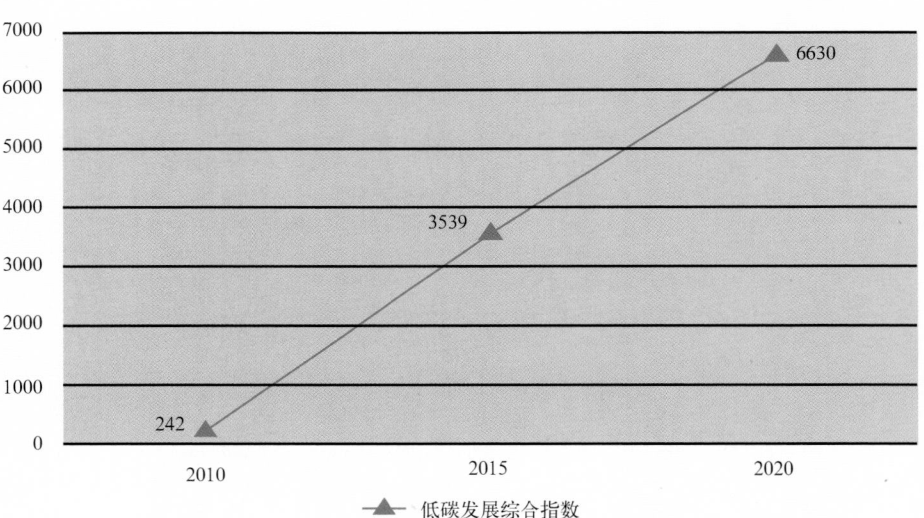

图6.7 于家堡金融区低碳发展综合指数曲线图

附录一

于家堡金融区低碳城镇指标体系碳排放估算报告（一）

一、研究方法

1 IPCC. IPCC Guidelines for National Greenhouse Gas Inventories; Intergovernmental Panel on Climate Change[EB /OL]. http: //www. ipcc—nggip.iges.or.jp/public/2006gl/index.htm, 2006.

2 WRI /WBCSD (World Resources Institute and World Business Council for Sustainable Development). The Greenhouse Gas Protocol: A CorporateAccounting and Reporting Standard: Revised Edition[EB/OL].http: //www.ghgprotocol.org/, 2009.

本报告在确定于家堡金融区减碳目标的方法是反溯法（图F1–1），反溯法的核心是：首先根据某种期望目标建立可行和合理的场景；其次由未来场景反推到现实系统，找到实现最佳场景的途径和方法。

在研究于家堡地区2020年及2030年的低碳城市发展目标时，我们对于家堡地区的经济增长与二氧化碳的关系进行了三种情景分析，即惯性情景、绝对分离情景和相对分离情景。

惯性情景是延续天津当前的发展趋势，再加上天津在过去的几年中已经在实践低碳以及节能减排的发展模式，所以这一情景是立足于延续过去发展态势的一种修正模式。而于家堡金融区为新建城镇，因此此种情景不适用于于家堡地区。

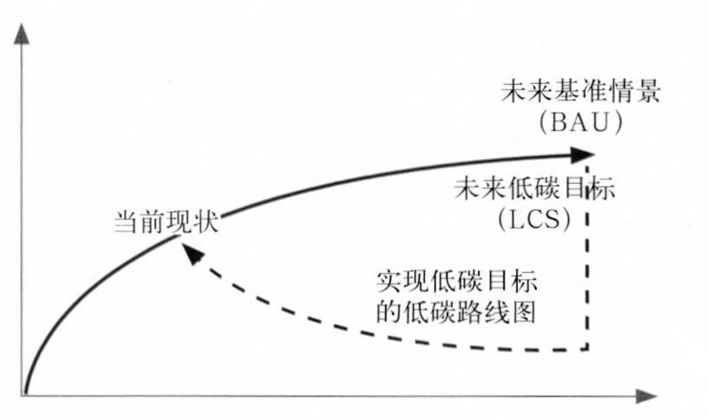

图F1–1 反溯法示意图
（图片来源：蔡博峰. 低碳城市规划[M]. 北京：化学工业出版社.2011：65.）

绝对分离情景，即在城市社会经济发展保持当前水平的情况下实现碳排放的零增长或负增长。但是此种情景不符合于家堡地区的现实情况，并且超越了于家堡地区的发展阶段，将导致有低碳没有经济成果的结果，亦不适用于于家堡地区。

相对分离情景，即介于上述两种情景之间，在该情景的发展之下，既保证了经济与社会的正常稳定发展，又相对降低了发展中所形成的碳排放量，具有很强的现实性和可行性。因此，于家堡地区未来的发展适宜采纳的方法就是相对脱离情景。

二、于家堡金融区温室气体清单

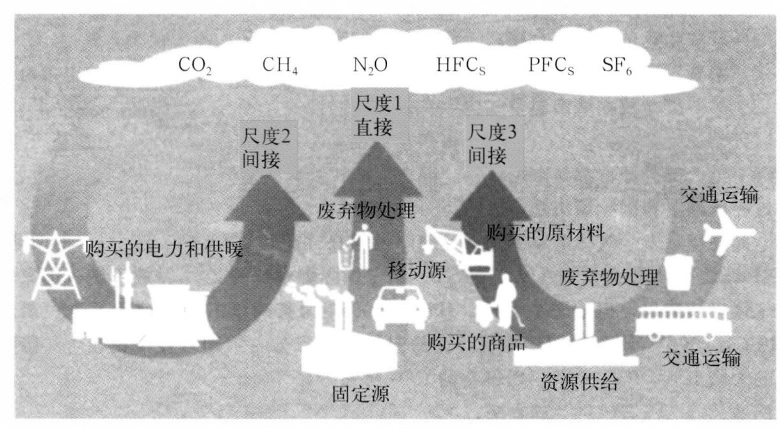

图F1–2 温室气体排放范畴的分类
（图片来源：蔡博峰. 低碳城市规划[M]. 北京：化学工业出版社.2011：65.）

目前，城市层面的清查方法一般基于国际气候框架协议国家（IPCC 2006）[1]和企业（WRI /WBCSD 2009）[2]确定温室气体排放的模型（图F1–2）。

该模型排放量计算复杂程度取决于许多因素，包括1）规模：排放者数量和在地区发挥的功能，以及数据的可得性和准确性；2）估算的范围：Ⅰ直接排放，指组织内所拥有或控制的排放设施产生的排放；Ⅱ能源间接排放，指购买的电力、热力等所产生的间

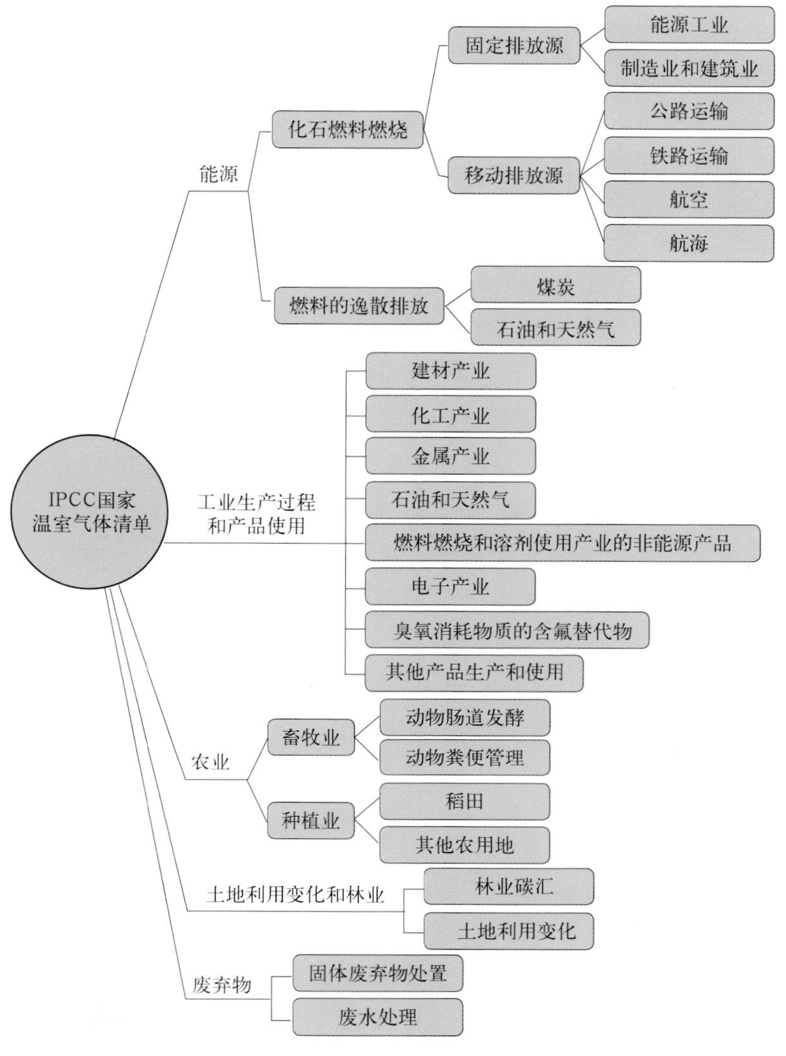

图F1–3 IPCC国家温室气体清单指南
（资料来源：IPCC, 2006）

接排放，Ⅲ其他间接排放，包括与所购买的材料生产、产品使用、外包活动，属于承包商用车辆、废物处理和员工商务旅行等在内的所有排放量（图F1–3）。

推进可持续发展的国际非政府组织地方环境理事会已经开发并广泛使用城市清单法（ICLEI2009a）[1]，这是气候变化保护运动中有关城市编制气候行动计划的组成部分。目前已经有700 多个城市参加这项计划（ICLEI 2009b）[2]。地方环境理事会最近又参考世界资源研究所/世界可持续发展工商理事会（WRI /WBCSD）的方法修改了城市温室气体排放清单，但并没有明确界定范围Ⅲ所包括的活动。最近的研究（Kennedy et al. 2009）讨论了多种城市温室气体排放清单方法并得出结论，不同城市地区所使用的清单法非常类似。它们的主要区别在于是否包括范围Ⅲ的活动[3]。此外，数据的可得性和质量是划定城市地区计量边界的因素之一。在缺乏国际协议的情况下，在城市地区的合作将有助于促进可比较的温室气体清单和气候行动计划的筹备工作。

在IPCC 国家温室气体清单指南中，城市温室气体排放清单主要包括能源、工业碳排放、农业碳排放、林汇、废弃物五大部分内容。对于家堡而言，农业、工业和林汇都不存在，废弃物都在区域外处理，属于范畴三的排放，所以我们主要关注于家堡的能源排放。能源排放主要是由化石燃料的燃烧产生的，分为固定燃烧源和移动燃烧源，于家堡固定燃烧源排放主要是建筑里的能源排放，移动燃烧源排放即于家堡的交通碳排放。

于家堡碳排放的基准年设定为2010年且假设于家堡为目前技术水平下全建成的情况。

1 ICLEI. International Local Government GHG Emissions Analysis Protocol Draft Release Version 1.0［EB / OL］. http //www. iclei. org /fileadmin/ use_upload/documents/Global/Programs /GHG/LGGHGEmissionsProtocol. pdf., 2009.

2 ICLEI. Cities for Climate Protection[EB /OL]. http://www.iclei.org /index.php? id = 800, 2009.

3 Kennedy, C. A., Ramaswami, A. , Carney,S. and Dhakal,S. Greenhouse Gas Emission Baselines for Global Cities and Metropolitan Regions[EB/OL]. http: //www. urs2009. net/docs/papers/ KennedyComm. pdf, 2009.

三、于家堡金融区碳计算的边界

于家堡温室气体排放类型主要有固定燃烧源碳排放、移动燃烧源碳排放与逸散排放。固定燃烧源碳排放主要包括区域内的各类固定排放设施产生范畴一的排放及于家堡从区域外购买的电力、热力与蒸汽产生的范畴二的排放。该类排放可以分散于不同类型建筑内，故我们计算于家堡建筑碳排放。移动燃烧源碳排放主要指各类交通设施产生的排放，于家堡主要有轻轨、地铁、城际列车、公交、班车、出租车、私家车等产生的交通碳排放。于家堡的逸散排放主要包括景观碳汇、垃圾处理与污水处理，景观碳汇属于范畴一的排放，垃圾处理与污水处理都在区域外进行，属于范畴三的排放，不计于于家堡的总排放中（表F1-1）。

于家堡金融区碳排放类别 **表F1-1**

类别	排放源与汇	范畴类别
固定燃烧源碳排放	固定设备的排放	范畴一
	外购电力、热力、蒸汽	范畴二
移动燃烧源碳排放	各类交通设施产生的排放	范畴一
逸散排放	垃圾处理	范畴三
	污水处理	范畴三
	景观碳汇	范畴一

四、于家堡金融区碳排放量化方法

于家堡金融区碳排放量化方法采用的是排放因子法，对京都议定书所规定的六种温室气体进行量化，结果以二氧化碳当量表示，计算公式如下：

碳排放量$(CO_2e) = \sum_i^n (AD_i \times EF_i \times GWP_i)$

CO_2e：二氧化碳当量

AD：活动数据

EF：排放因子

GWP：全球变暖潜值

i：第i种温室气体排放活动

n：n种温室气体排放活动

温室气体是指自然与人为产生的大气气体成分，可吸收与释放由地球表面、大气及云层所释放的红外线辐射光谱范围内特定波长之辐射。本报告所量化的温室气体是京都议定书所规定的六种温室气体，包括：CO_2、CH_4、N_2O、HFC_S、PFC_S、SF_6。

二氧化碳当量（CO_2e）是比较一项温室气体相对于二氧化碳辐射效能的单位。

全球变暖潜势GWP是将单位质量的某种温室气体在给定时间段内辐射强度的影响与等量二氧化碳辐射强度影响相关联的系数。影响因素与该温室气体与二氧化碳的辐射效率的比值、衰减率的比值有关。六种温室气体的GWP值如下表F1-2所示，我们采用的是IPCC第四次评估报告中的数值（IPCC AR4）。

IPCC三次评估报告中六种温室气体不同的GWP值 **表F1-2**

GHGS	GWPS		
	IPCC SAR（1996）	IPCC TAR（2001）	IPCC AR4（2007）
CO_2	1	1	1
CH_4	21	23	25
N_2O	310	296	298
HFC_S	140~11700	120~12000	140~14800
PFC_S	7000~9200	5700~11900	7390~17200
SF_6	23900	22200	22800

五、于家堡金融区建筑碳排放

于家堡金融区各业态的规划面积及不同业态单位面积能耗如下表F1-3、表F1-4。

于家堡各业态面积的比例 **表F1-3**

建筑类型	建筑面积（万平方米）	比例（%）
金融办公	560	58%
商业酒店	150	15%
酒店型公寓	100	10%
配套型公寓	145	15%
其他公共设施	16	2%
合计	971	100%

不同年份不同建筑类型单位建筑面积能耗情况表 **表F1-4**

S1 2010		S2 2020		S3 2030	
金融办公	160kWh/m^2·a	金融办公	125kWh/m^2·a	金融办公	110kWh/m^2·a
住宅公寓	130kWh/m^2·a	住宅公寓	95kWh/m^2·a	住宅公寓	85kWh/m^2·a
商业文娱	200kWh/m^2·a	商业文娱	160kWh/m^2·a	商业文娱	140kWh/m^2·a
地下空间	75kWh/m^2·a	地下空间	60kWh/m^2·a	地下空间	50kWh/m^2·a

注：该表数值是根据建筑能耗模拟得出。

不同业态建筑碳排放=该业态建筑的单位面积能耗×该业态建筑总面积×电力排放因子；各种业态建筑碳排放的总和便形成年度建筑总碳排放。

电力排放因子采用国家发改委气候变化司最新公布的《2010年中国省级电网平均CO_2排放因子》中天津的电力排放因子0.8733kgCO_2/kWh。

各年度建筑总碳排放情况如下表F1-5：

2010年、2020年、2030年各年度建筑碳排放情况表　　表F1-5

建筑类型	2010年单位面积能耗	2020年单位面积能耗	2030年单位面积能耗	2010年碳排放（万吨）	2020年碳排放（万吨）	2030年碳排放（万吨）
金融办公	160	125	110	78.24768	61.131	53.79528
住宅公寓	130	95	85	27.814605	20.3260575	18.1864725
商业文娱	200	160	140	28.46958	22.775664	19.928706
地下空间	75	60	50	26.199	20.9592	17.466
建筑排放合计				135.0558	104.6519	92.2772

六、于家堡交通碳排放

于家堡的交通由两部分组成，一是区内人员交通，即滨海新区与于家堡金融区之间的交通；二是区外人员交通，即天津市区与于家堡金融区之间的交通。于家堡金融区规划工作人口30万，按照区内人口20万，区外人口10万来估算；滨海新区与于家堡金融区之间的往返里程按16公里来计算，天津市区与于家堡金融区之间的往返交通里程按90公里来计算。

特定交通方式的日交通量=日出勤人数×该种交通方式所占的比例×日往返交通里程数，具体量化结果如下表F1-6、表F1-7：

滨海新区与于家堡之间不同交通方式的比例及三个年度的日交通量　　表F1-6

交通方式	2010年的比例	2010年区内交通量（pkm）	2020年的比例	2020年区内交通量（pkm）	2030年的比例	2030年区内交通量（pkm）
出租车与私家车	34%	1088000	30%	960000	10%	320000
公交车	60%	1920000	40%	1280000	40%	1280000
班车	0	0	0	0	0	0
火车	0	0	0	0	0	0
地铁	0	0	20%	640000	40%	1280000
步行	6%	——	10%	——	10%	——

注：由于步行不产生碳排放，所以步行产生的交通量不做计算。

天津市区至于家堡之间不同交通方式的比例及三个年度的日交通量　　表F1-7

交通方式	2010年的比例	2010年区外交通量（pkm）	2020年的比例	2020年区外交通量（pkm）	2030年的比例	2030年区外交通量（pkm）
出租车与私家车	35%	3150000	15%	1350000	10%	900000
公交车	0	0	20%	1800000	25%	2250000

续表

交通方式	2010年的比例	2010年区外交通量（pkm）	2020年的比例	2020年区外交通量（pkm）	2030年的比例	2030年区外交通量（pkm）
班车	58%	5220000	25%	2250000	15%	1350000
火车	0	0	5%	450000	7%	630000
地铁	7%	630000	35%	3150000	43%	3870000

2010年、2020年、2030年各年度总交通量由两部分组成：区内交通量与区外交通量。

区外交通量=区外日交通量×通勤天数

区外人员通勤天数每个月按22天工作日，一年出勤12个月，国家法定节假日按11天来计算，即区外人员通勤天数=22×12−11=253天。

区内交通量=区内日交通量×通勤天数

区内人员通勤天数除了包括正常的工作天数253天，还包括周末与节假日产生的部分交通量，按出行20%来计算。区内人员通勤天数=253+（365−253）×20%=275.4天。

各年度交通量的计算结果如下表F1−8：

2010年、2020年、2030年各年度产生的总交通量　　表F1−8

交通方式	2010年人员交通里程数（pkm）	2020年人员交通里程数（pkm）	2030年人员交通里程数（pkm）
出租车与私家车	1096585200	605934000	315828000
公交车	528768000	807912000	921762000
班车	1320660000	569250000	341550000
火车	0	113850000	159390000
地铁	159390000	973206000	1331622000

不同交通方式产生的CO_2、CH_4、N_2O排放因子及直接温室气体排放因子、间接温室气体排放因子、总温室气体排放因子如下表F1−9：

不同交通方式的温室气体排放因子　　表F1−9

旅客交通转换因子	CO_2	CH_4	N_2O	直接GHG排放因子	间接GHG排放因子	总GHG排放因子
	kg CO_2 per pkm	kg CO_2e per pkm	kg CO_2e per pkm	kg CO_2e per pkm	kg CO_2e per pkm	kg CO_2e per pkm
出租车与私家车	0.15230	0.00004	0.00119	0.15352	0.02922	0.18274
公交车	0.15726	0.00020	0.00128	0.15874	0.03017	0.18891
班车	0.13394	0.00016	0.00104	0.13514	0.02570	0.16084
火车	0.05340	0.00006	0.00305	0.05651	0.00859	0.06510
地铁	0.07414	0.00004	0.00044	0.07462	0.00995	0.08457

各年度特定交通方式的碳排放总量=各年度特定交通方式产生的交通总量×该种交通方式的温室气体排放因子；所有交通方式产生的碳排放的总和即为于家堡各年度产生的交通碳排放。

按照温室气体排放因子计算出来的各年度交通碳排放情况如下表F1–10、表F1–11、表F1–12：

2010年交通碳排放情况表 **表F1–10**

交通方式	CO_2	CH_4	N_2O	直接GHG排放总计	间接GHG排放总计	GHG总计
	kg CO_2	Kg CO_2e	kg CO_2e	kg CO_2e	kg CO_2e	kg CO_2e
出租车与私家车	167009926	39164	1300237	168349326	32043786	200393113
公交车	83154056	105754	676823	83936632	15952931	99889563
班车	176889200	211306	1373486	178473992	33940962	212414954
火车	0	0	0	0	0	0
地铁	11817175	6376	70132	11893682	1585931	13479612
合计	438870357	362599	3420678	442653633	83523609	526177242

2020年交通碳排放情况表 **表F1–11**

交通方式	CO_2	CH_4	N_2O	直接GHG排放总计	间接GHG排放总计	GHG总计
	kg CO_2	kg CO_2e	kg CO_2e	kg CO_2e	kg CO_2e	kg CO_2e
出租车与私家车	92283748	21641	718465	93023853	17706257	110730110
公交车	127052241	161582	1034127	128247951	24374705	152622656
班车	76245345	91080	592020	76928445	14629725	91558170
火车	6079590	6831	347243	6433664	977972	7411635
地铁	59085873	31878	350658	59468409	7929653	67398062
合计	360746797	313012	3042512	364102322	65618311	429720633

2030年交通碳排放情况表 **表F1–12**

交通方式	CO_2	CH_4	N_2O	直接GHG排放总计	间接GHG排放总计	GHG总计
	kg CO_2	kg CO_2e	kg CO_2e	kg CO_2e	kg CO_2e	kg CO_2e
出租车与私家车	48100604	11280	374482	48486366	9228945	57715311
公交车	144956292	184352	1179855	146320500	27809560	174130059
班车	45747207	54648	355212	46157067	8777835	54934902
火车	8511426	9563	486140	9007129	1369160	10376289
地铁	98726455	53265	585914	99365634	13249639	112615273
合计	346041985	313108	2981602	349336695	60435139	409771834

七、于家堡金融区垃圾碳排放

于家堡产生的垃圾是运输到区外进行处理的，因此垃圾处理碳排放属于范畴三的排放，可以不计入总量中，但因其排放与于家堡垃圾产生量多少有直接的关联，所以在本报告中也进行量化。垃圾处理碳排放的计算公式为：

垃圾引起的温室气体排放=垃圾产生量×垃圾的排放因子/1000

●2010年垃圾处理产生的碳排放

天津发布的《天津市固体废物污染环境防治信息公告》显示，2010年天津全年城市生活垃圾产生量为207.32万吨（人均日产生垃圾量约为0.9公斤），2010年于家堡金融区人均日产生垃圾量按0.9公斤计算，人口按30万来计算，不同处理方式的比例按公告的统计来确定，其计算过程与排放结果如下表F1-13。

2010年于家堡垃圾处理碳排放计算　　表F1-13

名称	数值	单位
垃圾产生量[①]	98550000.00	kg
垃圾的排放因子[②]	0.4774	kg CO_2e/kg
卫生填埋方式百分比[③]	64.90%	——
卫生填埋产生温室气体排放因子	0.4981	kg CO_2e / kg
焚烧方式百分比[④]	28.10%	——
焚烧产生温室气体排放因子	0.5046	kg CO_2e / kg
堆肥方式百分比[⑤]	7.00%	——
堆肥产生温室气体排放因子[⑥]	0.18	kg CO_2e/kg

注释 ①人均日垃圾产生量按0.9千克来算
②垃圾排放因子= S（不同垃圾处理方式所占百分比×对应垃圾处理方式温室气体排放系数）
③④⑤引自 2010年《天津市固体废物污染环境防治信息公告》，http://www.people.com.cn/h/2011/0722/c25408-。
⑥(CH_4 EF)×GWPCH_4+(N_2O EF)×GWPN_2O

综合上表得出结果：

2010年垃圾处理产生的温室气体排放= 47052.65 tCO_2e

●2020年与2030年垃圾处理碳排放

2020年与2030年于家堡金融区人均日产生垃圾量按指标体系设定的目标值0.8公斤计算，其计算过程与排放结果如下表F1-14。

2020年与2030年于家堡垃圾处理碳排放计算　　表F1-14

名称	数值	单位
垃圾产生量[①]	87600000.00	kg
垃圾的排放因子[②]	0.4774	kg CO_2e/kg

续表

名称	数值	单位
卫生填埋方式百分比[③]	64.90%	——
卫生填埋产生温室气体排放因子	0.4981	kg CO_2e / kg
焚烧方式百分比[④]	28.10%	——
焚烧产生温室气体排放因子	0.5046	kg CO_2e / kg
堆肥方式百分比[⑤]	7.00%	——
堆肥产生温室气体排放因子[⑥]	0.18	kg CO_2e/kg

注释 ①人均日垃圾产生量按0.8千克来算
②垃圾排放因子= S（不同垃圾处理方式所占百分比×对应垃圾处理方式温室气体排放系数）
③④⑤引自 2010年《天津市固体废物污染环境防治信息公告》，http://www.people.com.cn/h/2011/0722/c25408-。
⑥$(CH_4\ EF) \times GWPCH_4+(N_2O\ EF) \times GWPN_2O$

综合上表得出结果：

2020年或2030年垃圾处理产生的温室气体排放= 41824.58 tCO_2e

八、于家堡金融区污水处理碳排放

于家堡金融区产生的污水都是在区域外进行处理的，同垃圾处理一样属于范畴三的排放，因其排放与于家堡的污水产生量直接关联，所以对于家堡的污水处理进行了量化，为于家堡的低碳管理做参考。污水处理碳排放按污水处理厂进水与出水BOD或COD浓度的经验值来估算。具体量化过程如下：

于家堡污水处理碳排放计算公式：

碳排放量（吨CO_2当量/年）= 活动数据×CH_4排放系数×GWP

其中：

——活动数据（Kg/year）= 被污水处理系统处理的BOD或COD；

——CH_4排放系数（kg CH_4/kg BOD_5（或COD））= BOD（或COD）排放系数×甲烷修正因数（MCF）；

——CH_4排放系数计算公式来源于IPCC2006 Volume 5 公式6.2；

——BOD_5（或COD）排放因子来源于IPCC2006 Volume 5 表6.2；

●2010年于家堡污水处理碳排放

2010年污水处理碳排放按于家堡规划总污水量为7.5万立方米/日来计算，其排放因子及量化结果如下表F1-15。

2010年于家堡污水处理碳排放计算 表F1–15

名称	数值	单位
污水总量	27375000000	L
MCF①	0.3	
COD排放因数	0.25	kg CH_4/kgCOD
进水COD浓度②	300	mg/L
出水COD浓度③	50	mg/L
BOD排放因数	0.6	kg CH_4/kg BOD
进水BOD浓度④	250	mg/L
出水BOD浓度⑤	10	mg/L

注释 ①MCF选取IPCC2006 Volume 5 表6.3中好氧处理厂之MCF值
②生活污水进水COD浓度一般为200–400mg/L,取中值300mg/L
③GB18918–2002城镇污水处理厂污染物排放标准中的一级标准的A标准值
④BOD的浓度一般为200–300mg/L，取中值250mg/L
⑤GB18918–2002城镇污水处理厂污染物排放标准中的一级标准的A标准值

综上得出计算结果：

2010年于家堡污水处理产生的温室气体排放=42397.03tCO_2e

●2020年于家堡污水处理碳排放

《给排水工程快速设计手册》中生活污水定额表中显示，天津所属的第二分区中“室内有给水排水设备，并有淋浴和集中热水供应者，平均日污水量为140~180升/人；室内有给水排水卫生设备，但无淋浴设备者，平均日污水量为60~95升/人”，2020年分别取值180升/人与95升/人，人口按7万与23万计算，其排放因子及量化结果如下表F1–16。

2020年于家堡污水处理碳排放计算 表F1–16

名称	数值	单位
污水总量	12574250000	L
MCF①	0.3	
COD排放因数	0.25	kg CH_4/kgCOD
进水COD浓度②	300	mg/L
出水COD浓度③	50	mg/L
BOD排放因数	0.6	kg CH_4/kg BOD
进水BOD浓度④	250	mg/L
出水BOD浓度⑤	10	mg/L

注释 ①MCF选取IPCC2006 Volume 5 表6.3中好氧处理厂之MCF值
②生活污水进水COD浓度一般为200–400mg/L,取中值300mg/L
③GB18918–2002城镇污水处理厂污染物排放标准中的一级标准的A标准值
④BOD的浓度一般为200–300mg/L，取中值250mg/L
⑤GB18918–2002城镇污水处理厂污染物排放标准中的一级标准的A标准值

综上得出计算结果：

2020年于家堡污水处理产生的温室气体排放=19474.37tCO_2e

●2030年于家堡污水处理碳排放

2030年日人均污水产生量按设定的目标值人均耗水量90L的90%计算，人口按30万来计算，其排放因子及量化结果如下表F1-17。

2030年于家堡污水处理碳排放计算 表F1-17

名称	数值	单位
污水总量	8869500000	L
MCF[①]	0.3	
COD排放因数	0.25	kg CH_4/kgCOD
进水COD浓度[②]	300	mg/L
出水COD浓度[③]	50	mg/L
BOD排放因数	0.6	kg CH_4/kg BOD
进水BOD浓度[④]	250	mg/L
出水BOD浓度[⑤]	10	mg/L

注释 ①MCF选取IPCC2006 Volume 5 表6.3中好氧处理厂之MCF值
②生活污水进水COD浓度一般为200～400mg/L，取中值300mg/L
③GB18918-2002城镇污水处理厂污染物排放标准中的一级标准的A标准值
④BOD的浓度一般为200-300mg/L，取中值250mg/L
⑤GB18918-2002城镇污水处理厂污染物排放标准中的一级标准的A标准值

综上得出计算结果：

2030年于家堡污水处理产生的温室气体排放=13736.64tCO_2e

九、于家堡金融区景观碳汇

于家堡规划绿化用地为98.08公顷，占总建设用地25.41%。天津市树、草的种植结构指导参数为3：1，树木种植量应为植草量的3倍，植草比例不应超过整个绿化面积的25%，从而抑制城市绿化“草坪热”。所以于家堡植草比例不应超过整个绿化面积的25%。

于家堡每年的景观碳汇计算公式如下：

于家堡每年的景观碳汇=乔木的绿化面积×乔木单位面积的碳排放因子

乔木的绿化面积= 于家堡规划绿化用地面积×乔木的绿化面积的比例

即：98.08×（100-25）%×10000=735600平方米；

乔木单位面积的碳排放因子是按住建部公布的“40年固碳量每平方米600千克或800千克”计算得出，40年固碳量按每平方米600千克计算出乔木每年每平方米的固碳量为600/40=15kg/年。

则于家堡的每年的景观碳汇为735600×（600/40）/1000=11034吨/年

十、于家堡金融区碳排放情况汇总

于家堡金融区建筑碳排放、交通碳排放、垃圾处理碳排放、污水处理碳排放与碳汇情况汇总如下表F1–18。

于家堡碳排放量各年度汇总（万吨） **表F1–18**

时间	建筑碳排放量	交通碳排放量	垃圾处理碳排放量	污水处理碳排放量	景观碳汇
2010年	135.1	52.6	4.7	4.2	–1.1
2020年	104.7	43.0	4.2	1.9	–1.1
2030年	92.3	41.0	4.2	1.4	–1.1

于家堡金融区碳排放总量即为建筑碳排放与交通碳排放的总和，如下表F1–19所示。2020年较2010年碳排放减排20%，2030年比2010年减排30%。

于家堡各年度碳排放总量情况表 **表F1–19**

单位（万吨）	2010年	2020年	2030年
建筑碳排放	135.1	104.7	92.3
交通碳排放	52.6	43.0	41.0
碳汇	–1.1	–1.1	–1.1
合计	186.6	146.6	132.2

根据《天津市滨海新区中心商务区（于家堡）行动规划及重要节点城市设计方案》预测，到2020年于家堡CBD初具规模时，滨海新区GDP预计将达到1万亿元（162800百万美元）。根据人口比例来推估于家堡金融区2020年的GDP，天津市滨海新区2010年第六次全国人口普查主要数据公报，天津市滨海新区常住人口为2482065人，同第五次全国人口普查2000年11月1日零时的1188989人相比，年平均增长率为7.64 %。若按此增长率计算则2020年滨海新区人口将增加到500万人。于家堡金融区规划人口30万人，按人口比例来推估于家堡金融区2020年的GDP为9768百万美元（人民币对美元按汇率来0.1628计算），2020~2030年GDP年增速按5%计算，得出2030年的GDP为15911百万美元。由于于家堡2010年基准年是按全建成的情景来模拟碳排放情况，所以2010年、2020年、2030年的人口都按30万来计算。于家堡金融区碳排放总量、人均碳排放与碳强度的计算如下表F1–20：

于家堡金融区碳排放总量、人均碳排放与碳强度表　　表F1–20

年份	碳排放总量	人均碳排放量	GDP	碳强度
	万吨	吨/年	百万美元	吨/百万美元
2010	186.6	6.2	——	——
2020	146.6	4.9	9768	150.0
2030	132.2	4.4	15911	83.1

十一、于家堡减碳目标分析

从20世纪90年代开始，国际上一些城市就走上了低碳发展之路。发达国家的自治性很强，城市在碳减排方面非常活跃，很多低碳城市规划的减排目标相比其所在国家还要严格，如下表F1–21。

典型城市低碳发展目标　　表F1–21

城市	国家	减碳目标
斯德哥尔摩	瑞典	2050年温室气体排放比1990年下降60%～80%
柏林	德国	2020年二氧化碳排放比1990年减少40%
哥本哈根	丹麦	2015年温室气体排放比2005年减少20%
东京	日本	2020年温室气体排放比2000年减少25%
香港	中国	2020年二氧化碳排放比2005年降低19%～33%
伦敦	英国	2025年二氧化碳排放比1990年减少60%
纽约	美国	2030年二氧化碳排放比2005年减少30%

数据来源：世界银行，《2010年世界发展报告:发展与气候变化》

从上表可以看出，这些发达的城市均以减碳总量为城市低碳发展目标。以我国香港为例，低碳发展的总目标为：到2020年，碳排放强度指标较基准年（2005年）水平降低50%～60%，二氧化碳排放总量指标较基准年降低19%～33%，人均碳排放指标较基准年降低27%～42%。又比如英国伦敦，其低碳目标是到2015年、2020年和2025年，比1990年碳排放总量指标分别减排20%、38%和60%，从而二氧化碳排放量分别为35.2百万吨/年、27.9百万吨/年、18百万吨/年。在此基础上，对低碳目标进行了分解（表F1–22），并从低碳能源供给、低碳家庭、低碳办公、低碳建筑、低碳交通等方面保证了减碳目标的达成。

伦敦市低碳目标分解　　表F1–22

总目标	分项目标		
2006年排放量为4471万吨二氧化碳，到2025年，二氧化碳排放降低60%	居民生活	2006年	1710万吨二氧化碳当量
		2025年	766万吨二氧化碳当量

续表

总目标	分项目标		
2006年排放量为4471万吨二氧化碳，到2025年，二氧化碳排放降低60%	企业	2006年	2050万吨二氧化碳当量
		2025年	570万吨二氧化碳当量
	交通	2006年	990万吨二氧化碳当量
		2025年	795万吨二氧化碳当量

数据来源：大伦敦政府，《英国低碳转换计划》

于家堡金融区位于天津市滨海新区，以“打造低碳生态金融区”为目标，以低碳城市为核心，以绿色建筑设计为载体，以低碳金融为特色，建立具有国际竞争力的金融低碳城市。

为达到这样的定位目标，首先要对国际金融中心城市的低碳发展趋势作出分析，如表F1–23。从表中可以看出，这些城市的温室气体排放大多数在200百万吨以内，人均二氧化碳排放量集中在为10吨/人以下，二氧化碳排放强度则低于在200吨/百万美元。

国际金融中心城市碳排放情况（表中数据取自2000至2006年间统计数据）　表F1–23

城市	所属国家	温室气体排放	人均二氧化碳排放	碳排放强度
		百万吨	吨/人	吨/百万美元
东京	日本	174	4.9	146
纽约	美国	196	10.5	173
巴黎	法国	51	5.2	112
伦敦	英国	73	9.6	162
香港	中国	25	3.4	102
首尔	韩国	39	4.1	179
芝加哥	美国	106	12	230

数据来源：世界银行，《2010年世界发展报告:发展与气候变化》

于家堡金融区正是根据国际著名金融中心城市的发展趋势并对天津市城市发展及碳排放现状进行分析，定量化研究该区域内的碳排放量，确定区域内未来低碳发展的目标。即以2010年为基准，实现2020年二氧化碳排放总量较2010年减排20%， 2030年二氧化碳排放总量较2010年减排30%。

于家堡金融区2020年及2030年的发展目标，与香港2020年的低碳发展总目标“碳排放强度指标较基准年（2005年）水平降低50%～60%，二氧化碳排放总量指标较基准年降低19%～33%，人均碳排放指标较基准年降低27%～42%”相比，基本持平。与美国纽约、英国伦敦2030年的低碳发展目标相比，也有其自身的竞争优势。通过以上分析可以看到，实施一系列的低碳策略后，作为APEC首例低碳示范城镇的于家堡金融区具有挑战性的低碳目标及其“世界金融区”的建设定位均是可以实现的。

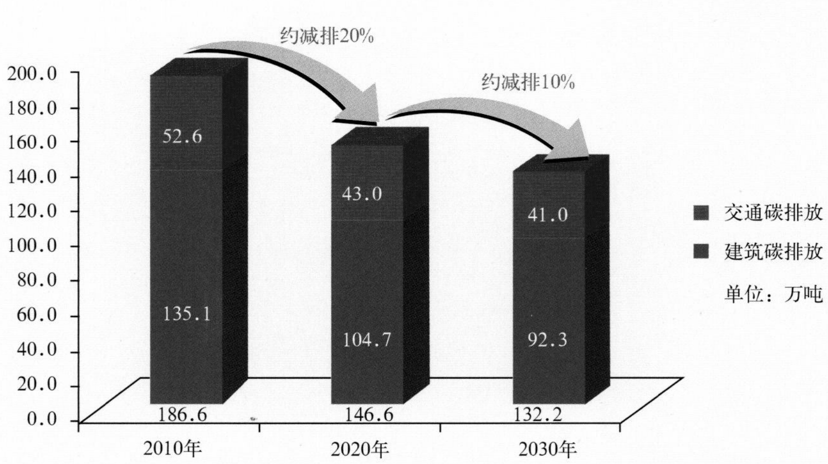

图F1-4 于家堡碳排放总量目标分解图

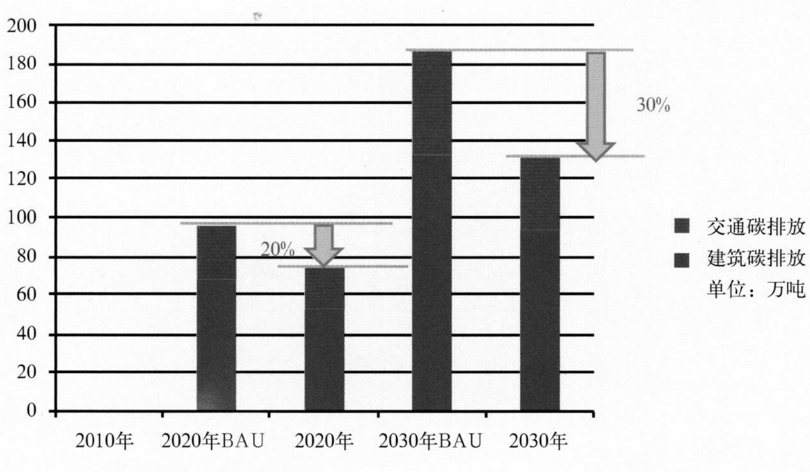

图F1-5 于家堡碳排放目标图

十二、结论

于家堡碳排放总量指标2020年为146.6万吨，2030年为132.2万吨。于家堡碳排放总量的量化结果如下图所示，将实现绝对总量目标减排约30%，目标分解即（图F1-4）：

·2020年二氧化碳排放总量较2010年减排约20%；

·2030年二氧化碳排放总量较2010年削减约30%。

于家堡碳排放强度指标2020年为150吨CO_2/百万美元GDP，2030年为83吨CO_2/百万美元GDP。于家堡人均碳排放指标2020年为4.9吨，2030年为4.4吨。碳排放总量、强度、人均三项指标均达到国际先进水平。

以2010年天津市的平均碳排放水平作为目标设定的基准，分别按实际建成区域正常运营碳排放水平作为比较对象，其碳排放目标如下图（图F1-5）所示。2010年于家堡刚刚起步建设，城市运营碳排放为0，到2020年于家堡建成区面积约500万平方米，2030年于家堡已全建成。

附录二

于家堡金融区低碳城镇指标体系碳排放估算报告（二）

一、理论基础

（一）区域碳排放核算研究

目前，众多国内外研究机构以及学者投身于温室气体的测算，由于该领域处于刚刚起步的状态，对碳排放的测算方法没有标准的分类，方法也是百花齐放，大概罗列有实测法、排放系数法、物料平衡法、清单编制法等等，应用较广的是温室气体清单编制法。

清单编制法是IPCC以IECD和IEA共同于1991年初提交的温室气体清单编制方法的报告为基础，经其他多方组织合作，历时5年修改和完善，最先于1996年提出了国家温室气体排放清单指南。随后经过几次修改完成了《2006年IPCC国家温室气体排放清单指南》，我国也于2008年启动了国家温室气清单的编制工作，2011年发布了《省级温室气体清单编制指南》，《指南》对碳排放源做了详尽的分类，其主要将温室气体排放源分为能源消费、工业过程及产品使用、农业林业和其他土地利用、废弃物等。

省级温室气体清单将中国的温室气体排放源分类为能源活动、工业生产工艺过程、农业活动、城市废弃物和土地利用变化与林业五个部分。此类划分根据国内经济社会、自然生态发展状况，具有很强的针对性以及普适性，得到国内许多机构及学者的应用。具体内容见下表F2-1。

省级温室气体清单碳源分布 表F2-1

能源相关				工业生产过程	农业	土地利用	废弃物处理
能源生产	能源加工转换	能源消费	生物质燃烧	水泥、石灰、钢铁、电石、已二酸、硝酸等	稻田、农用地、动物肠道发酵等	森林和其他木质生物质碳储量变化、森林转化碳排放	固体废弃物、废水
煤炭、石油、天然气开采	发电、炼油、炼焦。煤制气、型煤加工	农业、工业、建筑、交通、商业、民用					

（二）城市碳排放研究

国内外对城市层面碳排放的研究集中在适用于城市层面估算具体办法的研究。为了解决温室气体排放问题达到减排目的，首先就必须对城市层面的温室气体排放量进行科学合理的估计与核算，如何更加精准的估算排放是研究的核心问题就是清单的方法学选择，即《省级温室气体清单编制指南》如何在城市、城镇层面合理的应用。

城市碳排放首要问题是确定城市边界，即对于核算区域的范围的限定。由于城市的边界概念存在一定的差异，核心城区、建成区、大都市区及延伸规划区域等不同边界与范围的界定会造成后续排放量估算的极大差别，对于城市层面来说，特别是人均排放指标更加容易受到边界划定差异的影响。从已有的国际城市清单来看，几乎所有清单都将城市的行政区域作为清单核算的范围。

其次是城市碳排放研究的内容，根据温室气体清单，城市温室气体清单需要包括的内容有以下几方面：

1.城市温室气体的种类

温室气体的种类主要为6类：二氧化碳（CO_2）、甲烷（CH_4）、氧化亚氮（N_2O），以及包括氢氟碳化物（HFCs）、六氟化硫（SF_6）和全氟化碳（PFCs）在内的含氟温室气体。目前我国省级温室气体清单中温室气体报告的种类主要包括CO_2、CH_4、N_2O。

2.城市温室气体的排放来源

在城市层面的温室气体来源更加关注能源活动、工业生产过程和废弃物的处理等三方面的研究内容。

（1）能源活动，主要指化石燃料燃烧产生的二氧化碳和氧化亚氮，采矿业相关的甲烷气体排放等。

（2）工业生产过程，主要应当涵盖水泥、石灰、钢铁、电石生产过程中的二氧化碳排放。

（3）废弃物处理，主要包括城市固体废物处理过程产生的甲烷、城市生活污水和工业废水的甲烷排放。

（4）土地利用变化和林业活动，主要包括：森林和其他木质生物量贮量的变化，包括活立木、竹林、经济林生长碳吸收；森林资源消耗引起的CO_2排放；森林转化为非林地引起的CO_2排放。

（5）废弃物处置，废弃物处置温室气体排放主要包括城市固体废弃物处置的甲烷排放、城市生活污水和工业废水的甲烷排放。

3.城市碳排放测算的方法

在全世界范围内，不同机构、环保组织、政府部门等都对城市温室气体的排放清单提供了各自推荐的核算方法。但总结各种方法，其一般的步骤为：

（1）确定城市边界与核算范畴

（2）选择核算的层次

（3）关键排放部门、来源的识别

（4）相关排放因子的选择

（5）基础数据的筛选与确认

确定城市碳核算的边界，可以有效地避免重复计算或漏算。根据ICLEI（国际地方环境理事会，International Council for Local Environmental Initiatives）地方政府运作协议的分类标准，城市碳核算的边界主要分成三类：（1）范围一（Scope I），即边界内排放源产生的所有直接温室气体排放（生物源产生的直接CO_2除外），这里的排放源包括固定源燃烧、移动源燃烧、过程排放和逸散排放四类；（2）范围二（Scope 2，与外购的电力、蒸汽、供热等消费相关的间接温室气体排放；（3）范围三（Scope 3），边界1和边界2中不包含的其他生命周期过程的排放，如外购的原料生产过程中产生的排放等。上述3种划分方式中，范围一的碳排放发生在城市边界内；范围二的电力使用发生在城市边界内，但排放发生在城市边界范围外；范围三是从全生命周期的角度出发，能源使用过程和碳排放均发生在城市边界外。

二、于家堡金融区碳指标体系研究方法及研究内容

（一）研究方法

本研究首先分析于家堡碳排放现状，了解于家堡能源消耗的数据统计情况，确定碳排放源的估算范围与对象。基于现状的预测模型对该地区总体碳排放现状进行详细的测算，并运用情景分析法制定出未来于家堡地区的总体发展目标。

于家堡碳排放指标是基于目前天津市的技术水平下，假定于家堡全部建成后测算碳排放情况，基准年选取为2010年。鉴于目前并无于家堡能源消费情况，研究方法可参照天津市的能源平衡表推算于家堡能源消费情况。因此，于家堡碳排放指标首先应确定天津市分行业的能源消费情况，根据于家堡的实际发展特点，推算出合适的能源消费结构，综合于家堡的经济发展水平，计算出于家堡碳排放情况。

（二）研究内容

（1）于家堡控制性规划方案

于家堡金融区位于天津滨海新区，定位为新的高端金融产业聚集地。该区于2009年开工建设，计划在8~10年内建成。作为新建开发区，于家堡金融区投入了大量的人力、物力开展区域的空间布局规划，以提高空间利用度、优化功能区和能

源布局，提高能源利用效率和减少交通能耗。

根据于家堡金融区控制性详细规划，于家堡以商务金融功能为主，包括商业、会展、休闲、文化娱乐等功能的综合性国际型中心商务区，规划建设用地面积3.86平方公里，工作人口30万人，居住人口7万人；建筑面积共968万平方米，其中住宅公寓建筑面积为145万平方米。市政规划中包括4座变电站、2处燃气服务站、8处能源中心。

（2）于家堡碳排放源

目前，我国将碳排放强度作为约束性目标并分解到各省区市，还没有总量控制目标，因此，我们将碳排放强度作为优先考虑的指标，二氧化碳排放强度是一个相对指标，为碳排放总量与GDP的比值。

根据《省级温室气体清单编制指南》，纳入碳强度统计范围的温室气体，包括在能源活动、工业生产、农业生产和养殖、土地利用变化和林业活动、废弃物处理等5大类活动中产生的二氧化碳为主的6种气体。从统计上看，一个地区二氧化碳排放源于上述5类活动，但各类活动在二氧化碳总量中所占比重不同，其中能源消费产生的二氧化碳所占比重超过90%，所以在我国，控制温室气体排放主要是控制能源消费活动产生的二氧化碳。对于于家堡而言，农业、工业和林汇都不存在，废弃物都在区域外处理，因此于家堡主要考虑能源活动产生的碳排放，温室气体种类仅考虑二氧化碳。

能源消费按行业划分见下表，根据《天津市能源统计工作规定（暂行）》，在能源平衡表（实物量）中，第三产业包括交通运输、仓储和邮电通讯业，批发、零售业和住宿、餐饮业以及其他能源消费。生活消费包括城镇居民生活消费以及农村居民生活消费。

能源消费产生的CO_2分类 表F2–2

终端能源消费	产业
第一产业	农、林、牧、渔业
第二产业	工业
	建筑业
第三产业	交通运输、仓储和邮政业
	批发、零售业和住宿餐饮业
	其他
生活消费	城镇生活消费以及农村生活消费

于家堡金融区控制性详细规划以及滨海新区能源发展第十二个五年规划，于家堡金融区建成区是以金融业为主，区域内没有加工转换投入产出量，即区域内无火力发电、供热厂、炼焦等。区域能源按终端消费量也没有农、林、牧、渔业和工业

以及建筑业的能源消耗，有第三产业能源消费量和生活消费能源消费量，包括交通运输、仓储和邮政业、批发零售和住宿、餐饮和其他的终端消费量以及城镇居民生活的能源消费量。因此于家堡能源消费结构按照第三产业和生活消费两个方面的能源种类消耗量来考虑。

（三）计算方法

地区二氧化碳排放量由能源消费总量和能源消费结构两个变量计算，由于于家堡为新建的规划性城镇，暂无能源消费量的数据。因此，于家堡终端能源消耗数据需要根据天津市的能源平衡表进行推算，选取合适的数据来量化于家堡的碳排放水平。

根据天津市统计年鉴2011以及中国能源统计年鉴2011，可以得知2010年天津市第三产业中交通运输、仓储和邮政业、批发零售和住宿、餐饮业以及其他行业的各能源种类的消耗量，再根据天津市能源碳排放因子分别计算各能源种类消耗量产生的碳排放，最后根据天津市第三产业总产值算出第三产业碳排放强度。此外，居民生活消耗的能源占终端能源消耗比例较大，因此于家堡也需要考虑居民生活能耗产生的碳排放。

综上所述，于家堡的碳排放总量可以根据预测的地区生产总值乘以碳排放强度加上居民生活产生的碳排放。

三、于家堡金融区碳指标计算过程

（一）基准年碳排放指标

于家堡碳排放指标是以2010年为基准年，且假定于家堡以天津市现有技术水平建成，因此于家堡基准年第三产业的碳排放强度指标应与天津市第三产业平均水平保持一致；居民生活人均碳排放应与天津市城镇居民生活碳排水平放保持一致。

（1）2010年天津市第三产业以及生活消费等终端消费量产生的排放可由下式计算：

$$E_{\text{Total}}=E_{\text{Transport}}+E_{\text{Wholesale}}+E_{\text{others}}+E_{\text{residential}}=\sum_{i=1}^{n}(AD_i\times EF_i)$$

其中，

E_{Tot}——天津市2010年碳排放总量

E_{Transpor}——交通运输、仓储和邮政业产生的碳排放

$E_{Wholesale}$——批发、零售业和住宿、餐饮业产生的碳排放

E_{others}——其他行业产生的碳排放

$E_{residential}$——生活消费产生的碳排放

AD_i——能源i的消费量

EF_i——能源i的碳排放因子[1]

i——为能源品种，煤、天然气、热力、电力等

（2）天津市第三产业以及生活消费碳排放计算表

天津市2010年终端消费量碳排放计算表[2]　　表F2–3

终端消费量	原煤[3]（万吨）	焦炭（万吨）	汽油（万吨）	煤油[4]（万吨）	柴油（万吨）	燃料油（万吨）	液化石油气（万吨）	天然气（亿立方米）	液化天然气（万吨）	热力（万百万千焦）	电力（亿千瓦时）
交通运输、仓储和邮政业	30.74		63.5	18.64	112	75.57		0.23	0.05	166.56	15.81
批发、零售业和住宿、餐饮业	41.50		11.38	2.08	29.69	0.94	4.87	3.12	0.12	544.40	28.97
其他	69.79	0.62	10.45	0.17	38.99	0.03	0.03	1.16	0.25	916.56	46.77
合计	142.03	0.62	85.33	20.89	180.68	76.54	4.9	4.51	0.42	1627.52	91.55
CO_2排放系数	1.71万吨CO_2/万吨	2.85万吨CO_2/万吨	2.93万吨CO_2/万吨	3.03万吨CO_2/万吨	3.10万吨CO_2/万吨	3.17万吨CO_2/万吨	3.10万吨CO_2/万吨	19.77万吨CO_2/亿立方米	3.18万吨CO_2/万吨	0.096万吨CO_2/万GJ	8.733万吨CO_2/亿千瓦时
CO_2排放量（万吨）	242.87	1.77	250.02	63.30	560.11	242.63	15.19	89.16	1.34	156.24	799.51
CO_2排放总量（万吨）	2422.13										
第三产业产值（亿元）[5]	3315.51										
第三产业碳强度（吨/万元）	0.73										

天津市2010年城镇居民生活碳排放计算表　　表F2–4

终端消费量	原煤[6]（万吨）	汽油（万吨）	柴油（万吨）	燃料油（万吨）	液化石油气（万吨）	天然气（亿立方米）	热力（万百万千焦）	电力（亿千瓦时）
城镇人口生活	13.06	87.3	17.53		1.35	4.13	6614.94	50.98
CO_2排放系数	1.71万吨CO_2/万吨	2.93万吨CO_2/万吨	3.10万吨CO_2/万吨	3.17万吨CO_2/万吨	3.10万吨CO_2/万吨	19.77万吨CO_2/亿立方米	0.096万吨CO_2/万GJ	8.733万吨CO_2/亿千瓦时
CO_2排放量（万吨）	25.73	255.79	54.34		3.1	81.65	635.03	445.21

1　碳排放因子采取天津市碳排放和算指南附录A的参数缺省值。

2　数据来源：中国能源统计年鉴2011。

3　排放因子采用天津市碳排放核算指南附录A数据。

4　喷气煤油与一般煤油单位热值含碳量差别不大，且能源统计年鉴也没有区分，因此统一按一般煤油排放系数计算。

5　根据2006年GDP不变价计算。

6　原煤采用《天津市碳排放核算指南》附录A中烟煤的碳排放系数。

续表

终端消费量	原煤（万吨）	汽油（万吨）	柴油（万吨）	燃料油（万吨）	液化石油气（万吨）	天然气（亿立方米）	热力（万百万千焦）	电力（亿千瓦时）
CO2排放总量（万吨）	1498.54							
天津市城镇居民（万人）	1033.59							
城镇居民人均生活碳排放（吨/人）	1.45							

天津市2010年第三产业总产值为4238.65亿，2010年天津市城镇人口为1033.59万人。因此天津市第三产业碳排放强度为0.73吨/万元，天津市城镇人均生活能耗碳排放为1.45吨/人，为了验证该数据的可信性，本报告添加了2006~2011年天津市第三产业碳强度和城镇居民人均生活碳排放趋势，见下表。

天津市2006年～2011年第三产业碳排放强度[1] **表F2-5**

年	第三产业二氧化碳排放量（万吨）	第三产业产值（亿，2006年）	第三产业碳排放强度（吨/万元）
2006年	1862.19	1902.31	0.98
2007年	1971.28	2187.66	0.9
2008年	2049.85	2520.18	0.81
2009年	2166.1	2903.25	0.75
2010年	2422.13	3315.51	0.73
2011年	2556.67	3802.89	0.67

天津市城镇居民人均生活碳排放[2] **表F2-6**

年	城镇人口生活碳排放（万吨）	城镇人口（万人）	城镇居民人均生活碳排放（吨/人）
2006年	948.5	814	1.17
2007年	1044.99	850.89	1.23
2008年	1161.6	908.22	1.27
2009年	1375.41	958.09	1.43
2010年	1498.54	1033.59	1.45
2011年	1545.27	1090.44	1.41

根据上表，我们可以看出天津市第三产业碳排放强度呈逐年递减趋势，城镇居民生活碳排放则出现逐年递增的趋势，反映了天津市在节能减排取得的成就，同时也体现了随着经济的发展居民生活水平逐渐提高，生活能耗也占据了一定的比重。

（3）于家堡碳排放指标

碳排放总量由能源消费总量和能源消费结构两个变量计算。于家堡金融区是

1 数据来源：中国能源统计年鉴2007-2012、天津市统计年鉴2012

2 数据来源：中国能源统计年鉴2007-2012、天津市统计年鉴2012

一个新建区域，暂无能源平衡表，因此能源消耗结构根据天津市能源平衡表进行推算。在根据天津能源平衡表进行推算中，需要考虑于家堡的产业特征，于家堡定位商务金融功能区域，区域内无第一产业和第二产业。因此能源消费结构按照天津市能源平衡表中终端消费量的第三产业以及生活消费推算。

天津市2010年第三产业终端消费量碳排放总量为2422.13万吨，第三产业总产值为3315.51亿，第三产业的碳排放强度为0.73吨/万元。天津市城镇人口平均生活能耗碳排放为1.45吨/人，于家堡规划人口为30万，生活能耗碳排放为43.5万吨。

滨海新区是天津经济和人口增长的强劲推动力之一，人口仅占24%，却推动天津GDP总量的50%。近年来，与其他中国城市相比，滨海新区经历了速度最快的增长，1994至2005年鉴GDP年均增长率为20.6%。2010年，滨海新区生产总值达到5030亿元，占天津市生产总值的50%，其中第三产业产值为1589亿，占天津市第三产业生产总值的38%，但滨海新区人口数仅有248万，第三产业人均GDP为6.4万元/人，高于全市平均水平。鉴于于家堡是以第三产业为主的城市，因此于家堡GDP为滨海新区第三产业人均产值与规划人口数的乘积，估算结果为190亿。

于家堡碳排放总量为于家堡生产总值乘以第三产业碳排放强度加上生活能耗产生碳排放，基准年2010年的碳排放总量为182万吨，碳排放强度为0.96吨/万元，人均碳排放为6吨。

于家堡2010年碳排放指标基准值　　表F2—7

	天津市	于家堡
第三产业总产值（亿）	3315	190
第三产业碳排放总量（万吨）	2242	138.7
第三产业碳排放强度（吨/万元）	0.73	0.73
城镇人口生活能耗碳排放	1498	43.5
城镇人口（万）	1033	30
城镇人均生活能耗碳排放（吨/人）	1.45	1.45
碳排放总量（万吨）	——	182
碳排放强度（吨/万元）	——	0.96
人均碳排放（吨/人）	——	6

（二）2020年及2030年碳排放指标

近些年来，国际上一些机构开始采取情景分析的方法，对所需要预测的对象进行分析研究。所谓情景，既不是预言，也不是预测，它只是展示了未来可能的发展方向。在设计情景时，人们对未来的发展趋势进行一系列合理的、可认可的、大胆的、自圆其说的假定，或者说确立某些希望达到的目标，然后再来分析达到这一目标的种种可行性及需要采取的措施。

（1）情景分析模型

许多研究表明，影响一个地区二氧化碳排放的主要驱动因素有人口规模、经济增长、能源结构及能源强度等等。根据国家发改委能源研究所在《中国2050年低碳发展之路》中所运用的碳排放量预测公式：

$$\frac{C_0}{G_0}(1-m)^t=\frac{C_x}{G_x}=\frac{C_x}{G_0(1+n)^t} \quad (F2.1)$$

$$C_x=C_0[(1-m)^t\times(1+n)^t] \quad (F2.2)$$

式中，C_0为基准年二氧化碳的排放量，这里取2010年的数据；C_x为预测年份二氧化碳的排放量；G_0为基准年的GDP的量；G_x为预测年份GDP的量；m为减排率，指由于产业结构调整、能源结构调整、技术进步、政策引导等因素对二氧化碳排放量的影响；n为平均经济增长速度；t为第t年，基准期（第t年）的指数为1。

本报告以2010年为基准年，2020年、2030年为目标年，对于家堡的二氧化碳排放进行情景分析，在此过程中，设定以下原则：

1）分低碳方案、优化方案、基准方案，对于家堡二氧化碳排放进行情景分析，每套方案对应着不同的减排率，也即不同方案对应的节能减排措施有所不同。

2）基准方案是比较保守的情景，即完成滨海新区“十二五”时期碳排放指标。优化方案下，于家堡出台了相应的低碳政策，并实施了相应的减排措施。低碳方案则是最理想的状态，能源、建筑、交通等各方面都采取了严格的低碳措施。优化方案和低碳方案下，2010~2030年的减排率在基准方案的基础上分别上浮1和2个百分点[1]。

（2）不同情景下的参数设置

我国已将碳排放强度作为约束性指标列入国民经济和社会发展中长期规划，到2020年中国国内生产总值二氧化碳排放比2005年下降40%~45%，根据“十二五”规划以及天津市低碳试工作实施方案，天津2015年单位国内生产总值二氧化碳排放比2010年下降19%，年平均减排率为4.1%。

根据滨海新区能源发展“十二五”规划，滨海新区2010年万元GDP能耗为0.881吨标准煤，万元GDP二氧化碳排放量达到1.96吨，预计2015年万元GDP二氧化碳排放量为1.29吨，相比2010年的1.96吨，减少34.2%，年平均减排率为8.6%，此外新能源占一次能源的比重达到3.2%，即2010~2015年，平均每年提

1　基本原则的设置参考《2050中国能源和碳排放报告》

高1.3个百分点，基准情景下，年减排率应当设置在10%左右。因此2010~2015年减排率基准方案下定为10%，优化方案为11%，低碳方案定为12%。2020~2030年，考虑到节能潜力的枯竭，设定减排率依次降低，见表F2-8。

天津市市我国经济发达的区域，其“十一五”时期经济增长速率都高于14%，根据《天津市国民经济和社会发展第十二个五年规划纲要》提出的全市生产总值年均增长12%的目标，因此设定2010~2015年均增长速率为12%。根据十八大报告提出，到2020年，实现国内生产总值比2010年翻一番，达到这个目标只要经济增速保持在7%即可，但天津市经济还处于快速发展阶段，塘沽区十五届人大三次会议通过的政府报告明确提出到2020年实现全区人均国内生产总值比2000年翻四番以上，因此将2015~2020年的年经济增长速率设定9%。根据国务院发展中心“‘十二五’至2030年我国经济增长前景展望”专题组的研究结果，2020~2030年年均经济增长速率为6%左右。

基准方案下的参数设定　　表F2-8

年份	2015	2020	2030
GDP增速	12% （2010~2015年）	9% （2015~2020年）	6% （2020~2030年）
减排率	10% （2010~2015年）	8% （2010~2020年）	6% （2020~2030年）

优化方案下的参数设定　　表F2-9

年份	2015	2020	2030
GDP增速	12% （2010~2015年）	9% （2015~2020年）	6% （2020~2030年）
减排率	11% （2010~2015年）	10% （2010~2020年）	6.5% （2020~2030年）

低碳方案下的参数设定　　表F2-10

年份	2015	2020	2030
GDP增速	12% （2010~2015年）	9% （2015~2020年）	6% （2020~2030年）
减排率	12% （2010~2015年）	11% （2010~2020年）	7% （2020~2030年）

（3）情景分析结果

情景分析结果分别如表F2-11~表F2-13与图F2-1所示，基准方案下于家堡二氧化碳排放总量在2020年以后出现拐点；在优化方案和低碳方案下于家堡碳排放出现总量减排的情形。2010年至2020年间，于家堡的二氧化碳排放总量在优化方案下比基准方案多减排140万吨，低碳方案下要比基准线方案多减排242万吨。

基准方案下的参数设定　表F2–11

年份	二氧化碳排放总量（万t）	二氧化碳排放强度（t/万元）	人均二氧化碳排放量（t/人）
2010年	182	0.96	6
2015年	189	0.57	6.3
2020年	192	0.37	6.4
2030年	185	0.2	6.2

优化方案下的参数设定　表F2–12

年份	二氧化碳排放总量（万t）	二氧化碳排放强度（t/万元）	人均二氧化碳排放量（t/人）
2010年	182	0.96	6
2015年	179	0.53	5.9
2020年	163	0.31	5.4
2030年	149	0.16	5

低碳方案下的参数设定　表F2–13

年份	二氧化碳排放总量（万t）	二氧化碳排放强度（t/万元）	人均二氧化碳排放量（t/人）
2010年	182	0.96	6
2015年	169	0.5	5.6
2020年	145	0.26	4.8
2030年	126	0.14	4.2

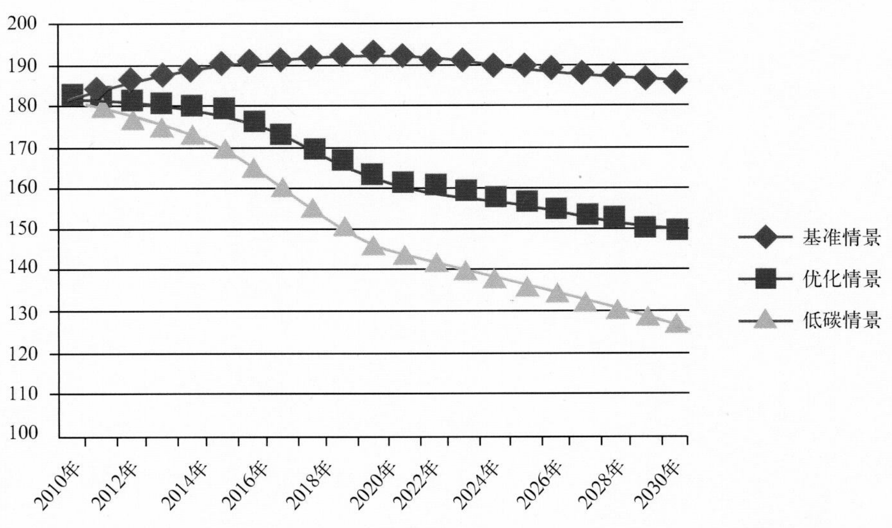

图F2–1 基准方案、优化方案、低碳方案下不同时期于家堡二氧化碳排放量

四、于家堡金融区低碳发展目标

（一）于家堡低碳规划

于家堡金融区，以“打造低碳生态金融区”为目标，以低碳城市为核心，以绿色建筑设计为载体，以低碳金融为特色，建立具有国际竞争力的金融低碳城市。于家堡在控制性规划过程中就凸显了低碳布局，城镇的空间布局决定了城镇交通出行的分布状况，也同时会影响到基础设施的能效和建设过程能耗。

于家堡低碳布局体现在以下方面：

（1）绿色生态建筑：建设内容包括雨水最佳管理系统、区域蓄能空调系统、分布式供能系统、节能幕墙系统、可再生能源策略和种植屋面等。

（2）发展地下轨道交通：计划实现建筑与地下通道和地下空间直接相连。地下轨道交通将串联全区，通过高铁直接通达天津市区、北京。同时于家堡规划中城市密度高，有证据研究表明，密度高的城市地区是提供高质量生活最有效的途径，根据Glaeser（2009）的计算，从48个大都市的情况看，城区平均每户人家排放的温室气体要比郊区住户少35%。例如居住在曼哈顿的一户人家要比居住在纽约郊区的一户人家少排放6.4吨二氧化碳。此外，城市的低碳发展不仅在于密度的增加，还在于公共交通网络、城市形态、高效的供水、污水和固体垃圾处理系统的精明规划，于家堡正是在以低碳规划建设的新城镇。

（3）冷、热源集中供应：利用城市绿地的地下空间建设“供冷中心”，为区域内大厦进行“集中供冷”，可以节能30%~35%。此外，金融区还将尝试综合利用城市电厂余热、峰谷电力、冰蓄冷等低碳能源和技术，在区域内规划设计了若干个能源中心。将最大限度地集约利用能源和土地，为金融区提供绿色能源。

（二）碳排放强度目标

目前国内已经开展一些生态城的项目，其中与于家堡情况接近的有天津生态城，天津生态城位于天津滨海新区北部，以“经济可持续型、社会和谐型、环境友好型和资源节约型”为目标，为其他中国城市树立一个生态低碳城市模范。该项目专门制定了一套具有约束力的“关键绩效指标”，其中最优特色当属在2020年之前，单位GDP的碳排放强度低于150吨/百万美元。目前我国每百万美元的碳排放水平是750吨，美国为122吨，欧盟为103吨，日本为59吨。中新天津国际生态城的目标过于乐观，因为2006年香港上报的排放是190吨，而上海市则为429吨。

于家堡作为APEC低碳城镇示范项目，其经济结构和气候条件与天津生态城类似，因此于家堡可以效仿该目标值，即到2020年，于家堡碳排放强度为150吨/百万美元。按照上述章节的测算于家堡金融区在2010年的碳排放总量为182万吨，碳排放强度为0.96吨/万元，人均碳排放为6吨/人。在低碳情景方案下，能实现到2020年左右碳排放强度达到150吨/百万美元（0.25吨/万元）。

低碳情景下碳排放指标量化结果　表F2–14

年份	二氧化碳排放总量（万t）	二氧化碳排放强度（t/万元）	人均二氧化碳排放量（t/人）
2010年	182	0.96	6
2015年	169	0.5	5.6
2020年	145	0.26	4.8
2030年	126	0.14	4.2

（三）人均碳排放指标

2012年，欧盟委员会联合研究中心（JRC）与荷兰环境评估局共同推出的研究报告《全球二氧化碳排放趋势》，指出中国2010年人均CO_2排放量为6.6吨，与意大利（6.9吨）持平，略高于法国（6.1吨）和西班牙（6.3吨）。2011年中国人均碳排放为7.2吨，从1990~2011年增加287%，具体数字见下表：

2011年二氧化碳排放量（百万吨CO_2）和人均二氧化碳排放量，1990~2011年（吨CO_2/人）　表F2–15

Country	Emissions 2011	Per capita emissions				Change 1990–2011	Change 1990–2011in%	Change in CO_2 1990–2011 in%	Change population 1990–2011, in%
		1990	2000	2010	2011				
Annex I*									
United States	5420	19.7	20.8	17.8	17.3	-2.4	-12%	9%	19%
EU27	3790	9.2	8.4	7.8	7.5	-1.7	-18%	-12%	6%
Germany	810	12.9	10.5	10.2	9.9	-3	-23%	-21%	4%
United Kingdom	470	10.3	9.3	8.1	7.5	-2.8	-27%	-20%	8%
Italy	410	7.5	8.1	6.9	6.7	-0.8	-11%	-4%	7%
France	360	6.9	6.9	6.1	5.7	-1.2	-17%	-9%	10%
Poland	350	8.2	7.5	8.8	9.1	0.9	11%	11%	1%
Spain	300	5.9	7.6	6.3	6.4	0.5	8%	29%	16%
Netherlands	160	10.8	10.9	10.5	9.8	-1	-9%	2%	11%
Russian Federation	1830	16.5	11.3	12.4	12.8	-3.7	-22%	-25%	14%
Japan	1240	9.5	10.1	10	9.8	0.3	3%	7%	3%
Canada	560	16.2	17.9	16	16.2	0	0%	24%	19%

续表

Country	Emissions 2011	Per capita emissions				Change 1990–2011	Change 1990–2011in%	Change in CO_2 1990–2011 in%	Change population 1990–2011, in%
		1990	2000	2010	2011				
Australia	430	16.0	18.6	17.9	19.0	3	19%	57%	24%
Ukraine	320	14.9	7.2	6.7	7.1	−7.8	−52%	−58%	−14%
Non Annexl									
China	9700	2.2	2.8	6.6	7.2	5	227%	287%	15%
India	1970	0.8	1.0	1.5	1.6	0.8	100%	19.8%	30%
South Korea	610	5.9	9.7	12.2	12.4	6.5	110%	141%	11%
Indonesia	490	0.9	1.4	2	2.0	1.1	122%	210%	24%
Saudi Arabia	460	10.2	13.0	15.8	16.5	6.3	62%	181%	43%
Brazil	450	1.5	2.0	2.2	2.3	0.8	53%	106%	24%
Mexico	450	3.7	3.8	3.9	3.9	0.2	5%	45%	27%
Iran	410	3.7	3.8	5.2	5.4	5.5	49%	100%	27%
South Africa	360	7.3	6.9	7.1	7.2	−0.1	−1%	35%	27%
Thailand	230	1.6	2.7	3.3	3.3	1.7	106%	155%	18%

《中国可持续性低碳城市发展》研究报告显示，工业和发电是中国城市碳足迹的主要贡献者，特别是因为煤在能源构成中占主导地位。北京、上海和天津的数据显示40%的城市排放都是发电和工业活动造成的，其余排放中约有20%主要来自交通、建筑和垃圾处理。下图是部分城市人均碳排放情况。

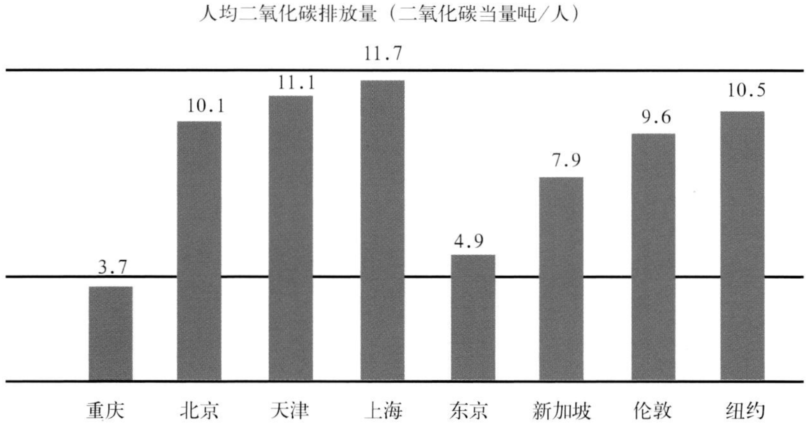

图F2-2 北京、天津和上海的人均碳排放量（2010年数据）[1]

2010年，北京、天津、上海人均二氧化碳排放量分别达到10.1、11.1、11.7吨，接近或超过纽约人均10.5吨的水平，超过伦敦的人均9.6吨水平，新加坡7.9吨水平，东京的4.9吨水平。

1 数据来源：《中国可持续性低碳城市发展》

此外，2010年北京、天津、上海二氧化碳强度分别为1063吨/百万美元、2316吨/百万美元、1107吨/百万美元，均在纽约、伦敦、东京6倍以上。同时研究报告还指出，京津沪人均碳排放水平高，并非居民每个人的平均排放水平就高了，这是因为这些地区的工业、发电比例大，以及交通运输、建筑等排放水平高。

从国内和国外的研究结果可以看出，于家堡碳排放强度和人均碳排放都远远低于全国水平，这是由于家堡的产业结构决定，于家堡全部为第三产业，因此计算于家堡碳排放总量是没有考虑工业以及建筑业等能源消耗，从而人均碳排放较低是非常合理的。

（四）于家堡金融区碳排放指标

天津市于家堡金融区的低碳发展目标正是基于现状测度模型对该地区总体碳排放现状进行预测，并且结合国内外同级城市的低碳发展目标以及于家堡地区的发展潜力，运用情景分析法制定出了于家堡地区的总体发展目标。同国内外金融中心城市的碳强度相比，于家堡可采取低碳情景方案作为于家堡地区总体发展目标。

于家堡金融区低碳总体发展目标见下表：

于家堡金融区低碳发展指标 表F2—16

年份	二氧化碳排放总量（万t）	二氧化碳排放强度（t/万元）	人均二氧化碳排放量（t/人）
2010年	182	0.96	6
2015年	169	0.5	5.6
2020年	145	0.26	4.8
2030年	126	0.14	4.2

根据低碳情景方案测算，于家堡金融区2020年及2030年碳排放量较基准年2010年分别减少37万吨、56万吨，分别减排20%和31%；人均碳排放量分别比2010年减少1.2吨/年和1.8吨/年，分别降低20%、30%；碳排放强度分别比2010年降低420吨/百万美元、492吨/百万美元，分别降低73%、85%。

作为首例低碳示范城镇的于家堡金融区，其2020年碳强度相比2010年下降了73%，与香港2020年的低碳发展总目标“碳排放强度指标比基准年（2005年）水平下降50%~60%，碳排放总量指标比基准年降低19%~33%，人均碳排放指标比基准年下降27%~42%”相比，于家堡减排目标基本持平。因此，通过于家堡低碳规划等一系列低碳策略的实施，于家堡金融区具有挑战性的低碳目标及其“世界金融区”的建设定位是可以实现的。

附

三种情景下的碳排放总量（单位：万吨）

年份	基准情景	优化情景	低碳情景
2010年	182	182	182
2011年	183	181	179
2012年	185	181	177
2013年	186	180	174
2014年	188	180	172
2015年	189	179	169
2016年	190	176	164
2017年	190	172	159
2018年	191	169	155
2019年	192	166	150
2020年	192	163	145
2021年	191	161	143
2022年	191	160	141
2023年	190	158	139
2024年	189	157	137
2025年	189	156	135
2026年	188	154	133
2027年	187	153	132
2028年	187	151	130
2029年	186	150	128
2030年	185	149	126

(Footnotes)

1　排放因子采用天津市碳排放核算指南附录A数据。

2　喷气煤油与一般煤油单位热值含碳量差别不大，且能源统计年鉴也没有区分，因此统一按一般煤油排放系数计算。

3　根据2006年GDP不变价计算。

4　原煤采用《天津市碳排放核算指南》附录A中烟煤的碳排放系数。

附录三

于家堡金融区低碳城镇指标体系微气候分析报告

一、研究意义

理论意义：根据清华大学建筑节能研究中心最新统计，全国城镇建筑取暖用煤1.3亿吨标煤/年，占全国取暖耗煤量的81.3%，城镇建筑非采暖用能折算电耗为4600亿度/年，占全国建筑非采暖用能总量的83.6%。也就是说绝大部分的能耗发生在城市之中。因而研究城市建成环境和城市生态系统之间、城市空间形态和城市微气候之间的关系，建立设计策略，对于改善城市环境、合理利用资源和节约城市能耗具有理论先导意义。

现实意义：中国地区气候变化极端，与世界同纬度其他地区相比，冬季更冷夏季更热。地区城市微气候问题突出，城市及建筑之能耗的潜在需求巨大。同时建筑和城市环境相互关联，如城市外部环境温度升高将导致室内空调使用量增加，也必然导致城市热岛加剧，城市外部环境温度再提高的恶劣循环。从气候适应性角度审视，城市设计具有特殊性，对于改善地区城市街区内微气候以及实现城市整体节能目标具有实际的应用价值。

二、技术路线

本次于家堡金融区微气候分析以风环境作为主要研究对象。

（1）根据气象资料及天津市的季节划分统计天津市春季、夏季、秋季、冬季以及全年的主导风向。并根据季节划分分别统计过渡季、采暖季、空调季的平均温度以及最冷月与最热月的月平均温度。

（2）利用数值模拟软件模拟风环境。通过对建筑的模拟，得出了天津市全年主导风向下的流场。

（3）在模型中载入太阳辐射，根据不同季节的主导风向及平均温度，模拟在太阳辐射和风环境综合作用下的室外环境，在考虑材料物性影响的基础上，得出了在风压与热压综合作用下的室外流场和温度场。

（4）结合模拟结果和对所选流场、温度场数据进行分析的基础上，提出建筑物密集程度、风向、朝向位置及材料的重要性，以及方案的可行性。

特色：

（1）范围：在研究视野上，从基于气候适应性的单一建筑技术要素研究拓展到城市外部环境和微气候之间关系的系统研究，从气候、生态环境与可持续的宏观定性化概念描述延伸到基于地域特点的城市微环境的定量化研究。

（2）方法：本学科范围内建筑学、城市规划以及景观设计学等不同专业的整合以及城市气象、环境工程等学科的科学化研究方法的借鉴。

（3）价值：研究微气候因素与城市街区空间特征之间的关系，建立基于气候适应性的城市设计法则，为建筑师和城市规划师以及从事城市设计及规划管理部门决策者提供了简单、快速、有效的判断标准。

三、理论基础

1. 层流和湍流

自然界中的流体流动状态主要有两种形式，即层流和湍流。在许多中文文献中，湍流也被译为紊流。层流是指流体在流动过程中两层之间没有相互混掺，而湍流是指流体不是处于分层流动状态。一般说来，湍流是普通的，而层流则属于个别情况。

对于圆管内流动，当Re≤2300时，管流一定为层流；Re≥8000~12000时，管流一定为湍流；当2300>Re>8000时，流动处于层流与湍流间的过渡区。

因为湍流现象是高度复杂的，所以至今还没有一种方法能够全面、准确地对所有流动问题中的湍流现象进行模拟。在涉及湍流的计算中，都要对湍流模型的模拟能力以及计算所需系统资源进行综合考虑后，再选择合适的湍流模型进行模拟。FLUENT中采用的湍流模拟方法包括Spalart–Allmaras模型、standardk–epsilon模型、RNG

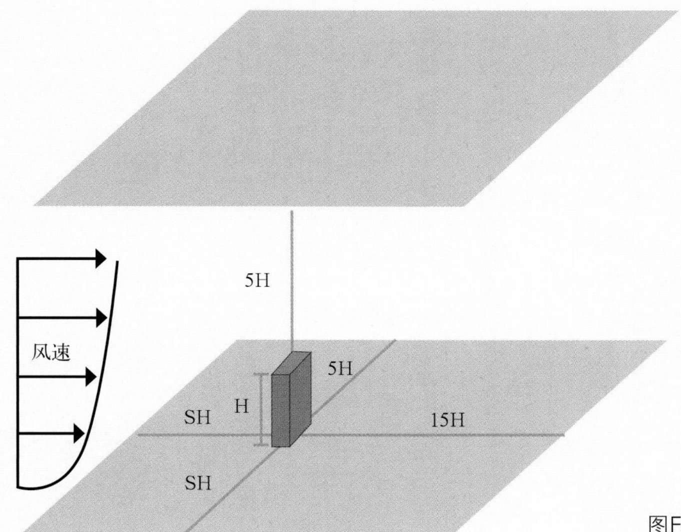

图F3–1 单体建筑风环境模拟示意

k-epsilon模型、Realizablek-epsilon模型、v2-f模型、RSM模型和LES方法。

2. 计算区域选取

（1）单体建筑

对于单体建筑，计算区域入口应距离建筑物入口侧边界至少5H（H为建筑物高度），并且保证入口区域平坦，计算区域侧边边界应距离建筑物侧边界至少5H，计算区域顶部应距离建筑物顶部至少5H，计算区域出口应距离建筑物出口侧边界至少15H。若建筑物比较狭长时，建筑物长度大于建筑物高度，如图F3-1所示。除满足以上条件外，还应满足建筑物覆盖的区域应小于整个计算域体积的3%。

（2）区域模拟

对于建筑群模拟，计算区域入口应距最近的侧建筑边界至少5Hmax（Hmax为建筑群中最高建筑高度），计算区域侧边边界应距最近侧的建筑侧边界至少5Hmax，计算域顶部应距最高的建筑物顶部至少5Hmax，计算区域出口应距最近侧的建筑边界至少15Hmax，建筑物覆盖的区域应小于整个计算域体积的3%。

在确定其计算域时，我们应该考虑到周边建筑对目标建筑（群）的影响，通常情况下当周边建筑距离目标建筑（群）6～10Hn（Hn为周边建筑高度），周边建筑对目标建筑（群）的影响可以忽略不计，但当周边建筑距离目标建筑（群）小于6Hn时，我们应该考虑它对建筑（群）的影响。

建筑布局是影响流动的最主要因素，因此要细化其形式。其次要尽可能的细化建筑的建筑侧面与顶面。在目标区域周围（1～2H）超过1米的部件应以细节示

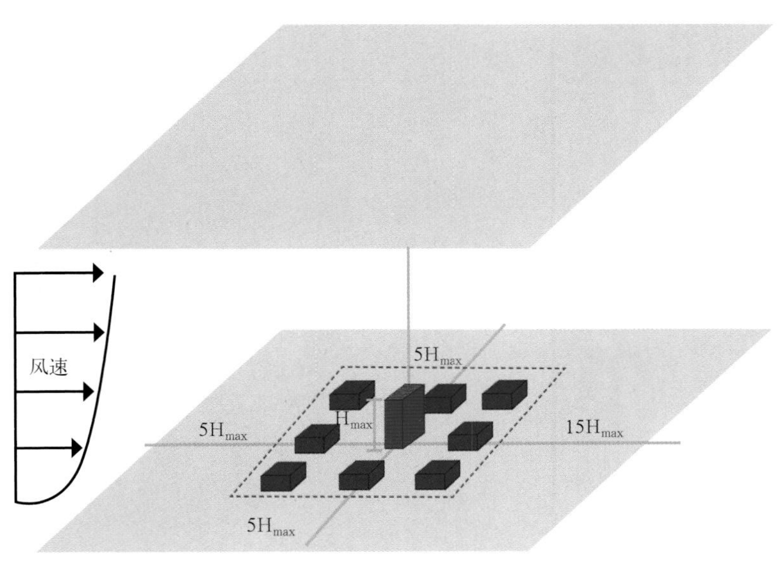

图F3-2 建筑群风环境模拟示意

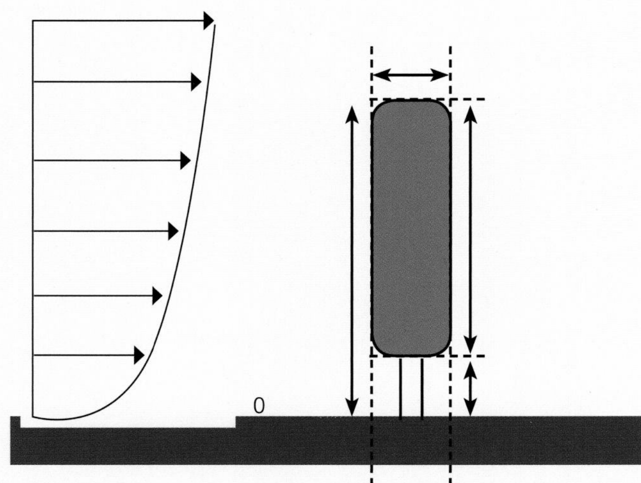

图F3-3 树木模型示意

出。对于树木及小型的构筑物应采用黑箱模型，通过编程添加计算源项来表示[1]。

3.边界条件

（1）入口边界条件

根据AIJ（Architectural Institute of Japan）[2]推荐，入口速度边界条件为指数幂法则，即

$$U(Z)=U_S(\frac{Z}{Z_S})^{\alpha} \quad (F3.1)$$

$$I(Z)=0.1\times(\frac{Z}{Z_G})^{(-\alpha-0.05)} \quad (F3.2)$$

$$K(Z)=(I(Z)\times U(Z))^2 \quad (F3.3)$$

$$\varepsilon(Z)=C_{\mu}^{0.5}\times K(Z)\times U_S\times\frac{\alpha}{Z_S}\times(\frac{Z}{Z_S})^{\alpha-1} \quad (F3.4)$$

其中：U_S为在参考面上的速度值；

α、Z_S由当地地形决定；

Z_G大气边界层高度（由当地地形决定）；

C_{μ}为常数，通常取0.09。

式中U_S为在Z_S高度的平均风速。参考高度Z_S一般采用10米。U_S即取10米高度的平均风速。不同的地面条件，幂指数α不同，一般来说，α在0.14~0.40内取值。

1 Mochida Akashi, Yoshino Hiroshi, Iwata Tatsuaki, et al. Optimization of tree canopy model for CFD prediction of wind environment at pedestrian level[C]//The Fourth International Symposium of Computational Wind Engineering. Yokohama: Architectural Institute of Japan, 2006: 561−564.

2 Yoshie R, Mochida A, Tominaga Y, et al. Cooperative project for CFD prediction of pedestrian wind environment in the Architectural Institute of Japan[J]. Journal of Wind Engineering and Industrial Aerodynamics, 2007, 95(9/10/11): 1551−1578.

不同类型地表面下的α值与梯度风高度　表F3-1

地面类型	适用区域	α	梯度风高度/m
A	近海地区，湖岸，沙漠地区	0.12	300
B	田野，丘陵及中小城市，大城市郊区	0.16	350
C	有密集建筑的大城市区	0.2	400

（2）侧边与顶部边界条件

侧边与顶部边界条件一般采用对称边界或是自由出流边界，采用对称边界条件可能会人为的给流体一个加速，会使流体速度变大；而采用自由出流边界条件可能会改变出口流体流向。通过大量模拟与实验证明，假设在确定计算域时满足上述的计算区域条件，则使用对称边界条件与使用自由出流边界条件对目标区域的影响是可以忽略的。

（3）出口边界条件

若出口边界满足上述计算域条件，则出口边界应设置为自由出流边界条件。

（4）地面边界条件

地面边界条件可以采用光滑壁面对数率法则或有粗糙度的壁面对数率法则，但不管是采用哪种壁面，都应与类似的风洞实验近地面速度分布有较好的一致性。

（5）建筑物边界条件

同地面边界条件，不再赘述。

4. 网格参数

数值计算结果与网格质量有关，高质量的网格可以提高计算的准确度；网格应能捕捉流场中的突变点；应在具有大的变量梯度处进行局部加密，并且相邻的两个网格的尺寸比不应大于1.3，相邻网格中心线的连线应尽量保持平行。通过实验及数值模拟证明，在选择网格时优先采用六面体网格系统，其次考虑棱柱与四面体混合网格系统，尽量不要采用单一四面体网格系统，这会带来较大的截断误差。网格在壁面处应满足壁面函数。若选取标准壁面函数，第一个网格节点应布置在y+=30附近处。

在建筑物高度方向应至少有10个节点，建筑物每个侧边应至少有10个网格。网格的最小尺寸应控制在建筑物的尺寸的1/10左右，即网格尺寸应在0.5~5米左右，并且在距离地面高度1.5～5米一下应有至少3个网格。四面体网格，网格生成简单，数值耗散较大，误差较大，不推荐；推荐四面体与棱柱形网格混合型式，并在关注区（h=1.5米）以下应至少有3个网格；推荐四面体与棱柱形网格混合型式，并在关注区（h=1.5米）以下应至少有3个网格。

图F3-4 模型示意

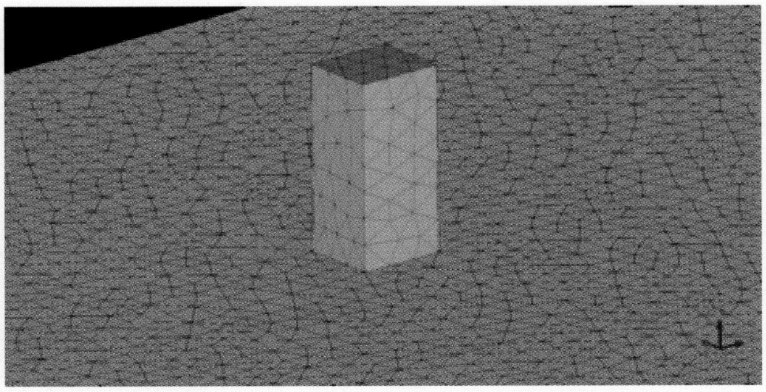

图F3-5 模型网格-1

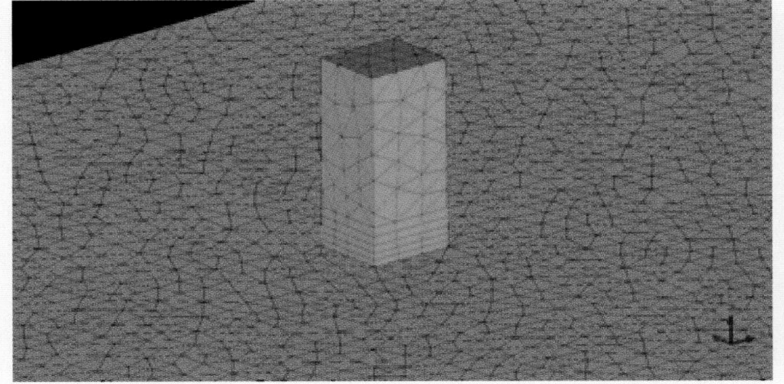
图F3-6 模型网格-2

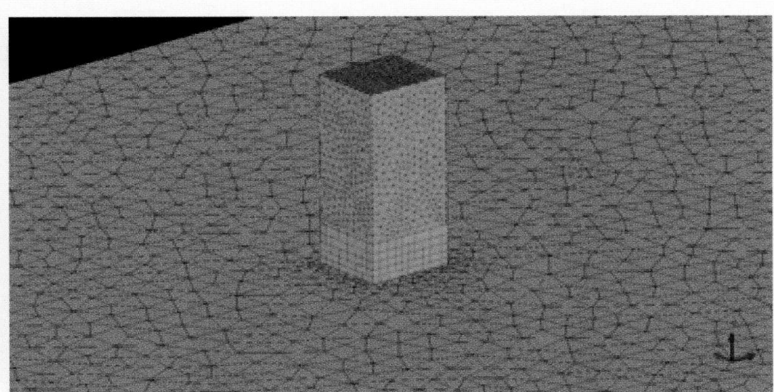
图F3-7 模型网格-3

四、于家堡微气候模拟

1. 三维几何模型建立

图F3-8 于家堡效果图

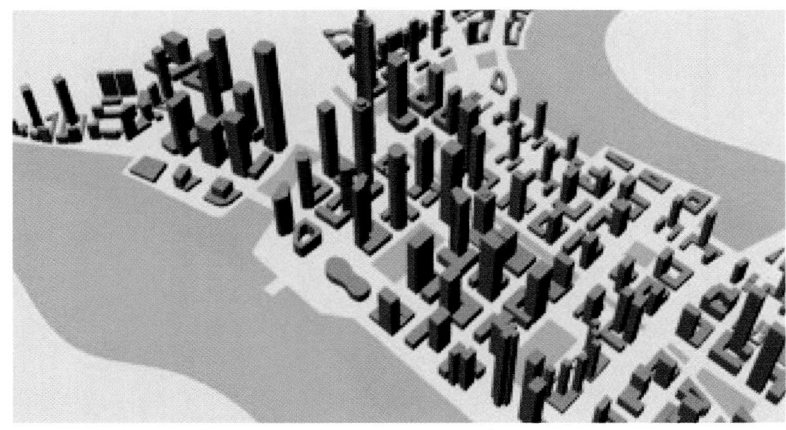

图F3-9 于家堡几何模型图

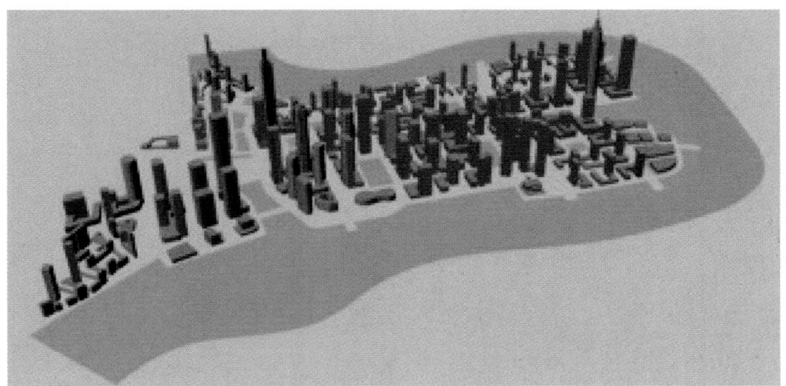

图F3-10 于家堡几何模型图

2.模拟计算流程图

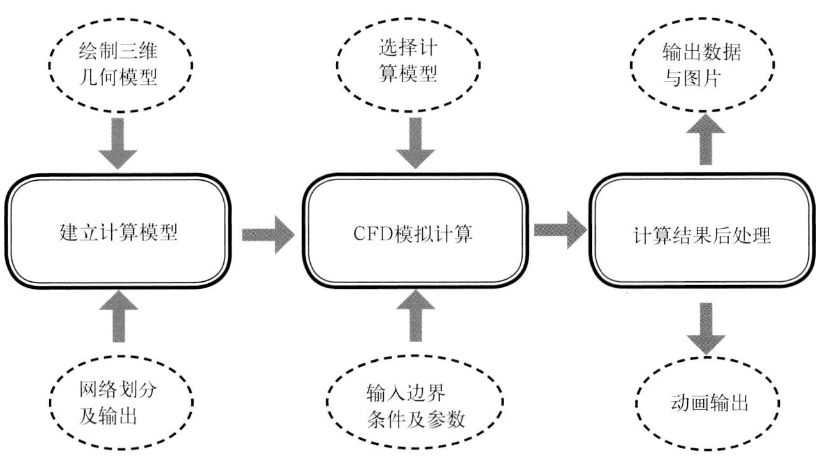

图F3-11 模拟计算流程图

3.参数设置

（1）气象参数选取

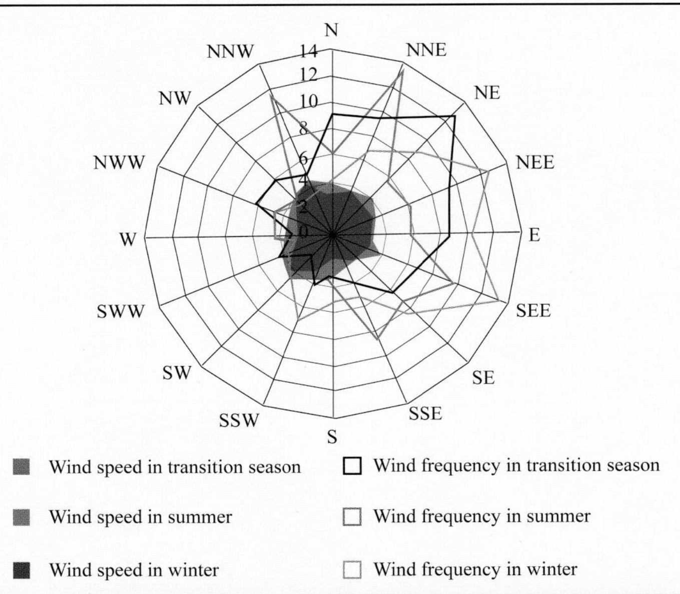

全年风玫瑰图				
室外气候参数	过渡季（5.14～6.15）	空调季（6.16～9.17）	过渡季（9.18～10.11）	采暖季（10.12～5.13）
室外主导风向风速（m/s）	6.0	4.6	2.8	3.4
由中国热环境气象分析数据统计得，天津市最热月平均温度24.3℃，最冷月平均温度-0.9℃				

图F3-12 气象参数

根据上述资料编写大气边界层湍流速度分布和湍流参数程序，具体公式如下：

$$U(h)=\begin{cases} U_{met}\left(\dfrac{d_{met}}{H_{met}}\right)^{a_{met}}\left(\dfrac{h}{d}\right)^{a} & h<d \\ U_{met}\left(\dfrac{d_{met}}{H_{met}}\right)^{\alpha_{met}} & h\geqslant d \end{cases} \tag{F3.5}$$

$$k=\frac{(U^*)^2}{\sqrt{C_\mu}} \qquad \varepsilon=\frac{(U^*)^3}{kh} \tag{F3.6}$$

公式中：$U(h)$，h，d，a_{met}，d_{met}，H_{met}，U_{met}分别为，高度h的风速，建筑物高度，梯度风高度，气象站的地形因素，气象站所在位置的边界层厚度，风速仪的位置，气象站测量的风速。

其中：a_{met}=0.14，d_{met}=270，a和d具体取值如下表所示。根据本项目所在地形地点，a和d取值分别为0.16和350。

地形特点系数取值 表F3-2

地形特点	a	d(m)
近海地区，湖岸，沙漠地区	0.12	300
田野，丘陵及中小城市，大城市郊区	0.16	350
有密集建筑的大城市市区	0.22	400
有密集建筑切房屋较高的城市市区	0.30	450

（2）模型的选择

①湍流流动模型

常用的数学模型有k－ε双方程模型[1]和大涡模拟模型（LES）[2]等。大涡模拟是在用非稳态的Navier–Stokes方程来直接模拟大尺度的涡，但不直接计算小尺度涡，其对计算机的内存和速度要求很高，计算时间也很长。相比之下，k－ε双方程模型计算成本低，在数值计算中波动小、精度高，在低速湍流数中应用较为广泛。

带旋流修正的模型是近期才出现的，比起标准k－ε双方程模型来有两个主要的不同点。带旋流修正的k－ε双方程模型为湍流粘性增加了一个公式。为耗散率增加了新的传输方程，这个方程来源于一个为层流速度波动而作的精确方程术语“realizable”，意味着模型要确保在雷诺压力中要有数学约束，湍流的连续性。它对于旋转流动、强逆压梯度的边界层流动、流动分离和二次流有很好的表现。带旋流修正的k－ε双方程模型和RNG k－ε双方程模型都显现出比标准k－ε双方程模型在强流线弯曲、漩涡和旋转有更好的表现。最初的研究表明带旋流修正的k－ε双方程模型在所有k－ε双方程模型中流动分离和复杂二次流有很好的作用。

考虑到于家堡金融区建筑物较为密集，流体流动过程中难免会出现流线弯曲、回流、漩涡和旋转等现象，基于可实现的k－ε双方程模型在处理此现象过程中有较好的精度。本次模拟湍流模型采用可实现的k－ε双方程模型。其所有的控制微分方程包括连续性方程、动量方程和k方程和ε方程，公式可表示为（考虑流体不可压缩，稳态后的简化）：

$$\frac{\partial}{\partial t}(\rho k)+\frac{\partial}{\partial x_i}(\rho k u_j)=\frac{\partial}{\partial x_i}\left[\left(\mu+\frac{\mu t}{\sigma_k}\right)\frac{\partial k}{\partial x_j}\right]+G_k+G_b-\rho\epsilon-Y_M+S_k \quad (F3.7)$$

$$\frac{\partial}{\partial t}(\rho\epsilon)+\frac{\partial}{\partial x_j}(\rho\epsilon u_j)=\frac{\partial}{\partial x_j}\left[\left(\mu+\frac{\mu t}{\sigma_\epsilon}\right)\frac{\partial\epsilon}{\partial x_j}\right]+\rho C_1 S_\epsilon-\rho C_2\frac{\epsilon^2}{k+\sqrt{v\epsilon}}+C_{1\epsilon}\frac{\epsilon}{k}C_{3\epsilon}G_b+S_\epsilon \quad (F3.8)$$

其中，

1 M. B. Abbott, D. R. Basco. Computational Fluid Dynamics–An Introduction for Engineers. LONGMAN Scientific&Technical, Harlow,England,1989

2 B E Launder，D B Spaldomg. Lectures in Mathematical Models of Turbulence. London: Academic Press, 1972, 5–30

$$C_1=\max\left[0.43, \frac{\eta}{\eta+5}\right]$$

$$\eta=S\frac{k}{\epsilon}$$

$$G_{1\epsilon}=1.44, C_2=1.9, \sigma_k=1.0, \sigma_\epsilon=1.2$$

②太阳辐射

在实际情况中，影响建筑外微气候的因素众多，除了宏观的气象条件如太阳辐射、气温、风速外，还有建筑结构形式、尺寸，布局以及各表面材料性能等。

不同朝向的外墙表面温度随高度分布的情况不同，即便是同一朝向的建筑，由于其他建筑的遮挡以及建筑自遮挡技术，也会导致表面温度随高度发生变化。

而且在太阳辐射下，建筑热外表面会产生诱导贴附上升气流，从而热压与风压共同作用影响建筑群的微环境。

因此在上述风环境模拟的基础上，加入了太阳辐射、地面反射及对流换热对外墙表面温度分布的影响，并且考虑了由于材料物性、反射率及发射率的不同对建筑外表面以及地面的温度的影响。

不同条件下的太阳辐射情况 **表F3—3**

物质名称	密度（kg/m^3）	比热容 J/(kg·K)	导热系数（W/m·K）	辐射吸收率	法向发射率
地面（水泥）	2344	750	1.84	0.87	0.9
建筑物（水泥砂浆）	1800	840	0.93	0.73	0.92
水体	998	4183	0.599	0.92	—
空气	1.2（T=290K，布西内假设）	1005	0.259	—	—

③传热模型

采用Fluent能量方程求解对流与导热

$$\frac{\partial}{\partial t}(\rho E)+\nabla\cdot(\vec{v}(\rho E+p))=\nabla\cdot\left(k_{eff}\nabla T-\sum_{hj}\vec{J}_j+\left(\bar{\bar{\tau}}_{eff}\cdot\vec{v}\right)\right)+S_h \quad (F3.9)$$

其中，k_{eff}为有效导热率，其中，k_t为湍流引致的导热率，－由模型中使用的湍流模型确定。$\vec{J}_j$为组分j的扩散通量。方程右边的前三项分别表示由于热传导、组分扩散、粘性耗散而引起的能量转移。S_h包含化学反应放（吸）热以及任何其他的由用户定义的体积热源。

太阳辐射模型采用太阳射线追踪模型并配合DO辐射模型模拟辐射。由于各个

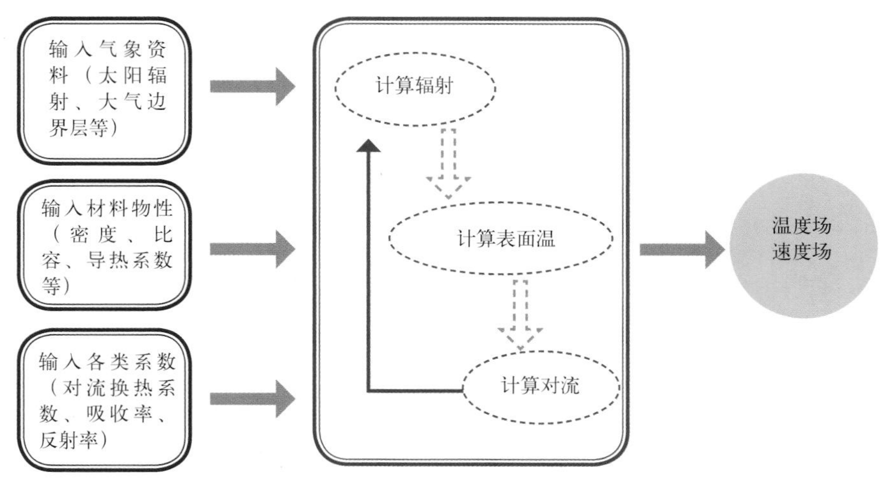

图F3-13 CFD辐射模拟计算流程图

表面吸收率不同，因此有温差产生，会引起空气的自然对流。采用布西内假设空气密度，并且考虑重力的作用。

（3）计算区域选取

图F3-14 计算模型

（4）边界条件

进口边界条件：速度入口边界条件，可以指定速度入口速度与温度。根据大气边界层理论结合于家堡当地实际地况，编写UDF程序，以此作为本次项目的入口边界条件。

出口边界条件：由于建筑物依山而建，对流场扰动较大，因此将计算区域加大，以用来绕过尾流，且使得出口流态稳定，因此出口选取自由出流边界条件。

建筑物壁面、地面：建筑壁面、地面均采用无滑移壁面，即壁面处风速为零。

计算域顶面：计算域是为计算而设定的区域，实际情况下顶面是不存在的，因此这对计算结果有一定的影响，结合国内外文献资料，将顶面设定为自由滑移边界条件与实验值较为符合。

4.模拟结果

（1）工况一：无绿化的结果

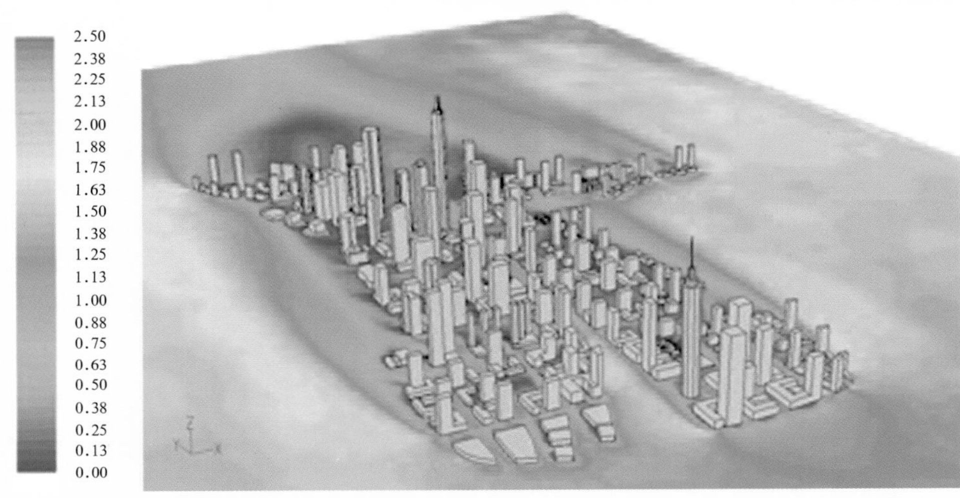

图F3-15 1.5米高速度分布云图（m/s）

图F3-16 1.5米高速度分布（m/s）

（2）工况二：带绿化的结果

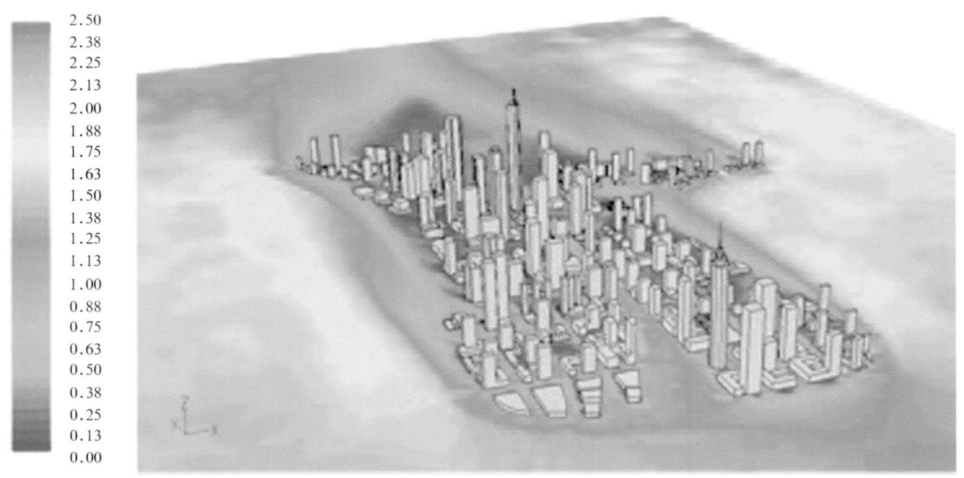

图F3-17 1.5米高速度分布云图（m/s）

图F3-18 1.5米高速度分布矢量图（m/s）

（3）工况三：优化后结果

图F3-19 1.5米高速度分布（m/s）

图F3-20 1.5米高速度分布矢量图（m/s）

通过不同工况计算分析，得出以下结论：

（1）对比工况一和二，规划后的绿地虽然改善了气流组织，减少了涡流区，但由于草地和树木的阻力作用，使建筑密集区域风速较小，不利于夏季的降温以及污染物的稀释。

（2）工况三在现有规划的基础上改变了绿地位置，从而优化了室外局部气流组织。

建议在夏季主导风向迎风面以及城市主风道以及建筑密集区种植低矮植被或草地，丰富绿化美观效果，而低矮的植被不会阻碍新风进入金融区，能将新风引入金融区内部，达到稀释污染物浓度以及夏季降温作用，而在沿河滨海花园宜种植较高树木。

五、结论

1. 通过CFD技术对城市微（风）气候进行数值模拟分析，于家堡金融区规划设计符合绿色建筑规范要求，建筑布局合理，能够形成良好的“城市风道”，让风能在楼宇间顺畅流通，加快污染物扩散，提高环境空气质量，并且满足建筑物周围人行区距地1.5米高处，风速 v <5米/秒的规范要求。

2. 通过量化计算，可以通过微调建筑布局优化建筑物的开窗位置，为获得良好的室内自然通风环境提供基础。

3. 通过热岛效应计算分析，于家堡金融区通过合理绿化和景观设计，有效地降低“热岛效应”，使城区内全天热岛强度平均值小于《绿色建筑评价标准》中规定的1.5℃。

附录四

于家堡金融区低碳城镇指标体系能耗模拟报告

一、模拟概述

1. 能耗模拟目的

作为于家堡金融区低碳发展指标体系的组成部分，通过选取于家堡金融区起步区在建建筑中具有代表性的典型楼宇对其进行能耗模拟分析，从而获取能够体现于家堡金融区主流建筑类型的能耗数据。本次能耗模拟以建筑施工图作为模型建立和模拟分析的数据来源，于家堡金融区起步区大部分楼宇的施工图完成时间在2010~2011年之间，故能耗模拟取得的是起始时间为2010年的建筑能耗数据。在获得能耗数据的基础上与天津市及其周边地区同类型建筑进行能耗水平的横向比较，同时结合于家堡金融区建筑本体低碳发展的优化趋势，对于家堡金融区建筑能耗水平逐步降低的趋势绘制路线图，为于家堡金融区低碳发展指标体系的建设提供数据支撑。

2. eQuest简介

eQuest软件是基于DOE–2的图形化界面软件，DOE–2是在美国能源部支持下由美国劳伦斯·伯克利国家实验室（Lawrence Berkeley National Laboratory）、Los Alamos国家实验室（LASL）和加州大学等机构研发的软件，包括负荷计算模块、空气系统模块、机房模块、经济分析模块。它可以提供整幢建筑物每小时的能量消耗分析，用于计算系统运行过程中的能效和总费用，也可以用来分析围护结构（包括屋顶、外墙、外窗、地面、楼板、内墙等）、空调系统、电器设备和照明对能耗的影响。DOE–2软件经过多次试验验证，均有不俗业绩（如对白宫和纽约世贸中心等标志性建筑进行能耗分析），我国《夏热冬冷地区居住建筑节能设计标准》、《夏热冬暖地区居住建筑节能设计标准》以及《公共建筑节能设计标准》在编制过程中也大量引用了DOE–2的计算成果。

3. 模拟项目概况

天津滨海新区于家堡金融区位于塘沽区海河北岸，是滨海新区中心商务商业区的核心部分。其东、南、西三面至海河，北至新港路、新港三号路，东西宽约1.2公里，南北长约2.8 公里，由海河下游的弯道围合呈“半岛”状。规划总用地面积为4.64平方公里，规划建设用地面积为3.86平方公里，规划总建筑面积约971万平方米。将建设成为世界级的现代化的金融商业金融中心。于家堡金融区起步区9+3地块共包括12栋建筑及两座能源中心，其业态包括办公、酒店、金融会展、商业等。本次选取其中具有代表性的三座高层建筑进行能耗模拟分析，其项目概况与效果图如下：

图F4-1 03-14地块项目概况

图F4-2 03-15地块项目概况

图F4-3 03-25地块项目概况

4.参考依据

《公共建筑节能设计标准》（GB 50189-2005）；

《天津市公共建筑节能设计标准》（DB29-153-2010）；

《民用建筑热工设计规范》（GB50176-93）；

《建筑照明设计标准》（GB 50034-2004）；

《全国民用建筑工程设计技术措施——节能专篇》（2009）《建筑》分册；

《全国民用建筑工程设计技术措施——节能专篇》（2009）《暖通空调·动力》分册；

《全国民用建筑工程设计技术措施——节能专篇》（2009）《电气》分册；

《天津市绿色建筑评价标准》（DB/T29-204-2010）；

《天津市绿色建筑评价技术细则》；

《天津市绿色建筑评价技术细则补充说明》（规划设计部分）；

《绿色建筑设计自评估报告（公建）》。

二、模拟分析

1. 模型建立与展示

本报告根据设计方提供的建筑设计图纸及总平面图，利用eQUEST快速能耗模拟分析软件V3.64版本建立03-14地块、03-15地块、03-25地块能耗分析模型，模型根据建筑设计图纸中的墙体外轮廓线进行建立，门窗幕墙尺寸根据项目建筑平、立、剖面施工图设置，未封闭空间未建入模型中。建筑能耗分析模型效果示意如下：

2. 基础数据

（1）气候特点分析

天津位于中纬度欧亚大陆东岸，面对太平洋，季风环流影响显著，冬季受蒙古冷高气压控制，盛行偏北风；夏季受西太平洋副热带高气压左右，多偏南风。天津气候属暖温带半湿润大陆季风型气候，有明显由陆到海的过渡特点：四季明显，长短不一；降水不多，分配不均；季风显著，日照较足；地处滨海，大陆性强。年平均气温12.3℃。7 月最热，月平均气温可达26℃；1 月最冷，月平均气温为-4℃。

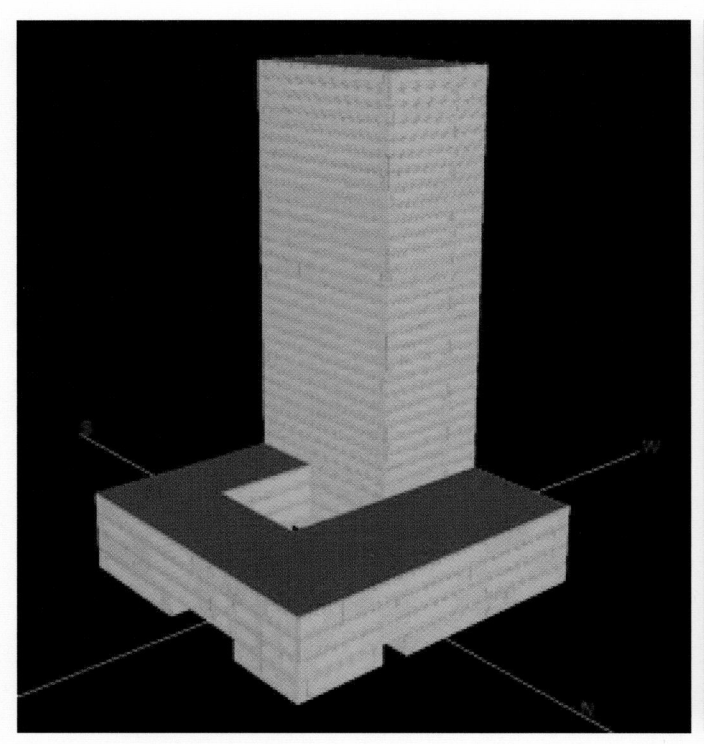

图F4-4 eQUEST模型示意-1

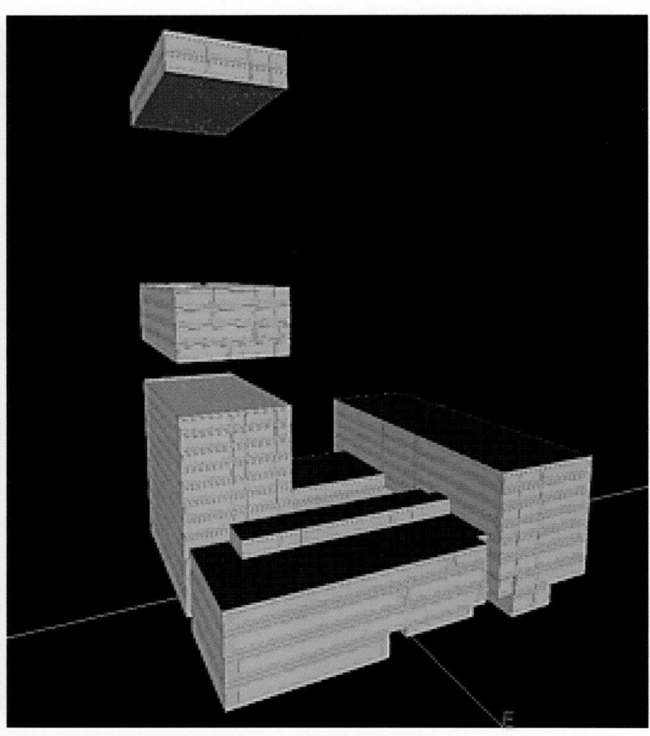

图F4-5 eQUEST模型示意-2

年平均降水量为550～680 毫米，夏季降水量约占全年降水量的80%。

（2）主要气候参数

天津地区主要气候参数　表F4-1

设计用室外气象参数	单位	数值
采暖室外计算温度	℃	-7.0
冬季通风室外计算温度	℃	-6.5
夏季通风室外计算温度	℃	29.9
夏季通风室外计算相对湿度	%	62
冬季空气调节室外计算温度	℃	-9.4
冬季空气调节室外计算相对湿度	%	73
夏季空气调节室外计算干球温度	℃	33.9
夏季空气调节室外计算湿球温度	℃	26.9
夏季空气调节室外计算日平均温度	℃	29.3
冬季室外平均风速	m/s	2.1
冬季室外最多风向的平均风速	m/s	5.6
夏季室外平均风速	m/s	1.7
冬季最多风向	——	NNW
冬季最多风向的频率	%	15
夏季最多风向	——	S
夏季最多风向的频率	%	11
年最多风向	——	SSW
年最多风向的频率	%	9
冬季室外大气压力	Pa	102960
夏季室外大气压力	Pa	100287
冬季日照百分率	%	48
极端最低温度	℃	-17.8
极端最高温度	℃	40.5

（3）全年温度分布

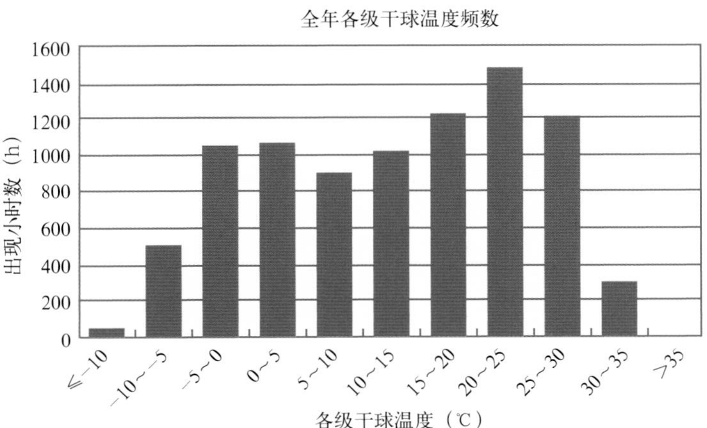

图F4-6 天津地区全年干球温度频数

从上图可以看出，天津地区需要空调的时间为1200~1600 小时之间，需要采暖的时间约为2800 小时，考虑于家堡定位为金融区，为高档办公建筑，冬季只是白天需要采暖，设计为8：00~18：00，设计采暖时间为1300 小时。

（4）全年太阳辐射分布

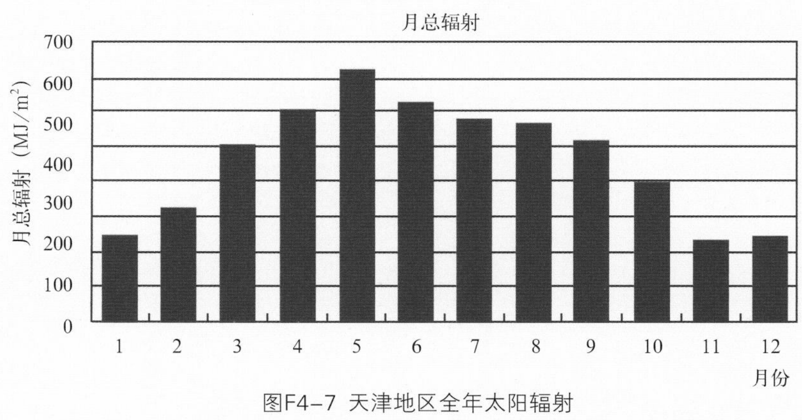

图F4-7 天津地区全年太阳辐射

于家堡金融区为高档超高层建筑，目前的设计均采用玻璃幕墙结构，因此，良好的控制太阳辐射是建筑节能达到控制指标非常重要的因素，从上图可以看出，天津地区日照率足，辐射强度较高，在夏季需采用良好的遮阳措施，同时冬季日照率达到48%，可以在白天利用太阳辐射被动式采暖。

（5）建筑体形系数与窗墙比参数

03—14 地块基本设计参数 **表F4—2**

绿色建筑技术措施	绿色建筑控制参数		中文单位	设计值	参照值
墙体保温技术	外墙传热系数		W/(m^2·K)	0.58	0.60
	地下室外墙热阻			1.58	1.50
	非采暖房间与采暖房间的隔墙传热系数		W/(m^2·K)	0.90	1.50
屋面保温技术	采光顶传热系数		W/(m^2·K)		2.70
	屋顶采光顶部分面积占屋顶总面积比例		——		0.20
	屋顶传热系数		W/(m^2·K)	0.52	0.55
地板保温技术	架空或外挑楼板传热系数		W/(m^2·K)	0.56	0.60
	非采暖房间与采暖房间的楼板传热系数		W/(m^2·K)	1.09	1.50
门窗、幕墙保温技术	外窗（包括透明幕墙）传热系数	东向	W/(m^2·K)	2.00	2.30
		南向	W/(m^2·K)	2.00	2.30
		西向	W/(m^2·K)	2.00	2.30
		北向	W/(m^2·K)	2.00	2.30
门窗、幕墙保温技术	外窗（包括透明幕墙）综合遮阳系数	东向	——	0.49	0.60
		南向	——	0.49	0.60
		西向	——	0.49	0.60
		北向	——	0.49	0.60

续表

绿色建筑技术措施	绿色建筑控制参数		中文单位	设计值	参照值
窗墙面积比	窗墙面积比	东向	——	0.53	0.40
		南向	——	0.57	0.40
		西向	——	0.48	0.40
		北向	——	0.51	0.40
建筑体形系数	体形系数		——	0.12	0.40
提高门窗、幕墙气密性等级	气密性等级	外窗	——		6级
		非采暖空间采用推拉窗	——		——
		透明幕墙及屋顶采光顶	——		3级

03–15 地块基本设计参数 表F4–3

绿色建筑技术措施	绿色建筑控制参数		中文单位	设计值	参照值
墙体保温技术	外墙传热系数		W/(m^2·K)	0.39	0.60
	地下室外墙热阻			1.85	1.50
	非采暖房间与采暖房间的隔墙传热系数		W/(m^2·K)	1.33	1.50
屋面保温技术	采光顶传热系数		W/(m^2·K)	2.00	2.70
	屋顶采光顶部分面积占屋顶总面积比例		——	0.14	0.20
	屋顶传热系数		W/(m^2·K)	0.52	0.55
地板保温技术	架空或外挑楼板传热系数		W/(m^2·K)	0.45	0.60
	非采暖房间与采暖房间的楼板传热系数		W/(m^2·K)	1.42	1.50
门窗、幕墙保温技术	外窗（包括透明幕墙）传热系数	东向	W/(m^2·K)	2.00	2.30
		南向	W/(m^2·K)	2.00	2.30
		西向	W/(m^2·K)	2.00	2.30
		北向	W/(m^2·K)	2.00	2.30
	外窗（包括透明幕墙）综合遮阳系数	东向	——	0.50	0.60
		南向	——	0.50	0.60
		西向	——	0.50	0.60
		北向	——	0.50	0.60
窗墙面积比	窗墙面积比	东向	——	0.45	0.40
		南向	——	0.46	0.40
		西向	——	0.54	0.40
		北向	——	0.43	0.40
建筑体形系数	体形系数		——	0.09	0.40
提高门窗、幕墙气密性等级	气密性等级	外窗	——		6级
		非采暖空间采用推拉窗	——		——
		透明幕墙及屋顶采光顶	——		3级

03–25 地块基本设计参数 表F4–4

绿色建筑技术措施	绿色建筑控制参数		中文单位	设计值	参照值
墙体保温技术	外墙（（包括非透明幕墙））传热系数		W/(m^2·K)	0.51	0.6
	地下室外墙热阻			1.59	≥1.5
	非采暖房间与采暖房间的隔墙传热系数		W/(m^2·K)	1.06	1.5
屋面保温技术	采光顶传热系数		W/(m^2·K)	——	2.7
	屋顶采光顶部分面积占屋顶总面积比例		——	——	20%
	屋顶传热系数（包括上人与非上人屋面）		W/(m^2·K)	0.53	0.55
	屋顶传热系数（种植屋面）		W/(m^2·K)	0.4	0.55
地板保温技术	架空或外挑楼板传热系数		W/(m^2·K)	0.57	0.6
	非采暖房间与采暖房间的楼板传热系数		W/(m^2·K)	1.09	1.5
门窗、幕墙保温技术	外窗（包括透明幕墙）传热系数	东向	W/(m^2·K)	1.6	2.3
		南向	W/(m^2·K)	1.6	2.3
		西向	W/(m^2·K)	1.6	2.3
		北向	W/(m^2·K)	1.6	2.3
	外窗（包括透明幕墙）综合遮阳系数	东向	——		0.6
		南向	——		0.6
		西向	——		0.6
		北向	——		0.6
窗墙面积比	窗墙面积比	东向	——	0.63	0.4
		南向	——	0.63	0.4
		西向	——	0.63	0.4
		北向	——	0.63	0.4
建筑体形系数	体形系数		——		0.4
提高门窗、幕墙气密性等级	气密性等级	外窗	——	6级	6级
		非采暖空间采用推拉窗	——		——
		透明幕墙及屋顶采光顶	——	3级	3级

3 .模拟数据

（1）围护结构热工参数

03–14 地块围护结构参数 表F4–5

外墙								
材料名称 (由外到内)	厚度δ (mm)	导热系数λ W/(m·K)	密度 kg/m^3	比热容 KJ/(kg·℃)	蓄热系数S W/(m^2·K)	修正系数 α	热阻R (m^2K)/W	热惰性指标 D=R×S
石质板材	30.00	3.49	2800.00	0.92	25.49	1.00	0.01	0.22
聚氨酯防水涂料	1.20	0.27	1400.00	1.68	6.73	1.00	0.00	0.03
聚合物砂浆保护层	3.00	1.05	2100.00	1.68	16.39	1.00	0.00	0.05
岩棉保温板	5.00	0.05	150.00	1.22	0.75	1.00	0.11	0.08
砂加气混凝土	300.00	0.22	700.00	1.05	3.59	1.00	1.36	4.90
各层之和Σ	339.20						1.49	5.27
外表面太阳辐射吸收系数	——							
传热系数 K=1/(0.15+ΣR)	0.61							
屋面								
材料名称 (由外到内)	厚度δ (mm)	导热系数λ W/(m·K)	密度 kg/m^3	比热容 KJ/(kg·℃)	蓄热系数S W/(m^2·K)	修正系数 α	热阻R (m^2K)/W	热惰性指标 D=R×S
防水砂浆	20.00	0.76	1500.00	1.05	9.44	1.00	0.03	0.25
沥青防水卷材	6.00	0.17	600.00	1.47	3.33	1.00	0.04	0.12
水泥砂浆	20.00	0.93	1800.00	1.05	11.37	1.00	0.02	0.24
水泥焦砟	30.00	0.52	1300.00	0.98	7.39	1.00	0.06	0.43

续表

屋面								
材料名称 (由外到内)	厚度δ (mm)	导热系数λ W/(m·K)	密度 kg/m^3	比热容 KJ/(kg·℃)	蓄热系数S $W/(m^2·K)$	修正系数 α	热阻R $(m^2K)/W$	热惰性指标 D=R×S
屋面挤塑聚苯板	60.00	0.04	30.00	1.38	0.36	1.00	1.43	0.51
水泥砂浆	20.00	0.93	1800.00	1.05	11037.00	1.00	0.02	237.35
钢筋混凝土层面板	100.00	1.74	2500.00	0.92	17.20	1.00	0.06	0.99
各层之和Σ	256.00						1.65	239.89
外表面太阳辐射吸收系数	——							
传热系数 K=1/(0.15+ΣR)	0.56							
接触室外空气的架空气或外挑楼板								
材料名称 (由外到内)	厚度δ (mm)	导热系数λ W/(m·K)	密度 kg/m^3	比热容 KJ/(kg·℃)	蓄热系数S $W/(m^2·K)$	修正系数 α	热阻R $(m^2·K)/W$	热惰性指标 D=R×S
大理石铺面	20.00	2.91	2800.00	0.92	23.27	1.00	0.01	0.16
干硬性水泥砂浆	30.00	0.93	1800.00	1.05	11.37	1.00	0.03	0.37
聚氨酯涂膜防水	3.00	0.17	600.00	1.47	3.33	1.00	0.02	0.06
钢筋混凝土	100.00	1.74	2500.00	0.92	17.20	1.00	0.06	0.99
挤塑聚苯板	60.00	0.04	30.00	1.38	0.36	1.00	1.43	0.51
各层之和Σ	213.00						1.54	2.09
外表面太阳辐射吸收系数	——							
传热系数 K=1/(0.15+ΣR)	0.59							
采暖空间与不采暖空间的隔墙								
材料名称 (由外到内)	厚度δ (mm)	导热系数λ W/(m·K)	密度 kg/m^3	比热容 KJ/(kg·℃)	蓄热系数S $W/(m^2·K)$	修正系数 α	热阻R $(m^2·K)/W$	热惰性指标 D=R×S
水泥砂浆	20.00	0.93	1800.00	1.05	11.37	1.00	0.02	0.24
钢筋混凝土墙	200.00	1.74	2500.00	0.92	17.20	1.00	0.11	1.98
水泥砂浆	20.00	0.93	1800.00	1.05	11.37	1.00	0.02	0.24
各层之和Σ	240.00						0.16	2.47
外表面太阳辐射吸收系数	——							
传热系数 K=1/(0.15+ΣR)	3.25							

03-15 地块围护结构参数　表F4-6

屋面								
材料名称 (由外到内)	厚度δ (mm)	导热系数λ W/(m·K)	密度 kg/m^3	比热容 KJ/(kg·℃)	蓄热系数S $W/(m^2·K)$	修正系数 α	热阻R $(m^2·K)/W$	热惰性指标 D=R×S
细石防水混凝	50.00	1.51	2300.00	0.92	17.20	1.00	0.03	0.57
聚氨乙烯塑料	0.40	0.05	130.00	1.38	0.79	1.00	0.01	0.01
挤塑聚苯板	60.00	0.04	30.00	1.38	0.36	1.00	1.43	0.51
沥青防水卷材	6.00	0.17	600.00	1.47	3.33	1.00	0.04	0.12
水泥砂浆	40.00	0.22	700.00	1.05	3.59	1.00	0.18	0.65
钢筋混凝土屋面板	100.00	1.74	2500.00	0.92	17.20	1.00	0.06	0.99
各层之和Σ	256.40						1.74	2.85
外表面太阳辐射吸收系数	——							
传热系数 K=1/(0.15+ΣR)	0.53							

续表

外墙								
材料名称	厚度δ	导热系数λ	密度	比热容	蓄热系数S	修正系数	热阻R	热惰性指标
(由外到内)	(mm)	W/(m·K)	kg/m³	KJ/(kg·℃)	W/(m²·K)	α	(m²·K)/W	D=R×S
涂料饰面	2.00	0.29	800.00	1.05	4.44	1.00	0.01	0.03
聚合物砂浆	5.00	0.29	800.00	1.05	4.44	1.00	0.02	0.08
胶粉聚苯颗粒	20.00	0.04	30.00	1.38	0.36	1.00	0.48	0.17
岩棉板	100.00	0.05	100.00	1.22	0.75	1.00	2.00	1.50
混凝土墙	200.00	1.74	2500.00	0.92	17.20	1.00	0.11	1.98
各层之和Σ	327.00						2.62	3.76
外表面太阳辐射吸收系数	——							
传热系数K=1/(0.15+ΣR)	0.36							
接触室外空气的架空气或外挑楼板								
材料名称	厚度δ	导热系数λ	密度	比热容	蓄热系数S	修正系数	热阻R	热惰性指标
(由外到内)	(mm)	W/(m·K)	kg/m³	KJ/(kg·℃)	W/(m²·K)	α	(m²·K)/W	D=R×S
大理石铺面	20.00	2.91	2800.00	0.92	23.27	1.00	0.01	0.16
干硬性水泥砂浆	30.00	0.93	1800.00	1.05	11.37	1.00	0.03	0.37
聚氨酯涂膜防水	3.00	0.17	600.00	1.47	3.33	1.00	0.02	0.06
钢筋混凝土	100.00	1.74	2500.00	0.92	17.20	1.00	0.06	0.99
挤塑聚苯板	60.00	0.04	30.00	1.38	0.36	1.00	1.43	0.51
各层之和Σ	213.00						1.54	2.09
外表面太阳辐射吸收系数	——							
传热系数K=1/(0.15+ΣR)	0.59							
采暖空间与不采暖空间的隔墙								
材料名称	厚度δ	导热系数λ	密度	比热容	蓄热系数S	修正系数	热阻R	热惰性指标
(由外到内)	(mm)	W/(m·K)	kg/m³	KJ/(kg·℃)	W/(m²·K)	α	(m²·K)/W	D=R×S
耐水腻子	2.00	1.05	2100.00	1.68	16.39	1.00	0.00	0.03
粉刷石膏	4.00	0.76	1500.00	1.05	9.44	1.00	0.01	0.05
FTC自调温相变聚能材料	30.00	0.03	30.00	1.38	0.36	1.00	0.91	0.33
混凝土墙	200.00	1.74	2500.00	0.92	17.20	1.00	0.11	1.98
各层之和Σ	236.00						1.03	2.39
外表面太阳辐射吸收系数	——							
传热系数K=1/(0.15+ΣR)	0.85							

03—25 地块围护结构参数 **表F4—7**

外墙								
材料名称	厚度δ	导热系数λ	密度	比热容	蓄热系数S	修正系数	热阻R	热惰性指标
(由外到内)	(mm)	W/(m·K)	kg/m³	KJ/(kg·℃)	W/(m²·K)	α	(m²·K)/W	D=R×S
第1层 玻璃棉	100	0.05		1.22	0.59	1	2.00	1.18
第2层 钢筋混凝土	40	1.74		0.92	17.2	1	0.02	0.40
各层之和Σ	140						2.02	1.58
外表面太阳辐射吸收系数	——							
传热系数K=1/(0.15+ΣR)	0.46							
屋面								
材料名称	厚度δ	导热系数λ	密度	比热容	蓄热系数S	修正系数	热阻R	热惰性指标
(由外到内)	(mm)	W/(m·K)	kg/m³	KJ/(kg·℃)	W/(m²·K)	α	(m²·K)/W	D=R×S
第1层 挤塑聚苯板（XPS）	60	0.03			0.36	1	2.00	0.72
第2层 挤塑聚苯板（XPS）	120	1.74		0.92	17.2	1	0.07	0.06

续表

屋面								
材料名称 (由外到内)	厚度δ (mm)	导热系数λ W/(m·K)	密度 kg/m³	比热容 KJ/(kg·℃)	蓄热系数S W/(m²·K)	修正系数 α	热阻R (m²·K)/W	热惰性指标 D=R×S
各层之和Σ							2.07	0.78
外表面太阳辐射吸收系数	——							
传热系数K=1/(0.15+ΣR)	0.53							
种植屋面								
材料名称 (由外到内)	厚度δ (mm)	导热系数λ W/(m·K)	密度 kg/m³	比热容 KJ/(kg·℃)	蓄热系数S W/(m²·K)	修正系数 α	热阻R (m²·K)/W	热惰性指标 D=R×S
第1层 挤塑聚苯板（XPS）	60	0.03			0.36	1	2.00	0.72
第2层 挤塑聚苯板（XPS）	30	0.03			0.36	1	1.00	0.36
第3层 钢筋混凝土	150	1.74		0.92	1.72	1	0.09	1.48
各层之和Σ							3.09	2.56
外表面太阳辐射吸收系数	——							
传热系数K=1/(0.15+ΣR)	0.31							
采暖空间与不采暖空间的隔墙								
材料名称 (由外到内)	厚度δ (mm)	导热系数λ W/(m·K)	密度 kg/m³	比热容 KJ/(kg·℃)	蓄热系数S W/(m²·K)	修正系数 α	热阻R (m²·K)/W	热惰性指标 D=R×S
第1层 加气混凝土砌块	200	0.22			3.59	1	0.91	3.26
各层之和Σ							0.91	3.26
外表面太阳辐射吸收系数	——							
传热系数K=1/(0.15+ΣR)	0.94							
地下室顶板								
材料名称 (由外到内)	厚度δ (mm)	导热系数λ W/(m. K)	密度 kg/m³	比热容 KJ/(kg·℃)	蓄热系数S W/(m²·K)	修正系数 α	热阻R (m²K)/W	热惰性指标 D=R×S
第1层 挤塑聚苯板（XPS）	40	0.03			0.36	1	1.33	0.48
第2层 钢筋混凝土	220	1.74		0.92	17.2	1	0.13	0.12
各层之和Σ							1.46	0.60
外表面太阳辐射吸收系数	——							
传热系数K=1/(0.15+ΣR)	0.62							

（2）室内设计参数

03–15 地块室内设计参数表 **表F4–8**

不同房间名称	室内设计温度℃		空调送风温度℃		相对湿度%		新风量m³/(h·人)	换气次数次/时	照明W/m²	设备W/m²	人均占有面积m²/人
	夏季	冬季	夏季	冬季	夏季	冬季					
办公	26.00	20.00			0.60	0.40	30.00		11.00	15.00	6.00
商业	26.00	20.00			0.60	0.40	20.00		12.00		4.00
餐饮	26.00	20.00			0.60	0.40	20.00		12.00		4.00
会议	26.00	20.00			0.60	0.30	20.00		11.00	20.00	2.50
电梯厅	27.00	16.00			0.65		10.00		7.00		0.25
卫生间	27.00	16.00						10.00	7.00		
厨房	27.00	16.00						40.00	7.00		

03–15 地块室内设计参数表 **表F4–9**

不同房间名称	室内设计温度℃		空调送风温度℃		相对湿度%		新风量 m^3/(h·人)	换气次数次/时	照明W/m^2	设备W/m^2	人均占有面积m^2/人
	夏季	冬季	夏季	冬季	夏季	冬季					
办公	26.00	20.00	13.00	28.00	0.60	0.40	30.00	—	11.00	10.00	4.00
会议	26.00	20.00	13.00	28.00	0.60	0.40	30.00	—	11.00	10.00	2.50
商业	26.00	20.00	13.00	28.00	0.60	0.40	20.00	—	11.00	10.00	4.00
多功能厅	26.00	20.00	13.00	28.00	0.60	0.40	25.00	—	13.00	10.00	2.50
交易大厅	26.00	20.00	13.00	28.00	0.60	0.40	25.00	—	13.00	10.00	2.50
餐厅	26.00	20.00	13.00	28.00	0.60	0.40	20.00	—	13.00	10.00	20.00
门厅	27.00	18.00	13.00	28.00	0.60	0.40	20.00	—	13.00	5.00	20.00
走廊	27.00	18.00	13.00	28.00	0.60	0.40	20.00	—	7.00	5.00	20.00
卫生间	27.00	18.00	13.00	28.00	0.60	0.40	—	10.00	7.00	5.00	5.00
厨房	28.00	16.00	13.00	28.00	0.60	0.40	—	40.00	7.00	15.00	5.00
设备间	28.00	16.00	13.00	28.00	0.60	0.40	—	10.00	5.00	5.00	5.00

03–25 地块室内设计参数表 **表F4–10**

不同房间名称	室内设计温度℃		空调送风温度℃		相对湿度%		新风量m^3/(h·人)	照明W/m^2	设备W/m^2	人均占有面积m^2/人
	夏季	冬季	夏季	冬季	夏季	冬季				
厨房	26	20	35		60%	40%	30	7	25	12
小办公	26	20			60%	40%	30	11	10	15
大办公	26	20			60%	40%	30	11	13	6
商场	26	20			60%	40%	20	13	13	4
餐饮	26	20			60%	40%	20	13	10	2.5
走廊/楼梯间	26	18			60%	40%	10	5	0	10
卫生间							0	5	0	4
设备用房							0	5	0	0
避难厅							30	5	0	0
报告厅							30	13	15	1
办公门厅							20	11	5	3
会议室	60						30	13	15	1

（3）空调系统比较

空调系统比较 **表F4–11**

条目	03–14地块	03–15地块	03–25地块
冷热源	南疆热电厂供给130/70℃热水；集中能源站供给3/11℃冷水	南疆热电厂供给130/80℃热水；集中能源站供给3/10℃冷水	南疆热电石供给85/65℃热水；集中能源站供给4/10℃冷水
冷热负荷	建筑面积冷指标为112W/m^2；热指标为94W/m^2	建筑面积冷指标为74.7W/m^2；热指标为68.3W/m^2	建筑面积冷指标为81W/m^2；热指标为63W/m^2
换热机组	高区换热设一套换热机组，低区换热和高、低区换冷均设两套换热机组；首层地板设一台换热机组	高、低区换冷换热均设两套板式换热机组；首层地板采暖设一台换热机组	空调冷冻水系统高区与低区各设置两台换热器
空调末端	塔楼为全空气末端，裙房为风机盘管末端	均为全空气末端	餐厅、商业大空商等区域采用定风量全空气空调系统，商业划分为小隔间的采用变风量空调系统
地板采暖	塔楼及裙房的首层均设置	首层靠近主要出入口的地方设置	入口门厅采用地板送风，并辅以地板采暖

（4）模拟运行时间

模拟运行时间 表F4-12

<table>
<tr><td>类别</td><td colspan="12">年使用时间</td><td colspan="25">日使用时间</td></tr>
<tr><td rowspan="4">冬季采暖</td><td>1</td><td>2</td><td>3</td><td>4</td><td>5</td><td>6</td><td>7</td><td>8</td><td>9</td><td>10</td><td>11</td><td>12</td><td>℃</td><td>1</td><td>2</td><td>3</td><td>4</td><td>5</td><td>6</td><td>7</td><td>8</td><td>9</td><td>10</td><td>11</td><td>12</td><td>13</td><td>14</td><td>15</td><td>16</td><td>17</td><td>18</td><td>19</td><td>20</td><td>21</td><td>22</td><td>23</td><td>24</td></tr>
<tr><td colspan="12" rowspan="2">采暖期，11月15日至次年3月15日</td><td>工作日</td><td>12</td><td>12</td><td>12</td><td>12</td><td>12</td><td>12</td><td>18</td><td>20</td><td>20</td><td>20</td><td>20</td><td>20</td><td>20</td><td>20</td><td>20</td><td>20</td><td>20</td><td>20</td><td>12</td><td>12</td><td>12</td><td>12</td><td>12</td><td>12</td></tr>
<tr><td>节假日</td><td>12</td><td>12</td><td>12</td><td>12</td><td>12</td><td>12</td><td>12</td><td>12</td><td>12</td><td>12</td><td>12</td><td>12</td><td>12</td><td>12</td><td>12</td><td>12</td><td>12</td><td>12</td><td>12</td><td>12</td><td>12</td><td>12</td><td>12</td><td>12</td></tr>
<tr><td colspan="12">《天津市集中供热管理规定》（2004年6月30日）第四章第二十九条</td><td colspan="25">《天津市公共建筑节能设计标准》DB29-153-2010表B.0.4</td></tr>
<tr><td rowspan="4">夏季空调</td><td>1</td><td>2</td><td>3</td><td>4</td><td>5</td><td>6</td><td>7</td><td>8</td><td>9</td><td>10</td><td>11</td><td>12</td><td>℃</td><td>1</td><td>2</td><td>3</td><td>4</td><td>5</td><td>6</td><td>7</td><td>8</td><td>9</td><td>10</td><td>11</td><td>12</td><td>13</td><td>14</td><td>15</td><td>16</td><td>17</td><td>18</td><td>19</td><td>20</td><td>21</td><td>22</td><td>23</td><td>24</td></tr>
<tr><td colspan="12" rowspan="2">空调使用时间：6月15日至9月15日（没有相关规范依据，室外温度应高于30摄氏室）</td><td>工作日</td><td>37</td><td>37</td><td>37</td><td>37</td><td>37</td><td>37</td><td>28</td><td>26</td><td>26</td><td>26</td><td>26</td><td>26</td><td>26</td><td>26</td><td>26</td><td>26</td><td>26</td><td>26</td><td>37</td><td>37</td><td>37</td><td>37</td><td>37</td><td>37</td></tr>
<tr><td>节假日</td><td>37</td><td>37</td><td>37</td><td>37</td><td>37</td><td>37</td><td>37</td><td>37</td><td>37</td><td>37</td><td>37</td><td>37</td><td>37</td><td>37</td><td>37</td><td>37</td><td>37</td><td>37</td><td>37</td><td>37</td><td>37</td><td>37</td><td>37</td><td>37</td></tr>
<tr><td colspan="12">《天津市集中供热管理规定》（2004年6月30日）第四章第二十九条</td><td colspan="25">《天津市公共建筑节能设计标准》DB29-153-2010表B.0.4</td></tr>
<tr><td rowspan="3">人员在室率</td><td>1</td><td>2</td><td>3</td><td>4</td><td>5</td><td>6</td><td>7</td><td>8</td><td>9</td><td>10</td><td>11</td><td>12</td><td>%</td><td>1</td><td>2</td><td>3</td><td>4</td><td>5</td><td>6</td><td>7</td><td>8</td><td>9</td><td>10</td><td>11</td><td>12</td><td>13</td><td>14</td><td>15</td><td>16</td><td>17</td><td>18</td><td>19</td><td>20</td><td>21</td><td>22</td><td>23</td><td>24</td></tr>
<tr><td colspan="12" rowspan="2">全年办公（除节假日）</td><td>工作日</td><td>0</td><td>0</td><td>0</td><td>0</td><td>0</td><td>0</td><td>10</td><td>50</td><td>95</td><td>95</td><td>95</td><td>80</td><td>80</td><td>95</td><td>95</td><td>95</td><td>95</td><td>30</td><td>30</td><td>0</td><td>0</td><td>0</td><td>0</td><td>0</td></tr>
<tr><td>节假日</td><td>0</td><td>0</td><td>0</td><td>0</td><td>0</td><td>0</td><td>0</td><td>0</td><td>0</td><td>0</td><td>0</td><td>0</td><td>0</td><td>0</td><td>0</td><td>0</td><td>0</td><td>0</td><td>0</td><td>0</td><td>0</td><td>0</td><td>0</td><td>0</td></tr>
<tr><td></td><td colspan="12">暂无依据</td><td colspan="25">《天津市公共建筑节能设计标准》DB29-153-2010表B.0.6-2</td></tr>
<tr><td rowspan="4">照明</td><td>1</td><td>2</td><td>3</td><td>4</td><td>5</td><td>6</td><td>7</td><td>8</td><td>9</td><td>10</td><td>11</td><td>12</td><td>%</td><td>1</td><td>2</td><td>3</td><td>4</td><td>5</td><td>6</td><td>7</td><td>8</td><td>9</td><td>10</td><td>11</td><td>12</td><td>13</td><td>14</td><td>15</td><td>16</td><td>17</td><td>18</td><td>19</td><td>20</td><td>21</td><td>22</td><td>23</td><td>24</td></tr>
<tr><td colspan="12" rowspan="2">全年办公（除节假日）</td><td>工作日</td><td>0</td><td>0</td><td>0</td><td>0</td><td>0</td><td>0</td><td>10</td><td>50</td><td>95</td><td>95</td><td>95</td><td>80</td><td>80</td><td>95</td><td>95</td><td>95</td><td>95</td><td>30</td><td>30</td><td>0</td><td>0</td><td>0</td><td>0</td><td>0</td></tr>
<tr><td>节假日</td><td>0</td><td>0</td><td>0</td><td>0</td><td>0</td><td>0</td><td>0</td><td>0</td><td>0</td><td>0</td><td>0</td><td>0</td><td>0</td><td>0</td><td>0</td><td>0</td><td>0</td><td>0</td><td>0</td><td>0</td><td>0</td><td>0</td><td>0</td><td>0</td></tr>
<tr><td colspan="12">暂无依据</td><td colspan="25">《天津市公共建筑节能设计标准》DB29-153-2010表B.0.6-2</td></tr>
<tr><td rowspan="4">电器</td><td>1</td><td>2</td><td>3</td><td>4</td><td>5</td><td>6</td><td>7</td><td>8</td><td>9</td><td>10</td><td>11</td><td>12</td><td>%</td><td>1</td><td>2</td><td>3</td><td>4</td><td>5</td><td>6</td><td>7</td><td>8</td><td>9</td><td>10</td><td>11</td><td>12</td><td>13</td><td>14</td><td>15</td><td>16</td><td>17</td><td>18</td><td>19</td><td>20</td><td>21</td><td>22</td><td>23</td><td>24</td></tr>
<tr><td colspan="12" rowspan="2">全年办公（除节假日）</td><td>工作日</td><td>0</td><td>0</td><td>0</td><td>0</td><td>0</td><td>0</td><td>10</td><td>50</td><td>95</td><td>95</td><td>95</td><td>50</td><td>50</td><td>95</td><td>95</td><td>95</td><td>95</td><td>30</td><td>30</td><td>0</td><td>0</td><td>0</td><td>0</td><td>0</td></tr>
<tr><td>节假日</td><td>0</td><td>0</td><td>0</td><td>0</td><td>0</td><td>0</td><td>0</td><td>0</td><td>0</td><td>0</td><td>0</td><td>0</td><td>0</td><td>0</td><td>0</td><td>0</td><td>0</td><td>0</td><td>0</td><td>0</td><td>0</td><td>0</td><td>0</td><td>0</td></tr>
<tr><td colspan="12">暂无依据</td><td colspan="25">《天津市公共建筑节能设计标准》DB29-153-2010表B.0.6-2</td></tr>
</table>

4. 模拟结果

模拟结果比较 表F4-13

能耗种类	03-14地块	03-15地块	03-25地块
	单位建筑面积耗电量（kWh）	单位建筑面积耗电量（kWh）	单位建筑面积耗电量（kWh）
供冷	26.83	22.70	18.40
供热	25.20	21.77	28.70
风机	23.01	22.04	22.00
水泵	9.95	9.41	9.00
办公设备	12.43	11.67	15.00
照明	18.78	18.67	20.00
生活热水	3.46	5.03	4.00
餐厨	4.48	2.93	
总计	123.95	114.23	117.10

根据模拟结果分析可知，因为三地块均为超高层办公建筑，且共享了集中能源站提供的冷热源，故总体能耗差异不大，主要集中在建筑围护结构热工性能不同而体现出的供冷供热能耗差异，以及因建筑照明设计功率密度不同和人员密度不同而产生的室内用电量差异，此结果可以代表于家堡金融区大量同等或相近规模的超高层办公建筑能耗水平，具有极大的参考意义。

三、结论分析

1. 模拟结果与既有建筑能耗水平的比较

本次模拟的基准线为设计院于2010年左右提供的建筑设计图纸，纳入统计分析的三地块能耗水平为每平方米120千瓦时左右，若计入整体电梯能耗，以及地下空间所消耗的照明、通风等能耗，则整体的能耗水平将达到每平方米150~160千瓦时左右。根据统计数据，大型的综合性办公楼全年单位平方米用电量区间一般为90~120千瓦时，若将燃气、热水等能源消耗也统计在内进行比较，那么全口径的能耗将达到160千瓦时以上。可发现于家堡金融区在依托能源站、墙体保温等节能措施的有利因素下，本次模拟的三座超高层综合办公建筑，其能耗水平已经达到同类既有建筑的优秀水平。

国内公共建筑能耗统计–1[1] 表F4–14

建筑类型	样本数量	平均电耗（kWh/m²·年）	抽样极限误差（kWh/m²·年）	置信区间（kWh/m²·年）	
商场	12	216	24	192	240
宾馆饭店	25	121	8	113	129
办公楼	18	111	8	103	119
综合性商务楼	9	125	21	104	146

国内公共建筑能耗统计–2[2] 表F4–15

中国公共建筑平均	中国大型公共建筑	美国	日本	挪威
44	180	260	226	125

几座典型公共建筑能耗情况 表F4–16

	建筑面积（m²）	外窗是否可开启	是否使用集中空调系统	是否使用电梯	单位面积能耗（kWh/m²·a）
中国某校园办公楼	4650	√	×	×	34
中国某实验楼+办公楼	3360	√	×	×	56
美国某牙医学院	6425	×	√	√	313
中国某理科学院	1.5万	√	×	√	98
美国某经济管理学院	3万	×	√	√	356
中国某政府机构办公楼	1.6万	√	×	√	70
中国某写字楼	8.9万	×	√	√	129

天津市2013年部分国家办公机关办公建筑和大型公共建筑能耗调查公示 表F4–17

x	建筑名称	建筑面积	总能耗	单位面积能耗	照明插座用电	空调用电	动力用电	特殊用电
办公建筑（取8月1日到8月30日能耗情况）								
1	奥林匹克大厦	39743	400750	10.08	1.44	5.14	3.09	0.4
2	盛捷友谊服务公寓	31500	204870	6.50	2.16	2.89	1.22	0.22
3	图书大厦	57000	389821	6.84	3.33	2.24	0.84	0.42

1　王远，魏庆芃，薛志峰，江亿. 大型公建节能会诊(三)—调查分析篇大型公共建筑能耗调查分析[J]. 建设科技，2007年02期.

2　杨秀，江亿. 中外建筑能耗比较[J]. 中国能源，2007年06期.

续表

x	建筑名称	建筑面积	总能耗	单位面积能耗	照明插座用电	空调用电	动力用电	特殊用电
4	天星河畔广场	58000	361500	6.23	4.38	1.44	0.2	0.21
5	国际大厦	52000	661711	12.73	2.08	4.88	3.75	2
6	天津市河北区建委	9000	66844	7.43	0.97	5.01	1.2	0.24
7	天津市河北区政府	12911	84170	6.52	0.39	3.98	2.1	0.04
8	天津市市容委	31000	300614	9.70	1.21	5.46	2.01	1
9	第一商业学校	32200	31296	0.97	0.97			
10	天津武清国税局	9622	44900	4.66	2.7	1.34	0.34	0.28
11	天津市公安消防总队医院	7350	24370.8	3.32	1.27	0.33	0.22	1.46
12	天津市博物馆	63883	383847	6.01	2.40	2.10	0.90	0.60
13	天津市图书馆	57125	367563	6.43	2.57	2.25	0.97	0.64
14	天津市电力公司技术中心	21840	397480	18.20	7.28	6.37	2.73	1.82
15	天津市电力公司	52098	1242200	23.84	9.54	8.35	3.58	2.38
16	国投大厦	29333	146247	4.99	1.45	1.84	1.55	0.15
17	河西教育局	6240	31324	5.02	1.00	3.51	0.50	0.00
18	中国人民银行天津分行货币金银处	21082	110040	5.22	1.57	1.83	1.62	0.21
19	国际生物医院联合研究院	68639	476587	6.94	2.78	2.43	1.04	0.69
20	北方金融大厦	41000	340140	8.30	4.15	2.90	1.24	0.00
21	中国人民银行天津分行	30399	314000	10.33	3.10	3.62	1.55	2.07
22	天津市泰达大厦	60000	687880	11.46	5.73	4.01	1.72	0.00
商场建筑（取8月1日到8月30日能耗情况）								
23	友谊新天地	85800	1426688	16.63	8.27	3.57	2.33	2.44
24	武清友谊	30972	1127999	36.42	12.21	16.88	5.22	2.1
25	友谊商厦	35000	1273860	36.40	15.24	14.37	4.55	2.22
26	中原百货	45000	1163920	25.86	8.53	13.51	3.09	0.7
27	汉沽金百汇商厦	20000	376560	18.83	6.92	8.75	3.14	
28	滨江商厦	48428	1010785	20.87	7.15	12.06	1.35	0.3
29	金港购物中心	41000	314303	7.67	3.83	2.68	1.15	0.00
30	大港新基业	30000	273600	9.12	4.56	3.19	1.37	0.00
31	滨海商厦	27129	450960	16.62	8.31	5.82	2.49	0.00
32	天津市友谊大港百货	35000	695889	19.88	9.94	6.96	2.98	0.00
宾馆建筑（取8月1日到8月30日能耗情况）								
33	海津大酒店	14021	119877	8.55	1.26	4.95	2.32	0
34	天津和平区智选假日酒店	13000	62052	4.77	1.19	2.14	0.2	1.24
35	天津市凯德大酒店	24100	233580	9.69	4.85	3.39	1.45	0.00
36	泰达中心酒店	53000	567170	10.70	5.35	3.75	1.61	0.00

2. 于家堡地区建筑能耗特点分析

根据于家堡金融区控规设计，于家堡金融区规划总建筑面积约971 万平方米，其中金融办公建筑面积为560万平方米，商业酒店面积为150万平方米，公寓面积为245万平方米，公共服务设施16万平方米。就各类型建筑能耗而言，商业酒店的能耗较办公建筑要更多，达到200kWh/m²·a，居住建筑的能耗水平要比办公建筑偏低，约为100 ~130kWh/m²·a，则可以预测整个于家堡金融区依照现行规划设计建设，其整体建筑能耗约为140 ~160kWh/m²·a。

同时，于家堡金融区作为APEC首例低碳示范城镇，其将全力发展低碳绿色建筑，引入各种适用于超高层建筑集群的技术与管理手段，故可以推断，于家堡金融区的建筑能耗水平将随着各种新技术的应用和能耗控制与监测管理方式的不断优化而逐步降低，预计到2020年于家堡建成区能耗水平将达到125kWh/m²·a，到于家堡金融区全部建设完成时其能耗水平将达到110kWh/m²·a。

能耗指标分析—1 表F4—18

建筑面积（万平方米）		当前能耗指标（kWh/m²·a）	2020年能耗指标（kWh/m²·a）	最终能耗指标（kWh/m²·a）
金融办公	560	150	125	110
商业酒店	150	200	170	150
居住公寓	245	110	100	90
平均值		148	126	111
单位面积能耗降幅		—	14.86%	11.90%

3. 模拟未解决问题与后续工作

本次模拟因为软件功能限制，采取的是静态模拟方法，即无法考虑建筑实际运营时动态的人员变动、空调与照明开启率、餐厅与热水等的动态能耗变化。于家堡金融区将在运营之后进行全面的能源监测，实时记录真实的能源消耗情况，届时将根据实测的能耗数据与模拟结果进行比较分析，并及时调整能耗模拟录入参数，不断进行优化分析，为于家堡金融区低碳建筑事业提供有效的设计依据。

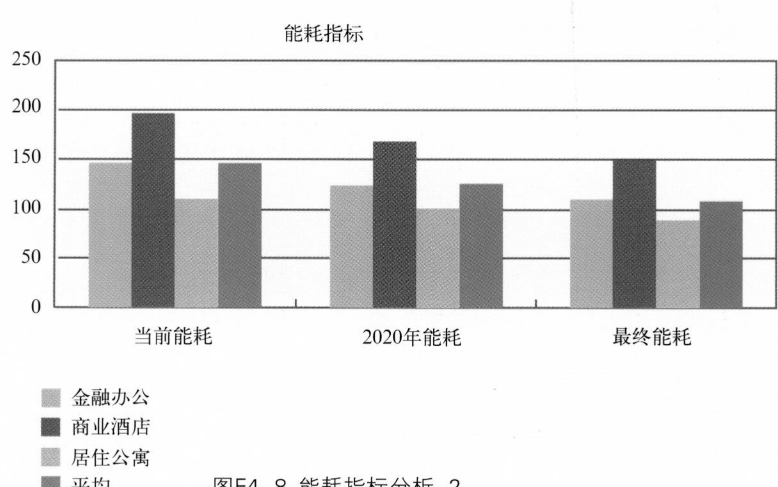

图F4-8 能耗指标分析-2

附录五

于家堡金融区低碳发展指标体系国内外指标体系案例汇总

天津中新生态城指标体系
唐山湾（曹妃甸）国际生态城指标体系
无锡太湖新城·国家低碳生态城示范规划指标体系
深圳光明新区绿色新城建设指标体系
潍坊滨海经济技术开发区生态城建设指标体系
青岛中德生态园生态指标体系
上海市崇明生态智慧岛指标体系
云南省昆明市呈贡新城试点指标体系
廊坊万庄生态城关键绩效指标体系
天津南部新城生态指标体系
天津解放南路地区生态规划指标体系
长沙梅溪湖低碳新城生态指标体系
天津市低碳规划指标体系
天津市生态宜居城市评价指标体系
河北省生态宜居城市建设目标指标体系
深圳低碳生态城市指标体系
佛山生态城市指标体系
乐清市生态城市指标体系
扬州生态城市评价指标体系
重庆市生态城规划建设指标体系
重庆市绿色低碳生态城区评价指标体系
淄博市创建国家生态园林城市指标体系
生态现代化指数指标体系
2009–2020年中国低碳生态城市发展战略研究
生态城市指标体系
低碳城市评价指标体系
中国低碳城发展战略指标体系
中国低碳生态城市指标体系
中国生态城市评价指标体系
欧洲绿色城市指数指标体系

1. 天津中新生态城指标体系

	指标层	二级指标	指标值	时限
生态环境健康	自然环境良好	区内环境空气质量	好于等于二级标准天数≥310天	即日开始
			SO2和NOX好于等于一级标准≥150天	即日开始
			达到《环境空气质量标准》	2013年
		区内地表水环境质量	达到《地表水环境质量标准》	2020年
		水喉达标率	100%	即日开始
		功能区噪声达标率	100%	即日开始
		单位GDP碳排放强度	150吨-C/百万美元	即日开始
		自然湿地净损失	0	即日开始
	人工环境协调	绿色建筑比例	100%	即日开始
		本地植物指数	≥0.7	即日开始
		人均公共绿地	≥12平方米/人	2013年
社会和谐进步	生活模式健康	日人均生活耗水量	≤120升/人·天	2013年
		日人均垃圾量	≤0.8公斤/人·天	2013年
		绿色出行所占比例	≥30%	2013年前
	基础设施完善	垃圾回收利用率	≥90%	2020年
		步行500米范围内有免费文体设施社区比例	≥60%	2013年
		危废与生活垃圾（无害化）处理率	100%	2013年
		无障碍设施率	100%	即日开始
		市政管网普及率	100%	2013年
经济蓬勃高效	管理机制健全	经济房、廉租房比例	≥20%	2013年
	经济发展持续	可再生能源使用率	≥20%	2020年
		非传统水资源利用率	≥50%	2020年
	科技创新活跃	每万劳动力R&D科学家和工程师全时当量	≥50人年	2020年
	就业综合平衡	就业住房平衡指数	≥50%	2013年

	指标层	二级指标	指标描述
区域协调融合	自然生态协调	生态安全健康、绿色消费、低碳出行	考虑区域环境承载力，从资源、能源合理利用角度出发，保持区域生态一体化格局，强化生态安全，建立、健全全区生态保障体系
	区域政策协调	创新政策先行、联合治理污染到位	积极参与并推动区域合作，贯彻公共服务均等化原则，实行分类管理区域政策制度，保障区域政策协调一致。建立区域性政策制度，保障周边区域环境改善
	社会文化协调	河口文化特征突出	城市规划和建筑设计延续历史，传承文化，突出特色，保护民族文化遗产和风景名胜资源；安全生产和社会治安均有保障
	区域经济协调	循环产业互补	健全市场机制，打破行政区域局限，带动周边地区合理发展，促进区域职能分工合理、市场有序，经济发展水平相对均衡，职住比平衡

2. 唐山湾（曹妃甸）国际生态城指标体系

指标分类	指标	取值
系统1：城市功能		
住宅	城市人口密度	13000居民/km^2
	总居住面积：某区总居住面积与该区内居民数量之间的比例	28.1m^2/居民
	有补贴的经济适用房占总住房的份额	>20%
	不同的出租和产权形式的住宅的混合	>20%
	不同价位等级和面积的住宅的混合	>20%
公共空间和设施的可达性	在400米内有基本服务功能（包括主要的公共医疗卫生、公立学校、食品屋和公共交通）的居住区	100%
	人均公共建筑的房屋面积	0.5m^2/人
	人均文化建筑的房屋面积	0.5m^2/人
	公园绿地和公共空间建筑的投资预算比例	
	人均公共设施建筑的投资预算比例	
	高等教育与研究人均土地使用面积	20m^2/人
公共场所多元化和混合使用	在CBD（中心商务区）的工作场所的平均密度	>20%
	混合使用：不同城市街区的住宅/办公室/服务/工作场所的比例：住宅区	50%~80%
	工作区与公共服务和商业设施	20%~50%
	办公建筑中小型办公建筑面积所占份额	20%
建设在高度危险区内的住宅	建设在高度危险区内的住宅份额	0
	建设在工业污染区内的住宅份额	0
	建设在海水泛滥高度危险区内的住宅份额	0
工作区多样化和混合使用	混合使用区主要住房：住宅区份额和工作区份额，公共服务和商业设施份额:住宅区	60%~80%
	工作区与公共服务和商业设施	20%~40%
	混合使用区主要住房：SOHO的份额（在住宅区的小型办公室）	3%~5%
	混合使用区主要住房：住宅区份额和工作区份额，公共服务和商业设施的份额（节点区）:住宅区	40%~50%
	工作区与公共服务和商业设施	50%~60%
通用性、灵活性和城市结构中的坚固性	城市密度的变化	0.5~2.5
	高比率的小型街坊	60~100m
	整合的路和街的样式	
行人和自行车友好的环境	为行人以及骑自行车者提供毛细道路网	
	空间组织：重要的功能布局与人行人及自行车道路网的整合	
城市环境质量	简单和复杂的中立	
	开放和保守的中立	
	位置和标志的能见度	
	当地道路结构的清晰度	
	绿化的可见度	
	水的可见度	

续表

指标分类	指标	取值
城市环境质量	维护和秩序	
	历史情感	
	创意建筑	
系统2：建筑与建筑业		
建筑设计	从城市、建筑到室内设计的建筑和美学层面	
	场所精神和当地文脉	
	示范性设计，普遍适用性和灵活性	
化学成分	存在情况：根据建筑构造的申报内容建立数据库	
	消除有害物质：制定需消除的有害物质清单	
室内环境	室内声音环境	＜35db
	室内空气质量: 氡气浓度	＜50Bq/m^3
	室内空气质量：通风（保证房间开窗）	100%
	内部空气质量: 室内空间中的氮化物	＜70Bq/m^3
	夏季室内温度	27℃
	冬季室内温度	20℃
	室内日光	
	湿度控制办法：建筑工程潮湿风险评估	0损害
	热水供水温度: 排除军团菌的侵害	70℃
生态循环系统	按照能源、水和废物的子系统指标为前提应用和支撑城区生态循环系统的实践	
	以曹妃甸生态城可持续发展的原则为前提进行应用和发展	
建筑和结构	应用一套经过检验的标准以及环境管理系统是基本前提	ISO 9000/14000
	环境申报和分级是按照一套符合中国状况的方法，例如，瑞典的建筑环境分级，美国的LEED，或者其他方法	ECB 瑞典：A级。LEED: 铂金级
可持续发展房屋	所有建筑建造份额按照环保的房屋分配，A级	90%
	居住建造中绿色建筑所占比例，A级	100%
	产业生产建筑中绿色建筑所占比例，A级	100%
	办公楼中绿色建筑所占比例，A级	100%
	公共建筑中（学校等）绿色建筑所占比例，A级	100%
系统3：交通与运输		
可达性	位置策略: 从大型办公区到市中心区为目的地的步行距离份额，（600或800米）至地区交通系统	100%
	停车控制应用区	100%
	距离（步行半径）：从住宅至公共交通场所（当地系统）在500米之内到站点	90%
	住宅至公共交通场所（地区系统）在800米之内到站点	90%
	办公点至公共交通场所（当地系统）在500米之内到站点	90%
	办公点至公共交通场所（地区系统）在800米之内到站点	90%

续表

指标分类	指标	取值
可达性	以不同交通方式从主要居民区到主要工时间距离：（差异＜1.5）公共交通/汽车	100%
	（差异＜1.5）自行车/汽车	90%
效率和环境交通系统	使用机动车出行的份额（私人轿车）与所有地区交通的关系（行使公里数）	＜30%
	使用机动车出行的份额（私人轿车）与所有当地交通的关系（行使公里数）	＜10%
	徒步或使用自行车出行的份额与所有当地交通的关系（行使公里数）	＞20%
	使用公交出行的份额与所有当地交通的关系（行使公里数）	＞70%
安全和环境健康	超速: 超速车辆的份额	0
	安排的千米排放水平比率高于可接受水平	0
	总二氧化碳排放量	20kgCO_2/人·km
	可再生原始能量的总量/总能源使用（交通）	75%
系统4：能源		
能源需求	总能源（包含运输）	1kWh/每人·年
	电力（包含运输）	3500 kWh /每人·年
	商业建筑的电力	50kWh/m^2·年
	商业建筑的供热	15
	商业建筑的空调	20
	住宅建筑的电力	25
	住宅建筑的供热（包括自来水）	45
	住宅建筑舒适制冷	0
能源供应	自给率：整个区域的基本能源产生量/总的基本能源使用量	80%
	整个区域可再生电力生产量/总用电量	85%
	含多余能源来源的再生能源比例（不含运输）	95%
系统5：废物（城市生活垃圾）		
废物产生和收集及处理	2007年可比面积人均产生的固体垃圾总量（包含住宅和办公室）	438kg/年·人
	2020年项目可比面积人均产生的固体垃圾总量（包含住宅和办公室）	328kg/年·人
	可比面积人均产生的可循环固体垃圾总量（包括住户和办公人员）	3m^3/年·人
	可比面积人均产生的可回收废物总量（包含住宅和办公室）	150kg/年·人 2m^3/年人
	城市有害废物和生活垃圾收集比率	100%
	回收废物（物质回收和生态处理）	＞60%
	填埋废物	＜10%
	焚烧废物	＞50%
	进行生物处理的食物垃圾（包含在回收废物中）	＞80%
	废物回收频率	每天·次/年

续表

指标分类	指标	取值
废物产生者到垃圾丢弃点的可达性	具有废物和再生垃圾丢弃点在建筑物入口的50米以内的基本服务功能的居民区的比例	100%
	从公寓建筑入口到有害和大体积废物收集点的平均距离	500m
从垃圾收集点的废物运输可达性	废物收集者到废物收集地点的可达性，停车点10~15米范围内的收集点比例	80%
	人工用自行车，手推车以及轻型车辆时回收点与垃圾及回收站的最大距离	500m
资源效率	利用生化处理垃圾回收到氮磷钾	100%
	人均废物收集、运输和处理的能源需求	<500千瓦时/年·人
	人均废物处理产生的能源（焚化+沼气+LFG垃圾场填埋气体）	>500千瓦时/年·人
系统6：水		
水的供应和需求	每天人均用水量	100~120升/人·天
	供水来源：地表/河流	>70%
	供水来源：地下水	0
	供水来源：可回收废水	<10%
	供水来源：回收的雨水/集雨水	10%
	供水来源：淡化海水	<10%
	自来水符合标准的比率	100%
卫生和废水产生的废物	卫生覆盖率：拥有可接受卫生条件的人口比例	100%
	环卫类型：拥有以下条件的人口比例——冲水厕所和废水得到处理	0
	环卫类型：拥有以下条件的人口比例——分离：黑水处理+灰水处理	90%~95%
	环卫类型：拥有以下条件的人口比例——干式卫生设施：生态厕所+灰水处理	5%~10%
水环境	水质量：河水、运河、泄湖内部的水、泄湖外部的水、海水、雨水的质量	
	地下水质量（盐度）	
	盐：浸润下沼泽地的盐度	
	年储存雨水的比率	90%
	总的城区比率-沼泽地（1米深水）	1%
	天然湿地净损失（含恢复的沼泽地）	0
海防	靠海一侧堤防上的潮汐漂流物：项目东部的潮汐漂流物（侵蚀/加积）比例	<10%
	靠海一侧堤防上的潮汐漂流物：项目西部的潮汐漂流物（侵蚀/加积）比例	<10%
	泄湖上的侵蚀/加积：河流泥沙沉积	<10%
	堤坝开口处流入/流出的侵蚀/加积比例	<10%
	引发的沉积区占泻湖的比例	<10%
	如果没有护堤在最高海平面时会淹没的区域（最高海平面= MHHW，平均最高水位以上）	0
资源效率	能源需求/水生产的能耗：常见处理	<1千瓦时/m^3
	能源需求/水生产的能耗：海水淡化	<5千瓦时/m^3
	能源需求/水生产的能耗	<1千瓦时/m^3
	污水处理再利用：用于农作物灌溉	>90%

续表

指标分类	指标	取值
资源效率	污水处理再利用：于住户	<10%
	回收利用农业淤泥和尿液采集（包含氮、磷和钾）	100%
	废水中的黑水用于反应产生沼气和能量	100%
系统7：景观与公共空间		
自然环境和城市质量	绿地结构占总面积（含水景）的份额	35%
	人均公共绿地面积	20m^2/人
	绿地中森林/树木所占的比例	25%
	绿地中湿地或自然生态环境所占的比例	20%
	总投资中用于恢复河流上游水质的投资比例	0.1%
公园和公共空间的可达性	500米以内可到达公共空间的居住区面积比例	100%
	在3000米以内可到达噪声水平低于45dB的公园和公共空间的居住区比例	100%
	50米以内可到达小绿地的居住区比例（居住区比例）	100%
	200米内可达邻里绿地（1~5公顷）的居住区比例	100%
	500米以内可到达城区绿地（1~5公顷）的居住区比例	100%
	1000米以内可到达城市绿地（>10公顷）	100%
	1000米以内可到达海/河岸线的居住区比例	100%

3. 无锡太湖新城·国家低碳生态城示范规划指标体系

大类	小类	指标	指标值
城市功能	紧凑高效布局	建设用地综合容积率	≥1.2
		拥有混合使用功能的街坊比例	≥50%
		公共活动中心与公共交通枢纽耦合度	≥80%
		公共活动中心地下空间综合开发度	≥80%
	公共设施可达	500米范围内可达基本公共服务设施（小学、幼托、社区公园）的比例	≥80%
绿色交通	绿色出行	绿色出行比例	≥80%
	公共交通	公共线路网密度	≥3 km/km^2
		500米范围内可达公交站点比例	100%
		清洁能源公共交通工具的比例	≥30%
		公交平均车速	≥20公里/小时
	慢行交通	慢行交通路网密度	≥3.7 km/km^2
能源与资源	建筑节能	新建居住和公共建筑设计节能率	≥65%
		单位面积建筑能耗	公共建筑≤100 kWh/m^2·a 居住建筑≤40 kWh/m^2·a
	区域能源规划	可再生能源比例	≥8%
		区域供冷供热覆盖率	≥20%
	水资源节约	日人均生活水耗	≤120L
		供水管网漏损率	≤5%

续表

大类	小类	指标	指标值
能源与资源		新建项目节水器具普及率	100%
		新建项目节水灌溉普及率	100%
		新建项目用水分项计量普及率	100%
	水源循环利用	新建项目非传统水源利用率	≥40%
	水处理	城市污水处理率	100%
		工业废水排放达标率	100%
	垃圾排放减量	日人均生活垃圾排放量	≤0.8kg/人·天
		建筑垃圾排放量	≤450t/万m^2
	生活垃圾分类收集率	生活垃圾分类收集率	100%
	垃圾回收再利用率	垃圾回收再利用率	生活垃圾≥95% 建筑垃圾≥75%
	生活垃圾无害化处理率	生活垃圾无害化处理率	100%
生态环境	空气质量	空气质量好于或等于二级标准的天数	350天/年
	水域环境	地表水环境质量	不低于Ⅲ类水质
	环境噪声	环境噪声达标区覆盖率	100%
	自然地貌	湿地、水系比例	≥15%
	地块风环境	人行区风速	≤5 m/s
	居住空间日照	住区日照达标覆盖率	100%
	住区热岛效应	新建筑区室外日平均热岛强度	≤1.5℃
	景观绿化	植草率	≥45%
		本地植物指数	≥0.8
		物种多样性	3000m^2以下：≥40种 3000~10000m^2：≥60种 10000~20000m^2：≥80种 20000m^2以上：≥100种
	场地绿化	人均公共绿地	≥16m^2/人
		建成区绿地率	≥42%
		建成区绿化覆盖率	≥47%
		每个居住区（3~5万人）公园面积	≥1公顷
	道路遮阴	慢行道路的遮阴率	≥75%
	透水地面	新建项目透水地面比例	≥40%
绿色建筑	达标率	新建项目绿色建筑比例	100%
	建筑材料	绿色环保材料比例	100%
		本地建材比例	≥70%
		产业化住宅比例	≥10%

续表

大类	小类	指标	指标值
绿色建筑	绿色施工	绿色施工比例	100%
	物业管理	物业管理通过ISO14001的比例	100%
		新建建筑智能化系统普及率	100%
社会和谐	绿色经济	通过ISO14001认证的企业比例	100%
		单位GDP能耗	≤0.3 t标煤/万元
		单位GDP水耗	≤100 m^3/万元
		单位GDP固体废物排放量	≤0.1 kg/万元
		单位GDP碳排放量	≤0.9 t/万元
	宜居生活	绿色社区创建率	100%
		绿色学校（幼儿园、小学和中学）创建率	100%
		无障碍设施率	100%
	社会保障	拆迁住宅安置比例	100%
		就业住宅平衡指数	≥40%
	公众满意度	公众对环境和社会服务的满意	≥95%

4. 深圳光明新区绿色新城建设指标体系

目标层	指标层	二级指标	指标值	时限（年）
生态环境友好健康	空气质量	空气质量优良率	97%	2015
		万元GDP的COD排放强度	≤0.5 kg/万元GDP	2015
		万元GDP的SO_2排放强度	≤0.19 kg/万元GDP	2015
	水质量	地表水环境质量	主要指标达标	2015
		集中式饮用水源地水质达标率	100%	2015
		工业用水重复率	≥78%	2015
		城镇生活污水集中处理率	≥85%	2015
	垃圾处理	城镇生活垃圾无害化处理率	100%	2015
		工业固体废物处置利用率	100%	2015
	人工环境	人均公共绿地面积	≥20m^2/人	2015
		绿色建筑占全区新建建筑的比例	≥90%	2015
经济发展高效有序	人口	常住人口	70万人	2015
	收入指标	人均GDP	10万元	2015
		城镇居民可支配收入	3.1万元	2015
	产业结构	高新技术产业占工业增加值比重	≥45%	2015
		服务业增加值占GDP比重	≥8亿元/km^2	2015
		单位建设用地GDP	32%	2015
	能源利用	单位GDP能耗	≤0.50吨标准煤/万元	2015
		单位GDP水耗	≤22.0立方米/万元	2015
		可再生能源使用率	≥20%	2015

续表

目标层	指标层	二级指标	指标值	时限（年）
社会和谐民生改善	公共设施	新建市政道路配套管网普及率	100%	2015
		公交分担率	≥60%	2015
		绿色出行比例	≥80%	2015
		步行500米范围内有免费文体设施的社区比例	100%	2015
	政务效率	信息化指数	100%	2015
		政务公开合格率	100%	2015
	安全保障	群众安全感指数	≥95%	2015
		登记失业率	≤3%	2015
		基本社会保险覆盖率	≥95%	2015
	生活水平	恩格尔系数	≤20%	2015

5. 潍坊滨海经济技术开发区生态城建设指标体系

具体目标	一级指标	二级指标	目标值	期限
自然之城	自然环境优美	林木覆盖率	≥25%	2015年
		绿化覆盖率	≥45%	
		耐盐碱植物指数	≥0.5	即时开始
		植物保存率	≥95%	
		水系生态岸线比例	≥95%	即时开始
	环境质量良好	空气质量全年优良天数	≥330天	2015年
		水质量环境	达到功能区标准	2015年
		近岸海域水环境质量		
活力之城	产业结构优化	第三产业比重	≥40%	2020年
		战略性新兴产业比重	≥25%	2020年
	科技创新活跃	研发经费占GDP的比重	≥5%	2015年
		每万劳动力研发人员	≥88人年/万人	2015年
和谐之城	社会保障健全	住房保障率	100%	即时开始
		社会保障覆盖率	100%	即时开始
		每万人拥有医生数	≥50人	2020年
		人均受教育年限	≥12年	2015年
	社会文明进步	无障碍设施覆盖率	≥85%	2015年
		公众安全感指数	≥95	即时开始
	生活模式健康	人均生活用水量	≤110升/人·日	2015年
		人均生活垃圾产生量	≤0.8kg/人·日	2015年
		绿色出行比例	≥80%	2020年
宜居之城	基础设施完善	市政管网普及率	100%	即时开始
		城市生命线系统完好	≥90%	即时开始
		生活垃圾无害化处理率	100%	即时开始
		污水处理率	100%	2015年
	公共设施高效	本地居住指数	≥0.8	2015年
		生活便宜度指数	≥0.8	2015年

续表

具体目标	一级指标	二级指标	目标值	期限
低碳之城	居住环境宜人	绿色建筑比例	≥75%	2020年
		声环境功能区噪声达标率	100%	即时开始
	资源节约利用	非传统水资源利用率	≥30%	2020年
		单位GDP用水量	≤20m^3/万元	2015年
	低碳清洁发展	碳生产力	≥1.5万元/吨碳	2020年
		碳中和率	≥10%	2020年
		零碳能源比重	≥20%	2020年
		万元GDP污染物排放强度COD	<0.2kg/万元	2015年
		万元GDP污染物排放强度SO_2	<3kg/万元	
	循环经济发展	工业用水重复利用率	≥95%	2015年
		生活垃圾回收利用率	≥60%	
		工业固废综合利用率	≥95%	2020年

6. 青岛中德生态园生态指标体系

类别	一级指标	二级指标名称	指标值	
			2015年	2020年
经济优化	减少生产排放	单位GDP碳排放强度	≤240吨CO_2/百万美元	≤180吨CO_2/百万美元
		企业清洁生产验收通过率	100%	100%
		单位工业增加值CO_2排放	≤1kg/万元	≤0.8kg/万元
	提高利用效率	工业余能回收利用率	≥30%	≥50%
		单位工业增加值新鲜水耗	≤9m^3/万元	≤7m^3/万元
		工业用水重复利用率	≥75%	≥75%
	转变产业结构	中小企业政策指数	≥3	5
		研发投入占GDP比重	≥3%	≥4%
环境友好	平衡宜居宜业	人均公园绿地面积	30m^2/人	30m^2/人
		区内地表水环境质量达标率	100%	100%
		区域噪声平均值	昼间均值≤55dB（A） 夜间均值≤45dB（A）	昼间均值≤55dB（A） 夜间均值≤45dB（A）
		城市室外照明功能区达标率	100%	100%
	降低建设影响	园区范围内原有地貌和肌理保护比例	≥40%	≥40%
		绿色施工比例	100%	100%
	保育生物多样	鸟类食源树种植株比例	≥30%	≥35%
资源节约	促进源头减量	绿色建筑比例	100%	100%
		日人均生活用水量	≤100L/（人·日）	≤100L/（人·日）
		日人均生活垃圾产生量	≤0.8kg/（人·日）	≤0.8kg/（人·日）
		建筑合同能源管理率	≥20%	100%

续表

类别	一级指标	二级指标名称	指标值	
			2015年	2020年
资源节约	开展多源利用	分布式能源供能比例	≥30%	≥60%
		可再生能源使用率	≥10%	≥15%
		非传统水源利用率	≥30%	≥50%
		垃圾回收利用率	≥40%	≥60%
	完善设施系统	绿色出行所占比例	≥70%	≥80%
		建筑与市政基础设施智能化覆盖率	100%	100%
		开挖年限间隔不低于五年的道路比例	100%	100%
		生活垃圾无害化处理率	100%	100%
包容发展	共享社区福利	民生幸福指数	≥80分	≥90分
		步行范围内配套公共服务设施完善便利的区域比例	100%	100%
		步行5分钟可达公园绿地居住区比例	100%	100%
		保障性住房占住宅总量的比例	≥20%	≥20%
		本地居民社会保险覆盖率	100%	100%
	加强交流合作	适龄劳动人口“双元制”职业技能培训小时数	≥20小时/年	≥25小时/年
		中德国际交流活动频率	≥1小时/年	≥1小时/年
引导性指标		环境空气质量提升	N/A	N/A
		园区智能化系统高水平建设	N/A	N/A
		海洋新兴产业发展优先	N/A	N/A
		本地产业共生与配套完善	N/A	N/A
		绿色设计理念推广	N/A	N/A
		海洋文化特色突出	N/A	N/A

7. 上海市崇明生态智慧岛指标体系

序号	指标	2020年
1	建设用地比重	13.1%
2	占全球种群数量1%以上的水鸟物种数	≥10种
3	森林覆盖率	28%
4	人均公共绿地面积	15m^2
5	生态保护地面积比例	83.1%
6	自然湿地保有率	43%
7	生活垃圾资源化利用率	80%
8	畜禽粪便资源化利用率	>95%
9	农作物秸秆资源化利用率	>95%
10	可再生能源发电装机容量	20万~30万千瓦
11	单位GDP综合能耗	0.6吨标准煤/万元
12	骨干河道水质达到Ⅲ类水域比例	95%
13	城镇污水集中处理率	90%
14	空气API指数达到一级天数	>145天

续表

序号	指标	2020年
15	区域环境噪声达标率	100%
16	实绩考核环保绩效权重	25%
17	公众对环境满意率	>95%
18	主要农产品无公害、绿色食品、有机食品认证比例（其中绿色食品和有机食品认证比例）	90%（30%）
19	化肥施用强度	250kg/ha
20	农田土壤内梅罗指数	0.7
21	第三产业增加值占GDP比重	>60%
22	人均社会事业发展财政支出	1.5万元

8. 云南省昆明市呈贡新城试点指标体系

区域层次	郊区居住区公交站点1000米半径覆盖率不小于95%
	居民出行平均时耗45分钟内达到区域中心
	区域公交主干线发车间隔不超过15分钟
	在区域道路网络系统中公交专用车道的比例大于20%，联系主要城镇的高速公路应设置公交专用道，高速公路上应设置多人合乘车辆通道
	居住开发90%在公交枢纽3千米范围内
	区级教育、工作、工作医疗、商贸的在居住区3千米范围内
	公交枢纽3千米范围内覆盖不少于60%量的工作岗位
	居住区周边3千米范围内的就业岗位与居住人口中的就业人口的比例，应到70%以上
总体规划	城市人均建设用地面积在100平方米以内
	在每个城市扩展的方向上都应该有一条以上的公共交通发展走廊（可以是轨道交通、BRT或者公交专用道）
	所有城市公共活动中心必须与公共交通枢纽高度结合，中心耦合一致度大于80%，公交设施的开发在公交枢纽300米范围内，保证公交出行率不小于60%，公交枢纽1.5千米范围内应覆盖不小于60%流量的工作岗位
	城市快速路网中设置公交专用道或优先道的比例大于90%，城市主干路网中该比例大于50%，公交主干线发车间隔小于3分钟
	居住区开发选址需要在公共交通枢纽2公里范围内，地块的尺度小于200米，并且越接近枢纽地块的尺度越小
	区级教育、就业、卫生医疗、商贸中心的分布在居住区3公里范围内，居民出行距离在3公里以下占总出行的60%，6公里以上出行占总出行不宜超过20%
	学生中步行或骑自行车去学校的平均距离小于1公里
	要求学校和企业制定“员工出行方式计划”
低碳节能居住	居住区停车位配置率，近期不大于30%
	居住小区内封闭地块长度，不大于200米
	居住区的居住密度，不应小于420人/平方公里，乘坐公交需求不大于公交运送能力
	社区学校、医院分布在步行范围（500米）内
	居住区内步行道与自行车道连通度100%，林阴率东南部地区不少于总线长度80%，西北部地区不少于总线长度60%
	集中绿地应布置在居民10分钟步行可达范围内

9. 廊坊万庄生态城关键绩效指标体系

指标描述	指标名称	2020年目标
绿色经济	清洁生产企业所占GDP	100%
绿色经济	规模化企业通过ISO-14000认证比率	25%
服务业发展	服务业增加值占GDP比重	50%
教育指标	九年制义务教育学校服务半径	小学服务半径为500米 中学服务半径为1000米
居住指标	低收入家庭保障性住房人均居住用地面积	20～25平方米/人
就业指标	预期平均就业	男性40年，女性35年
公共服务指标	各项人均公共服务设施用地面积（文化、教育、医疗、体育、托老所、老年活动中心）	教育1000~2400平方米/千人 文体225~645平方米/千人 商业服务600~940平方米/千人 托老所150平方米/千人 老年活动中心25平方米/千人
公共服务指标	人均避难场所用地	3平方米
交通指标	公共交通出行率	70%
交通指标：内部出行模式	区域内非私人机动交通（步行、自行车、公共交通）的比例	80%
交通指标：外部出行模式	区域外界交通联系中非私人机动交通（步行、自行车、公共交通）的比例	80%
交通指标	3分钟（240米）到达自行车道或5分钟（400米）到达公交站的比例	100%
物流指标	货物通过集散中心来统一物流管理的比例	70%
公共服务指标：足够的公园开放空间	人均公共开放空间面积	23平方米/人
公共服务指标：公园开放空间的可达性	5分钟（300米）公共开放空间覆盖率	90%
公共服务指标：儿童游玩的公共空间	儿童和未成年人的最低公共开放空间的比例	20%
土地利用：居住密度	每公顷建设用地上住户的数量	180户
土地利用：就业者住宅平衡	居住-就业平衡性	0.59
能源与碳排放：能源	可再生能源占能源使用的比例（包括交通）	80%
能源与碳排放：建筑能源需求	年均单位建筑面积能耗（电、热、气）	100kWh/平方米
能源与碳排放：交通能源需求	年均每人交通能耗（电、汽油、柴油）	待定
能源与碳排放：碳排放	人均二氧化碳排放量	<1吨/人
水需求	平均日人均居民生活用水量	≤108L/人·d
水需求：非饮用水	非饮用水使用非传统水源比例	≥70%
水需求：农业用水	农业用水使用非传统水原比例	100%
固体废弃物	固体废弃物无害化处理率	100%
固体废弃物	固体废弃物循环利用率	70%
水环境：水质达标	城市水环境功能区达标率	100%

续表

指标描述	指标名称	2020年目标
空气环境：空气质量达标	API指数≤100的天数占全年天数的比例	90%
环境噪音	区域环境噪声平均值	55dB（A）
环境噪音：交通干线	交通干线噪声平均值	65dB（A）
空气环境：清洁能源	城市清洁能源使用率	80%
空气环境：汽车尾气	汽车尾气达标率	90%
环境保护满意度	公众对城市环境保护的满意率	90%
环境教育普及	中小学环境教育普及率	100%
现有农业用地上的农业产量无损失	保持目前整体农业产量的比例	100%
生态城中所有水果、蔬菜、肉类、奶制品供应本地化生产	生态城农业产品的本地生产比例	100%
农业景观的可达性强	从住宅到农业景观的平均步行距离	20分钟
农业采取有机技术认证的比例	有机食品认证的比例	100%

10.天津南部新城生态指标体系

类别	指标项目	指标值
自然环境	区内环境空气质量	好于等于二级标准的天数≥310天/年，在此基础上要求SO_2和NO_X好于等于一级标准的天数≥155天/年
	区内地表水环境质量	2020年后达标《地表水环境质量标准》（GB 3838-2002）现行标准Ⅳ类水体水质要求
	水喉水达标率	100%
	功能区噪声达标率	100%
	单位GDP碳排放强度	150吨/百万美元
	自然湿地净损失	0
人工环境	绿色建筑比例	60%
	本地植物指数	≥0.7
	人均公共绿地	≥12平方米/人
	绿地率	不少于35%
	人均居住用地	不宜小于22平方米
	建筑密度	不大于22%
	建筑容积率	不高于1.0%
	街道绿地	100%
	人行道	柔性透水型路面覆盖率60%~70%（可包含绿化）
	公共绿地	不低于规划总用地的18%
	小型街头绿地服务半径	300米
	社区公园服务半径	500米
生活模式	日人均生活耗水量	≤120升/人·日
	日人均垃圾产生量	≤0.8千克/人·日

续表

类别	指标项目	指标值
生活模式	绿色出行所占比例	≥90%
基础设施	垃圾回收利用率	≥60%
	步行500米范围内有免费文体设施的居住区比例	100%
	危废与生活垃圾（无害化）处理率	100%
	无障碍设施率	80%
管理机制	经济适用房、廉租房占本区住宅总量的比例	≥20%
经济发展	可再生能源使用率	≥15%
	非传统水源利用率	≥50%
	每万劳动力中R&D科学家和工程师全时当量	≥50人年
	就业住房平衡指数	≥50%

11. 天津解放南路地区生态规划指标体系

一级指标	二级指标	三级指标	控制层次		
			区域（既有）	街坊	建筑
生态环保	自然环境	本地植物指数	≥70%	≥70%	≥70%
		绿地率	≥40%（≥31%）	≥40%	住宅≥40% 公建≥35%
		人均公园绿地面积	≥12米（≥9米）	≥1.5米	—
		住区与公共绿地复层绿化比例	≥90%	≥90%	—
		河道绿化比例	100%（100%）	—	—
		水体水质达标率	100%	100%	—
	人工环境	施工过程中环保措施采用率	100%（100%）	100%	100%
		污水处理率	100%（100%）	100%	100%
		固体废物收集率	100%（100%）	100%	100%
		环境噪声达标率	100%	100%	100%
		危废及生活垃圾无害处理率	100%（100%）	100%	100%
		市政管网覆盖率	100%（100%）	100%	100%
绿色开发	集约开发	人均建设用地面积	≤70米	≤100米	低层≤43米 多层≤28米 中高层≤24米 高层≤15米
		合理开发利用地下空间	—	—	—
	绿色建筑	新建绿色建筑比例	100%（二星级以上30%）	—	—
		既有绿色建筑改造比例	—（100%）	—	—
	能源低碳	清洁能源使用率	（100%）	100%	100%
		能源分类分项计量比例	100%	100%	100%

续表

一级指标	二级指标	三级指标	控制层次		
			区域（既有）	街坊	建筑
绿色开发	水资源利用	日人均生活用水量	≤100升（≤120升）	≤100升	≤100升
		雨水入渗与收集利用率	≥50%（≥50%）	≥50%	≥20%
		非传统水源利用率	≥50%（≥50%）	≥40%	办公≥60%；住宅≥30%
		景观设计节水率	≥75%	≥50%	≥50%
		节水灌溉比例	100%	100%	100%
		用水计量率	100%（100%）	100%	100%
	用材低碳	本地材料比例	≥75%	≥75%	≥75%
		回收、再利用材料比例	G	G	G
		使用可循环材料比例	—	—	≥10%
		建筑土建与装修一体化	G	G	G
	绿色交通	慢行系统覆盖率	≥80%	100%	100%
		快慢行系统衔接	—	—	—
		自行车停车位设置比例	≥15%	≥15%	≥15%
		混合动力车加气站/电动车充电站设置比例	≥6%	—	—
		低排放及节能汽车停车位比例	≥6%	≥6%	≥6%
民生保障	健康环境	建筑满足日照、采光要求比例	100%	100%	—
		水喉水质达标率	100%（100%）	100%	100%
		生活垃圾收集间隔	≤24小时（≤24小时）	≤24小时	≤24小时
	便捷宜居	居民区500米步行距离内公共服务、文体设施比例	100%	100%	—
		学校1000米范围内居民区覆盖比例	—	≥80%	≥80%
		500米公交站点覆盖率	—	≥80%	≥80%
		轨道交通站点800米步行距离比例	—	≥60%	≥60%
		无障碍设计比例	100%	100%	100%
	舒适宜居	道路遮阴比例	100%	100%	100%
		室外风环境计算机模拟仿真优化设计比例	—	100%	100%
		城市热岛效应强度	≤1.5℃	≤1.5℃	≤1.5℃
		公共交通站点遮阳避风设施比例	100%（100%）	—	—
	人文关怀	具有文化历史价值的建筑与景观的保护利用	G	G	G
	混合社区	住房多样性指数	≥40%	≥40%	—
		住区混合开发比例	≥80%	≥60%	—
智慧生活	信息化设施	用户光纤可接入率	100%（100%）	100%	100%
		无线网络覆盖率	100%（100%）	100%	100%

续表

一级指标	二级指标	三级指标	控制层次		
			区域（既有）	街坊	建筑
智慧生活	信息化设施	户均网络接入宽带	住宅≥100M（100M）	住宅≥100M	住宅≥100M
			公建≥1000M（1000M）	公建≥1000M	公建≥1000M
		平均无线网络接入宽带	≥5M（5M）	≥5M	≥5M
	能源管理	公建能耗监测系统覆盖率	100%（100%）	100%	—
		景观照明智能化监控管理系统覆盖率	100%	—	—
		家庭智能电表安装率	100%（100%）	100%	100%
		用电信息采集覆盖率	100%	100%	100%
	惠民生活	公交站牌电子化率	100%	—	—
		社会公共停车场诱导系统覆盖率	100%	—	—
		城区交通诱导系统安装率	100%	—	—
		住区电梯远程监测率	100%（G）	100%	100%
	安全保障	智能视频安装控制	G	G	G
		住区安全监控传感器安装率	100%（G）	—	—

12. 长沙梅溪湖低碳新城生态指标体系

总指标	一级指标	二级指标	三级指标	指标值
人均碳排放量	城区规划	场地开发	拥有混合使用功能的街坊比例	≥70%
			地下空间开发利用	≥35%
		街区开发	街区尺度达标率	≥80%
			街道中临街建筑高度与街宽比大于1:2的比例	≥40%
		公共设施	市政管网普及率	100%
			无障碍设施设置	100%
	建筑规划	绿色建筑	绿色建筑比例	100%
		绿色建材	全装修住宅比例	≥50%
			本地建材比例	≥70%
		绿色施工	绿色施工比例	100%
		建筑管理	建筑智能化普及率	100%
			建筑设计节能率	≥65%
			单位面积建筑能耗	公共建筑≤100kWh/m^2·a 住宅建筑≤40kWh/m^2·a
			公共建筑能耗监测覆盖率	100%
	能源规划	可再生能源利用	可再生能源利用率	≥13%
		区域能源规划	公共建筑区域供冷供热覆盖率	≥54%
			公共建筑智能电网覆盖率	≥28%
	水资源规划	水资源循环利用	非传统水源利用率	≥10%
			场地综合径流系数	≤0.54

续表

总指标	一级指标	二级指标	三级指标	指标值
人均碳排放量	水资源规划	水资源节约	建筑节水率	公共建筑≥11% 居住建筑≥10%
			供水管网漏损率	≤8%
			用水分项计量普及率	100%
	生态环境规划	区域自然环境	环境噪声达标区覆盖率	100%
			地表水域质量	GB3838-88Ⅲ类水质
		微气候环境	人行区风速	≤5米/秒
			室外日平均热岛强度	≤1.3℃
		景观环境	本地植物指数	≥0.8
			绿化屋面覆盖率	≥50%
			慢行道路遮阴率	≥80%
	交通规划	公共交通	300米范围内可达公交站点比例	≥90%
		慢行交通	慢行道路宽度	≥2米
			自行车停车位数量	公共建筑≥0.1车位/人 居住建筑≥0.3车位/人
		清洁能源交通	清洁能源公交比例	≥30%
			优先停车位比例	≥10%
	固体废物规划	垃圾排放减量	日人均生活垃圾排放量	≤0.8kg/人·d
			建筑垃圾排放量	≤350吨/万平方米
		垃圾分类收集	生活垃圾分类收集设施达标率	100%
		垃圾处理和利用	垃圾回收再利用率	生活垃圾≥50% 建筑垃圾≥30%
			垃圾无害化处理率	100%
	绿色人文	城区管理	管理和信息化的社区比例	100%
		绿色社区建设	绿色社区创建率	100%
			绿色学校创建数	7所
			绿色出行比例	公共交通≥40% 慢行交通≥40%
			居住与就业平衡指数	≥15%

13.天津市低碳规划指标体系

目标层	制约层	指标层	近期目标（2020年）	远期目标（2050年）
减碳	城镇空间	人口密度	3000人/平方公里	3500人/平方公里
		居民工作平均通勤（单向）时间	30分	30分
	产业发展	第三产业占地区生产总值比重	≥50%	60%
		主导工业集聚程度	—	—
		工业固体废物综合利用率	100%	100%
	交通出行	公共交通分担率	≥30%	50%
		高峰时间全路网平均车速	—	—
	基础设施	工业用水重复率	≥92%	≥95%
		城镇集中供热普及率	>90%	100%

续表

目标层	制约层	指标层	近期目标（2020年）	远期目标（2050年）
减碳	基础设施	城镇生活垃圾无害化处理率	100%	100%
	能源利用	可再生能源使用率	15%	20%
		单位GDP能耗	≤0.60吨标煤/万元	≤0.45吨标煤/万元
		绿色建筑比例	40%	70%
		O3·O4标准车辆占比	—	—
固碳	生态环境	建成区绿化覆盖率	48%	50%
		退化土地恢复率	≥90%	100%

14. 天津市生态宜居城市评价指标体系

目标层	准则层	指标名称	标准值
经济发展	经济实力	人均GDP	≥5.0万元
		人均财政收入	≥1.2万元
		农民年人均纯收入	≥1.1万元
		城镇居民年人均可支配收入	≥2.5万元
	经济结构	恩格尔系数	<40%
		第三产业占全市GDP比例	≥45%
		人均住房面积	≥26%
	经济效益	社会劳动生产率	≥5万元/人
		单位GDP能耗	≤0.85吨标准煤/万元
		单位GDP水耗	≤100 立方米/万元
文化教育	教育结构	万人拥有公共图书馆数	≥0.05个
		万人在校大学生	≥350人
		学龄儿童入学率	≥30%
	教育质量	科教投资占GDP的比重	≥1.5%
		体育娱乐文化	—
		商品服务	—
		教育重视程度	—
基础设施	生活设施	燃气普及率	≥90%
		自来水普及率	100%
		有线电视入户率	100%
		因特网入户率	100%
	公共设施	城镇人均拥有道路面积	≥15 平方米
		道路网络质量	—
		城区公共交通质量	—
		通讯基础设施质量	—
生态环境保护	绿化水平	绿化覆盖率	≥35%
		城镇人均公共绿地面积	≥12 平方米
	污染治理	城镇污水集中处理率	≥90%
		工业固体废物处置利用率	≥90%

续表

目标层	准则层	指标名称	标准值
生态环境保护	污染治理	工业废水排放达标率	100%
		机动车环保定期检查率	100%
	环境质量	地区噪音平均值	≤50dB
		空气质量达到或好于Ⅱ级的天数	≥290天
		集中式饮用水源水质达标率	100%
社会保障	医疗服务	人均寿命	≥75岁
		千人拥有病床数	≥4.5张
		公共医疗服务	—
	社会福利	社会保障覆盖率	100%
		登记失业率	≤4.0%
	公共安全	刑事案件破案率	100%
		城市生命线完整率	≥80%

15. 河北省生态宜居城市建设目标指标体系

类别	专题	核心目标性指标	参考目标值
资源节约高效	水资源利用	日人均生活耗水量	≤120升/人·日
		单位工业增加值取水量	≤80吨/万元
		再生水利用率	≥30%
		工业用水重复利用率	≥95%
	能源利用	单位GDP能耗	比2010年降17%
		非化石能源占一次能源消费比重	≥20%
	土地利用	人均建设用地面积	≤80平方米/人
		单位GDP建设用地面积	≤16平方米/万元
		地下空间利用率	≥5%
环境健康友好	空气质量	全年API指数≤100的天数占全年总天数比例	≥85%
		空气质量达优天数占全年总天数比例	≥30%
		PM2.5日平均浓度	达国家标准
	水环境	污水集中处理率	≥95%
		城市饮用水水源地水质达标率	100%
		城市水环境功能区水质达标率	100%
	废物处理	生活垃圾无害化处理率	无害化处理率100% 资源化利用率≥50%
		工业固体废弃物综合利用率	≥90%
		建筑垃圾回收利用率	≥60%
	公园绿地	本地植物指数	≥0.85
		人均公园绿地面积	市区≥12平方米 中心城区≥8平方米
		公园绿地500米服务半径覆盖率	≥90%
	绿色交通	公共交通分担率	≥30%
		绿色交通出行比例	≥50%

续表

类别	专题	核心目标性指标	参考目标值
环境健康友好	市政设施	市政管网普及率	≥95%
	绿色建筑	绿色建筑占当年竣工建筑面积比例	≥80%
	热岛效应	城市热岛效应强度	≤3.0℃
经济持续发展	产业结构	第三产业增加占GDP比重	≥50%
		战略性新兴产业增加值占GDP比重	≥10%
	收入就业	城镇居民人均可支配收入	≥1.6万元/人
		恩格尔系数	≤30%
		城镇登记失业率	≤3.2%
社会和谐进步	教育科技	财政性教育经费支出占GDP比重	≥4%
		研究与试验发展（R&D）经费支出占GDP比重	≥2.6%
	城市安全	每万人人口刑事案件立案数	≤10件
		人均固定避难场所面积	≥3平方米
	住房保障	住房价格收入比	≤10
		低收入家庭住房保障率	100%
	公共服务	人均公共管理与公共服务设施用地面积	≥5.5平方米

16. 深圳低碳生态城市指标体系

目标层	路径层	指标层	目标值（2020）
经济转型	产业结构优化	第三产业增加占GDP比重	≥70%
		研究与试验发展（R&D）投入占GDP比重	≥5.5%
		新型低碳产业产值	8000亿元
		单位工业用地增加值	45亿元/平方公里
	调整能源结构	清洁能源占一次能源消费比重	25%
	资源集约高效	万元GDP建设用地	<3.9平方米/万元
		单位GDP能耗	<0.35tce/万元
		单位GDP水耗	17.3立方米/万元
环境优化	自然环境保护	自然保护区覆盖率	6.10%
		本地植物指数	0.9
	环境污染治理	城市水环境功能区水质达标率	100
		生活垃圾无害化处理率	100%
	城市环境与自然环境协调	绿化覆盖率	≥55%
		碳汇总量增加率	10%
		建成区透水性地面面积比例	55%
空间保障	用地集约	人均建设用地面积	75~82平方米/人
		单位GDP总建筑面积	≥1700元/平方米
		新建项目混合用地比例	≥30%
	环境宜居	人均居住建筑面积	34平方米/人
		日常公共服务设施步行可达覆盖率	85%~100%
		林阴路达标率	0.85
	风貌延续	滨海生活岸线比例（含深圳河）	≥20%

续表

目标层	路径层	指标层	目标值（2020）
空间保障	风貌延续	有机转化率	70%
空间保障	绿色交通	公交分担率	≥65%
		绿道网长度	≥2340公里
		新能源公交汽车普及率	—
	绿色建筑	绿色建筑占当年竣工建筑比例	80%
	绿色市政	非常规水资源替代率（近期建设中为再生水利用率）	17%
		生活垃圾资源化利用率	75%
社会和谐	社会丰裕公平	中低收入人群的社会保障率	100%
	公共服务完善	中低收入家庭住房保障率	100%
		人均公共服务设施用地面积（包括文化、教育、医疗、体育和社会福利设施用地）	5平方米/人
示范创新	建设示范	太阳能光热利用建筑面积	≥2500万平方米
		新能源汽车保有量	10万辆
		生态单元覆盖率	—
	技术创新	低碳技术专利数	—
		低碳技术研发平台	20个

17. 佛山生态城市指标体系

一级指标	二级指标	三级指标	标准值
环境	环境资源	建成区绿化覆盖率	45%
		人均公共绿地面积	12平方米/人
		人均供地面积	1000平方米/人
	环境质量	城市空气质量	330天
		地面水域功能区达标率	100%
		市区区域噪声平均值	＜50.0分贝
	环境管理	工业固体废物综合利用率	100%
		工业废水排放达标率	100%
		城市生活垃圾无害化处理率	100%
		生活污水处理率	70%
经济	经济水平	人均GDP	30000元/人
		年人均财政收入	3600元/人
		农民年人均纯收入	7500元
		职工年人均纯收入	16000元
	经济结构	第三产业占GDP比重	50%
		旅游收入占GDP比重	14%
	经济效益	单位GDP能耗	＜1.07吨标煤/万元GDP
社会	社会结构	非农业人口比例	60%
		建成区人口密度	6300人/平方公里
		男性人口比例	50%

续表

一级指标	二级指标	三级指标	标准值
社会	资源配置	万人公路里程	17公里/万人
		城市居民人均住房面积	40平方米/人

18. 乐清市生态城市指标体系

目标	名称		国家指标值	规划期目标值
经济发展	农民年人均纯收入	经济发达地区	≥8000元/人	≥15000元/人
		经济欠发达地区	≥6000元/人	≥11000元/人
	第三产业占GDP比例		≥40%	≥43%
	单位GDP能耗		≤0.9吨标煤/万元	≤0.85吨标煤/万元
	单位工业增加值新鲜水耗		≤20 立方米/万元	≤18%立方米/万元
	农业灌溉水有效利用系数		≥0.55立方米/万元	≥0.8立方米/万元
	应当实施强制性清洁生产企业通过验收的比例		100%	100%
生态环境保护	森林覆盖率	山区	≥70%	75%
		丘陵区	≥40%	42%
		平原地区	≥15%	18%
	生态关键区保护：自然保护区占国土面积比例		≥11%	≥12%
	湿地占国土面积比例		≥7%	≥9%
	非固化岸线占岸线比例		≥60%	≥65%
	物种多样性指数		>1%	≥1.1%
	空气环境质量：好于或等于2级标准的天数		达到功能区标准	达到功能区标准，且>310天/年
	水环境质量		达到功能区标准且城市无劣Ⅴ类水体	达到功能区标准且城市无劣Ⅳ类水体
	近岸海域水环境质量			
	河流水网占地比例		≥11	≥13
	主要污染物排放强度	化学需氧量（COD）	<4.0	<4.0
		二氧化硫（SO_2）	<5.0	<5.0
	集中式饮用水源水质达标率		100%	100%
	城市污水集中处理率		≥85%	≥90%
	工业用水重复率		≥80%	≥90%
	噪声环境质量		达到功能区标准	一二类功能区标准
	城镇生活垃圾无害化处理率		≥90%	≥90%
	工业固体废物处置利用率		≥90%且无危险废物排放	≥90%
	城镇人均公共绿地面积		≥11	≥12
	环境保护投资占GDP的比重		≥3.5%	≥4%
社会进步	城市化水平		≥55	≥80
	公共交通分担率		≥30%	≥40%
	公众对环境的满意率		>90%	≥90%

19. 扬州生态城市评价指标体系

一级指标	二级指标	三级指标	四级指标	指标值（2020年）
生态城市综合发展能力	发展状态	经济水平	人均国内生产总值	5.80万元
			国土出产率	4000万元/平方公里
		生活质量	人均期望寿命	78岁
			住房指数（城市人均居住面积/农村人均居住面积）	1
		环境质量	区域优于Ⅲ类水体比例	95%
			空气质量指数（全年优于三级天数比例）	95%
			公众对环境的满意率	95%
	发展动态	经济动态	GDP年增长率	7%
			能源产出率（工业增加值万元/能耗吨标准煤）	2.8
			财政收入占GDP比例	20%
		社会动态	基尼指数倒数（社会公平性）	2.9
		环保动态	退化土地恢复率	100%
			工业废水排放达标率	99%
			城区生活垃圾无害化资源化率	100%
	发展实力	经济发展实力	企业ISO14001认证率	90%
			固定资产投资占GDP比例	38%
			从事研发人员比例	18%
		社会发展实力	成人人均受教育年限	14年
			公务员平均受专业教育年限	6.5年
			政府职能部分符合生态市规划的政策条例比率	100%
		生态建设实力	环境保护投资占GDP比例	4%
			受保护地面积比率	20%
			市民环境知识普及和参与率	90%

20. 重庆市生态城规划建设指标体系

阶段	类型	指标项	赋值
强制性指标	生态社区模式规划（规划管理）	低碳绿色智能建筑的比例	100%
		人均建设用地	≤100 平方米/人
		人均公共绿地	≥20平方米/人
		人均文化设施建筑面积	≥3平方米/人
		每千人享有健身活动场所的面积	500平方米/千人
		每千人拥有医院病床数	≥6张/千人
		为残疾人设立无障碍设施	100%
		地表透水率	≥50%
		容积率	≤2
		建筑密度	≤30%
		绿地率	≥45%

续表

阶段	类型	指标项	赋值
强制性指标	生态社区模式规划（规划管理）	地方性本土植物的运用比例	≥90%
		就业住房（职住）平衡指数	≥50%
	绿色交通（规划管理）	居民区与公交专线和站点的距离	≤500m
		居民区与轨道交通站点的距离	≤1500m
	便捷公共服务设施（规划管理）	300米内有基本便民设施（幼儿园、商业设施网点等）的居住区比例	100%
		400米内有公共开敞空间的居住区比例	100%
		500米内有公共服务设施（小学、社区中心等设施）的居住区比例	100%
		500米内有免费文体设施（文化站、健身、休闲设施和小型运动场地）的居住区比例	100%
		1000米内有公共场所和设施（中学、公园、居住区级服务设施等）的居住区比例	100%
	低碳节能环保的生活模式（环保及市政管理）	生活水达标	100%
		污水处理率	100%
		地表水达到Ⅳ类要求	100%
		用水来自非传统或循环再利用途径的比例	≥50%
		居民室内生活用水量	≤120L·人/d
		固、危废物、生活垃圾无害化处理率	100%
		垃圾回收利用率	≥60%
		可再生能源使用率（太阳能/风能/地热）	≥20%
		二氧化碳排放减少量（包括通过树木种植的碳中和）	减少50%（相对于现有规范）
		单位GDP碳排放量	≤150吨/百万美元
		噪音达标率	100%
引导性指标	交通方面	区域内出行采用慢行的比例	≥90%
		公交出行比例	≥45%
		为行人及骑自行车者提供毛细道路网	设计方便合理
	景观方面	景观异质性指数	0.9~1.2
		视觉景观和区域感受	优美舒适
		空间多样性	丰富多样
	环境方面	单位GDP的碳足迹	逐年递减
		建筑屋顶绿化率	≥30%
		建筑屋顶太阳能光电板	≥50%
	建筑方面	开窗面积与墙面积之比	25%~40%
		非高层住宅建筑进深	15~20m
		高层塔楼外立面垂直绿化覆盖率	≥12.5%
		社会保障性住房占住宅总量的比例	≥15%
	场所多元混合使用	SOHO（住宅区内的小办公室）所占比例	3.0%~5.0%
		产业用地内中小型办公室所占比例	≥20%

21. 重庆市绿色低碳生态城区评价指标体系

大类	指标层	二级指标	指标值
土地利用及空间	场址选择	废弃场地开发再利用	鼓励选择
	场地开发	建设用地容积率	一类居住用地1.0~1.2 二类居住用地1.5~2.5 商务居住用地2.5~4.0 商业设施用地2.0~3.0
		建筑密度	一类居住用地≤40% 二类居住用地≤40% 商务居住用地≤50% 商业设施用地≤555
		地下空间整体利用	鼓励选择
		地下空间线状与面状开发结合及地上地下部分的功能协调	鼓励选择
	公共设施	公共开放空间布局及可选择性	公共空间服务半径满足《重庆市居住区服务设施配套标准》《重庆市城市园林绿地系统规划编织技术要求（试用）》等相关要求
		市政管网普及率	100%
		无障碍设施率	100%
能源与建筑	绿色建筑	新建项目绿色建筑比例	100% （其中二星和三星≥30%）
	建筑节材	成品住宅比例	≥30%
		绿色建材比例	≥20%
		本地建材比例	居住建筑≥70% 公共建筑≥60%
	绿色施工	绿色施工比例	100%
	建筑管理	新建建筑智能化普及率	100%
	旧建筑利用	充分利用尚可使用的旧建筑	鼓励选择
	建筑节能	建筑节能设计标准	居住建筑≥65% 公共建筑≥50%
		新建政府办公建筑和大型公共建筑能耗监测覆盖率	100%
		能源综合利用	鼓励选择
	可再生能源利用	可再生能源利用率	≥5%
资源与环境	水资源循环利用	非传统水源利用率	≥20%
		场地综合径流系数	符合《室外排水设计规范》
	水资源节约	节水器具和设备普及率	100%
		供水管网漏损率	≤8%
		用水分项计量普及率	100%
	区域自然环境	自然湿地净损失	0

续表

大类	指标层	二级指标	指标值
资源与环境	区域自然环境	环境噪声达标区覆盖率	100%
		地表水环境质量达标率	100%
		空气质量优良率	≥80%
	微气候环境	人行区风速	≤5 m/s
		室外日平均热岛强度	≤1.5℃
	园林绿化和景观	本地植物指数	≥80%
		慢行道路遮阴率	≥80%
		建成区绿地率	≥30%
		人均公共绿地面积	≥7.5平方米/人
	固体废物处理	生活垃圾分类收集率	100%
		垃圾回收再利用率	生活垃圾≥50% 建筑垃圾≥30%
		城区生活垃圾无害化处理率	100%
	污水处理	城区生活污水集中处理率	≥90%
交通	公共交通	500米范围内可达公交站点比例	100%
	清洁能源交通	清洁能源公交比例	≥80%
		专用停车位比例	≥10%
产业	土地利用集约度	工业区域投资强度	符合《工业项目建设用地控制指标》等文件要求
		工业区域容积率	
		工业区与平均建筑密度	≥40%
		行政办公及生活设施用地所占比重	≤7%
	产业绿色化	通过ISO14001认证的企业比例	100%
		工业固体废弃物处置利用率	≥90%且无危险废物排放
		工业废水排放达标率	100%
		绿色工业建筑比例	≥30%
		高新技术产业增加值占工业增加值比重	≥40%
管理	城区管理	建设管理制度完善度	100%
		城区容貌达标率	≥80%
		管理和服务信息化的社区比例	100%

22. 淄博市创建国家生态园林城市指标体系

类别	指标	标准值	2015年目标值
城市生态环境指标	综合物种数	≥0.5	≥0.5
	本地植物数	≥0.7	≥0.7
	建城区道路广场用地中透水面积的比重	≥50%	≥50%
	城市热岛效应程度	≤2.5℃	≤2.5℃
	建成区绿化覆盖率	≥45%	≥46%
	建成区人均公共绿地	≥12平方米	≥19平方米
	建成区绿地率	≥38%	≥40%

续表

类别	指标	标准值	2015年目标值
城市生活环境指标	空气污染指数小于等于100的天数	≥300天/年	≥300天/年
	城市水环境功能区水质达标率	100%	100%
	城市管网水水质年综合合格率	100%	100%
	环境噪声达标区覆盖率	≥95%	≥95%
	公众对城市生态环境的满意率	≥85%	≥85%
城市基础设施指标	城市基础设施系统完好率	≥85%	≥85%
	自来水普及率	100%	100%
	城市污水处理率	≥70%	95%
	再生水利用率	≥30%	≥50%
	生活垃圾无害化处理率	≥90%	100%
	万人拥有病床数	≥90张/万人	≥90张/万人
	主次干道平均测速	≥40km/h	≥40km/h

23. 生态现代化指数指标体系

二级指数	政策领域	具体指标	基准值
生态进步	自然资源	自然资源损耗	1.50%
		生物多样性损耗	9%
	自然环境	人均CO_2排放	10.7吨/人
		人均SO_2排放	25千克/人
		人均NO_2排放	38千克/人
		工业淡水污染	万分之0.4
		生活废水处理率	100%
		城市废物处理率	100%
	生态系统	森林覆盖率	29%
		国家保护区比例	16%
经济生态化	生态农业	农业与化学脱钩	121千克/公顷
		有机农业比例	3.71%
	生态工业	工业能源密度	0.19千克油/美元
		工业与污染脱钩	5.9千克/万美元
	绿色服务	绿色生态旅游	552美元/人
	绿色经济	物质经济效益	54458美元/人
		物质经济比例	28%
		循环经济（玻璃）	79%
		经济与能源脱钩	0.2千克油/美元
		经济与三废脱钩	0.44千克/美元
社会生态化	生态城市	城市空气污染	26.7微克/平方米
	生态农村	安全饮水比例	100%
		卫生设施比例	100%

续表

二级指数	政策领域	具体指标	基准值
社会生态化	绿色能源和交通	能源使用效率	5美元/千克油
		可再生能源比例	10.1%
		交通空气污染	107千克/辆
	绿色社会	长寿人口比例	14.60%
		服务收入比	2.6
		服务消费比例	39%
	生态安全	环境风险	万分之39.4

24.2009-2020年中国低碳生态城市发展战略研究

类别	子目标	指标	全国城市	100强城市
经济	优化产业结构 提高经济效益	人均GDP	6万元	12万元
		GDP增速	8%	10%
		第三产业占GDP比例	50%	60%
		第三产业从业人员比例	55%	65%
	资源循环利用 提高能源效率	万元GDP能耗	0.5吨标准煤	0.45吨标准煤
		能源消耗弹性系数	0.5	0.3
		单位GDP CO_2排放量	0.75吨标准煤	0.5吨标准煤
		新能源比例	15%	20%
		热电联产比例	100%	100%
	加大R&D投入 促进技术创新	R&D投入占财政支出比例	3%	5%
社会	保证低收入居民有能力负担住房支出	住房用地中经济适用房的比例	20%	30%
		人均住房面积	20m^2	30m^2
		土地出让净收入中，用于廉租房建设的比例	20%	30%
	提高人们的 生活质量	人均可支配收入（城市）	2.5万元	4万元
		恩格尔系数	30%	25%
		城市化率	50%~55%	55%~60%
	大力发展快速公交系统（BRT） 引导人们利用公共交通出行	到达BRT站点的平均步行距离	1000 m	500 m
		万人拥有公共汽车数	15辆	20辆
环境	提升整体城市的碳汇能力	森林覆盖率	35%	40%
		人均绿地面积	15m^2	20m^2
		建成区绿地覆盖率	40%	45%
	减少污染物排放量，改善城市环境	生活垃圾无害化处理率	100%	100%
		城镇生活污水处理率	80%	100%
		工业废水达标率	100%	100%
	通过低碳设计，减低对气候的影响	低能耗建筑比例	50%	70%
		温室气体捕捉与封存（CCS）比例	10%	15%

25.生态城市指标体系

目标层	路径层	指标层	赋值
生态环境健康	环境质量良好	森林覆盖率	山区≥70%；丘陵≥40%；平原≥15%
		人均公园绿地面积（市区）	≥16平方米
		城市空气质量好于或等于二级标准天数	南方地区≥330天/年 北方地区≥280天/年
		人均二氧化碳排放量	4吨/人
		城市水功能区水质达标率	100%，且城市无超4类水体
		单位GDP废水排放量	≤20吨/万元
		单位GDP大气污染物排放量	SO_2≤80千克/万元 COD≤45千克/万元
		单位GDP工业固体废弃物排放量	≤25千克/万元
		噪声达标区覆盖率	≥95%
		单位GDP用水量	≤150立方米/万元
		清洁能源普及率（乡村）	≥60%
	资源合理利用	单位GDP能耗	≤0.5吨标煤/万元
		可再生能源所占比重	≥20%
		公交分担率	≥40%
	生态技术适用	城镇生活污水集中处理率	≥90%
		城镇生活垃圾无害化处理率	≥70%
		工业固体废弃物综合利用率	≥80%，且无危险废物排放
		工业废气处理率	≥98%
		污水再生利用率	≥30%
		绿色建筑占当年竣工建筑比例	≥20%
经济持续发展	居民生活丰裕	城乡居民人均收入比	≤2.8
		恩格尔系数	≤35%
		失业率	≤3.9%
	产业循环高效	主要农产品中有机与绿色产品比重	≥20%
		科技投入占GDP的比重	≥2%
社会和谐进步	服务体系完善	保障性住房占住房总量比例	≥20%
		人均（预期）寿命	≥78岁
		人均受教育年限	≥12年
		无障碍设施率（新建、扩建、改建居住小区、居住建筑、公共建筑）	100%
	管理机制健全	城镇社会保险覆盖率	≥90%
		城镇医疗保险覆盖率	≥85%
		刑事案件发案率	≤2‰

26. 低碳城市评价指标体系

目标层	系统层	指标层	指标参考值
低碳城市评价指标体系	经济系统	人均GDP	≥12万元/人
		单位GDP能耗	≤0.45吨标煤/万元
		第三产业比重	≥60%
		居民价格消费指数	≤2.0
	社会系统	恩格尔系数	≤25%
		人均汽车数	≤0.1辆/人
		职工养老保险参保率	≥60%
		万人拥有公共汽车数	≥20辆/万人
		人口自然增长率	≤2.0‰
	生态环境系统	城市森林覆盖率	≥40%
		空气质量良好以上天数	≥280天
		人均绿地面积	≥20平方米/人
		集中供热普及率	≥95%
		工业固废综合利用率	≥94%

27. 中国低碳城发展战略指标体系

指数类型	指标	目标综合标准	2020年标准
生活水平指数	人均预期寿命	＞75岁	＞80岁
	人均工资	＞30000元/年	＞50000元/年
	绿容率	＞1.5	＞1.8
	人口平均教育年限	＞10年	＞14年
	上下班合计通勤时间小于1小时的比例	＞85%	＞95%
	公众社会满意率	＞90%	＞95%
资源节约水平指数	雨水利用率	＞10%	＞30%
	中水回收率	＞20%	＞50%
	日人均生活水耗	＜150L	＜120L
	工业用水重复利用率	＞80%	＞95%
	单位GDP能耗	＜0.8标煤/万元	＜0.4标煤/万元
	工业固体废物综合利用率	＞90%	＞95%
	绿色出行所占比例	＞70%	＞90%
	绿色建筑比重	＞10%	＞30%
产业链发展指数	第三产业占GDP比重	＞50%	＞70%
	高新技术行业占工业产值比重	＞40%	＞60%
	R&D经费占GDP比重	＞3%	＞5%
	通过ISO14000论证或评为绿色行业的企业比例	＞95%	100%
环境友好指数	年人均二氧化碳排放量	＜1.8吨	＜1.6吨
	清洁能源占总能源的比例	＞5%	＞20%
	城市污水处理率	＞70%	100%

续表

指数类型	指标	目标综合标准	2020年标准
环境友好指数	城市生活垃圾无害化处理率	>90%	100%
	工业废水排放达标率	>95%	100%
	单位GDP固体废物排放量	<0.3 千克/万元	<0.1千克/万元
	公众对环境的满意率	>90%	>95%
	城市噪声达标区覆盖率	>75%	>90%
社会和谐指数	城市人口失业率	<5%	<2%
	基尼系数	0.3~0.4	0.25~0.35
	刑事案件发生率	<5‰	<3‰
	社会保险综合参保率	>85%	100%
	廉租房和经济适用房比例	>15%	>30%
	无障碍设施率	90%	100%
	失业、低收入群体综合救济率	>90%	100%
	农民人均收入比城镇人均支配收入	>0.4	>0.6
生态文化指数	生态环境保护宣传教育普及率	>80%	100%
	参与社区资源运动的居民人数	>60%	>80%
	环保投资占GDP比重	>2%	>3%

28. 中国低碳生态城市指标体系

目标层	指标	2015年指标	2020年指标
资源节约	再生水利用率	严重缺水地区≥25%；缺水地区≥15%	严重缺水地区≥30%；缺水地区≥20%
	工业用水重复利用率	≥90%	≥95%
	非化石能源占比重	≥15%	≥20%
	单位GDP碳排放量	2.13吨/万元	1.67吨/万元
	单位GDP能耗	≤0.87吨标准煤/万元	≤0.77吨标准煤/万元
	人均建设用地面积	≤85平方米/人	≤80平方米/人
	绿色建筑比例	既有建筑≥15% 新建建筑100%	既有建筑≥20% 新建建筑100%
环境友好	空气优良天数	≥310天/年	≥320天/年
	PM2.5日均浓度达标天数	≥292天/年	≥310天/年
	集中式饮用水水源地水质达标率	100%	100%
	城市水环境功能区水质达标率	100%	100%
	生活垃圾资源化利用率	无害化处理率100%	无害化处理率100%
		资源化利用率≥50%	资源化利用率≥80%
	工业固体废弃物综合利用率	90%	95%
	环境噪声达标区覆盖率	≥95%	100%
	公园绿地500米服务半径覆盖率	≥80%	≥90%
	生物多样性	综合物种指数≥0.5	综合物种指数≥0.7
		本地植物指数≥0.7	本地植物指数≥0.85

续表

目标层	指标	2015年指标	2020年指标
经济持续	第三产业加值占GDP比重	≥47%	≥51%
	城镇失业率	4.2%	3.2%
	R&D经费支出占GDP的百分比	≥2.2%	≥2.6%
	恩格尔系数	≤33%	≤30%
社会和谐	保障性住房覆盖率	≥20%	≥30%
	住房价格收入比	≤10	≤6
	基尼系数	0.33≤G≤0.4	0.33≤G≤0.4
	城乡居民收入比	2.54	2.41
	绿色出行交通分担率	65%	80%
	社会保障覆盖率	90%	100%
	人均社会公共服务设施用地面积	5.5平方米/人	6.0平方米/人
	平均通勤时间	≤35分钟	≤30分钟
	城市防灾水平	①城市建设满足设防等级要求 ②城市生命线系统完好率100% ③人均固定避难场所面积≥3平方米	
	社会治安满意度	≥85%	≥90%

29. 中国生态城市评价指标体系

目标	专题	指标	参考值
资源节约	水资源	再生水利用率	≥30%
		工业用水重复利用率	≥90%
	能源	可再生能源使用比例	≥15%
		国家机关办公建筑、大型公共建筑单位建筑面积能耗	<90kW·h/（平方米·年）
	土地资源	人均建设用地面积	80~120平方米/人
		城镇建设用地占市域面积的比例	≤30%
环境友好	空气质量	可吸入颗粒物（PM10）日平均浓度达二级标准天数	≥347天
		SO_2日平均浓度达二级标准天数	≥347天
		NO_2日平均浓度达二级标准天数	≥347天
	水环境质量	集中式饮用水水源地水质达标率	100%
		城市水环境功能区水质达标率	100%
	垃圾处理	生活垃圾资源化利用率	≥70%
		工业固体废物综合利用率	≥95%
	噪声	环境噪声达标区覆盖率	≥95%
	公园绿地	建成区绿化覆盖率	≥40%
		公园绿地500米服务半径覆盖率	≥80%
经济持续	经济发展	单位GDP主要工业污染物排放强度	化学需氧量<4.0kg/万元；SO_2<5.0kg/万元
		单位GDP能源消耗	≤0.83吨标准煤/万元

续表

目标	专题	指标	参考值
经济持续	经济发展	单位GDP取水量	≤70立方米/万元
	产业结构	第三产业增加值占GDP比重	≥55%
	收入水平	恩格尔系数	≤30%
	就业水平	城镇登记失业率	≤3.2%
社会和谐	住房保障	住房保障率	≥90%
		住房价格收入比	≥3~≤6
	医疗水平	千人拥有执业医师数量	≥2.8名/千人
		每千名老年人拥有养老床位数	≥30张/千人
	文体设施	人均公共图书馆藏书量	≥2.3册/千人
		人均公共体育设施用地面积	≥1.5平方米/人
	科技教育	财政性教育经费支出占GDP比例	≥4%
		R&D经费支出占GDP的百分比	≥2%
	收入分配	城乡居民收入比	<2.2
		基尼系数	≤0.38
	交通便捷	公共交通分担率	≥50%
		平均通勤时间	≤30分钟
	城市安全	每万人口刑事案件立案数	≤10件/万人
		人均固定避难场所面积	≥3平方米/人
创新引领	绿色建筑	①制定绿色建筑发展规划；②获得国家绿色建筑认证的建筑个数；③绿色建筑占当年竣工建筑比例。	
	绿色交通	①定自行车专用道；②进行TOD模式开发；③新能源汽车利用比例。	
	特色风貌	①城成区内山河湖海江等自然生态环境要素连通度；②水体沿岸按照生态学原则进行驳岸、水底处理；③沿河绿化综合纳入防灾减灾、满足居民休闲游憩等功能；④历史文化遗产和历史文化街区得到良好保护。	
	生物多样性	①制定生物多样性保护规划；②本地植物指数；③保护河流生态廊道，河流生物多样性丰富。	
	防灾减灾	①进行适应性的城市规划和建设，充分避让可能发生的自然灾害；②前瞻性的制定气候变化可能带来的海平面上升、极端气候条件下的灾害应对方案；③城市建筑满足地震设防等级要求，制定应急避难场所等专项规划。	
	绿色经济	①农产品中有机绿色产品的比重；②战略性新兴产业增加值占GDP的比重；③循环经济增加值占GDP比重	
	绿色生活	①城市开展广泛的绿色生活方式宣传工作；②居民对绿色生活理念的认可；③居民绿色生活普遍程度；④城市生活垃圾分类回收处理水平	
	数字城市	①无线网络覆盖区域；②智能化城市数字管理平台构建	
	公众参与	制定建立完善公众参与制度，并得到有效实施	

30. 欧洲绿色城市指数指标体系

分类	指标	种类	权重	指标描述
二氧化碳	二氧化碳排放量	定量	33%	二氧化碳总排放量，吨/人
	二氧化碳强度	定量	33%	二氧化碳总排放量，克/单位实际GDP（以2000年为基准年）
	二氧化碳减排战略	定性	33%	二氧化碳减排的远景战略评估
能源	能源消耗	定量	25%	总最终能源消耗，GJ/人
	能源强度	定量	25%	总最终能源消耗，MJ/单位实际GDP（欧元，以2000年为基准年）
	可再生能源消耗量	定量	25%	总可再生能源占城市总能耗的比例，TJ
	清洁高效能源政策	定性	25%	推动清洁高效能量使用政策的广泛评估
建筑物	居住建筑的能源消耗	定量	33%	居住建筑单位面积总能耗
	节能建筑标准	定量	33%	各城市建筑节能标准的广泛评估
	节能建筑的倡议	定性	33%	推进建筑节能效果的广泛评估
交通运输	非小汽车交通的使用	定量	29%	劳动人口上班选用公共交通、自行车或步行的总比例
	非机动交通网络尺度	定量	14%	自行车道和公共交通网络路线的长度（公里）/城市面积（平方米）
	绿色交通的推广	定性	29%	增加更清洁交通运输方式使用效果的广泛评估
	降低交通拥堵政策	定性	29%	降低城市机动车交通效果的广泛评估
水资源	水资源消耗	定量	25%	年度总耗水量（立方米/人）
	水系统的泄漏量	定量	25%	配水系统中水的损失比例
	废水处理	定量	25%	连接到排水系统的住所比例
	水资源高效利用和处理政策	定性	25%	增强用水和污水处理效率的详尽政策评估
废弃物和土地利用	城市垃圾产生	定量	25%	总年度城市垃圾收集（千克/人）
	垃圾回收	定量	25%	城市垃圾回收率
	废弃物的减量和政策	定性	25%	降低垃圾的生成总量及垃圾的回收再利用措施的广泛评估
	绿色土地利用政策	定性	25%	城市扩张和绿地可达性促进情况的详尽评估
空气质量	二氧化氮	定量	20%	年度二氧化氮排放量日均值
	臭氧	定量	20%	年度臭氧排放量日均值
	颗粒物	定量	20%	年度可吸入颗粒物排放量日均值
	二氧化硫	定量	20%	年度二氧化硫排放量日均值
	空气清洁政策	定性	20%	空气质量改善政策的广泛评估
环境管理	绿色行动计划	定性	33%	改善和监控环境的技校战略评估
	绿色管理	定性	33%	达到国际环境标准过程中的环境问题和义务承担的环境管理评估
	公众参与绿色环保政策	定性	33%	市民参与环境决策程度的评估

附录六

于家堡金融区低碳发展指标体系调查问卷

尊敬的先生/女士：

您好！

非常感谢您关注并支持本次于家堡金融区低碳发展指标体系意见征询活动！本次问卷是基于于家堡金融区低碳发展指标体系而设计的调查问卷，主要征询各位专家对指标体系选取的想法和建议。

于家堡金融区位于天津滨海新区商务区核心，规划总用地面积为4.64平方公里，规划建设用地面积为3.86平方公里，规划总建筑面积约971万平方米，日间工作人口为30万人，夜间居住人口7万。

于家堡金融区作为“APEC低碳城市示范项目”，以“打造绿色生态区域”为目标，以低碳经济发展为核心，以绿色建筑设计为载体，以提高能源利用效率、减少化石能源消耗、增加可再生能源利用为重点，以先进适用技术为支撑，实现区域低碳排放，提供健康、舒适、高效的生活和办公环境，建立具有国际竞争力的金融低碳城市。计划用10年左右的时间，开发建设成为全国领先、国际一流、功能完善、服务健全的金融改革创新基地，建成后将全面体现市场会展、现代金融、传统金融、教育培训、商业商住五大功能。

在于家堡金融区规划与建设初期，制定科学性、综合性且反映关键环节的一套指标体系，可以对重大机遇与挑战进行协助定位，在充分考虑有限资源分配的基础上提出选择方案，评估方案可行性，并且对已实行的政策、技术导则等的正确性与适用性进行检验。

请各位专家不吝赐教，您的意见对我们非常的重要，让我们一起携手构筑于家堡低碳城镇的未来！

我们将会将此次问卷的结果再次反馈给您，请您和我们一起分享研究的成果。为便于及时向您反馈问卷调查结果，烦请您告知以下信息，我们将会严格对您的个人信息保密！

您的单位性质：□科研院所□高等院校□政府部门□企业□其他

您的单位名称：______________________________

您的联系方式（邮箱/手机）：______________________

您的职称：□初级□中级□高级□其他

再次感谢您的大力支持！

非常感谢您参与于家堡低碳示范城镇指标体系第一轮意见征询活动，请您从以下三个框架中选取您认为最合理的框架：□框架一，□框架二您对指标体系框架的建议：

____

____

____

框架一：目标型框架。本框架从可持续发展战略目标出发，覆盖区域低碳发展各个方面，易与国内外指标体系衔接。

本框架总体分为资源节约、环境友好、经济持续、社会和谐四个方面。

<table>
<tr><th>目标层</th><th>准则层</th><th>指标</th></tr>
<tr><td rowspan="10">资源节约</td><td rowspan="3">能源利用</td><td>区域能源集约供应覆盖率</td></tr>
<tr><td>可再生能源利用率</td></tr>
<tr><td>能源消费弹性系数</td></tr>
<tr><td rowspan="7">资源利用</td><td>绿色建筑比例</td></tr>
<tr><td>日人均耗水量</td></tr>
<tr><td>非传统水资源利用率</td></tr>
<tr><td>水喉水达标率</td></tr>
<tr><td>垃圾分类收集资源化率</td></tr>
<tr><td>人均建设用地</td></tr>
<tr><td>地下空间利用率</td></tr>
<tr><td rowspan="9">环境友好</td><td rowspan="5">环境质量</td><td>二级空气质量达标率</td></tr>
<tr><td>PM2.5日平均浓度达标天数</td></tr>
<tr><td>屋顶绿化比例</td></tr>
<tr><td>建城区绿化覆盖率</td></tr>
<tr><td>声环境功能区噪声达标率</td></tr>
<tr><td rowspan="4">减排</td><td>碳强度</td></tr>
<tr><td>绿色采购覆盖率</td></tr>
<tr><td>公共建筑碳盘查率</td></tr>
<tr><td>人均碳排放</td></tr>
<tr><td rowspan="4">经济持续</td><td rowspan="2">低碳经济</td><td>现代服务业产值占GDP比重</td></tr>
<tr><td>大型公共建筑参与碳交易的比例</td></tr>
<tr><td rowspan="2">低碳活力</td><td>人均GDP</td></tr>
<tr><td>R&D投入占GDP比重</td></tr>
<tr><td rowspan="4">社会和谐</td><td>低碳生活</td><td>低碳交通比例</td></tr>
<tr><td>智慧城市</td><td>信息网络完善度</td></tr>
<tr><td>低碳政策</td><td>低碳政策完善度</td></tr>
<tr><td>城市安全</td><td>城市应急联动系统覆盖率</td></tr>
</table>

框架二：导向型框架。本框架从于家堡APEC低碳示范城镇出发，指标突出城市的低碳要素，提出低碳城市的目标，指向低碳生态城市的评估与建设。

本框架总体分为低碳资源利用、低碳环境保护、低碳空间组织、低碳交通出行、低碳经济发展、低碳城市运行六个方面。

目标层	准则层	指标层
低碳资源利用	低碳发展	碳排放总量
		碳强度
		人均碳排放量
	能源使用	区域能源集约供应覆盖率
		可再生能源利用率
	水源利用	日人均耗水量
		水喉水达标率
		非传统水源利用率
	土地集约	人均建设用地面积
	垃圾处理	垃圾分类收集资源化率
低碳环境保护	生态景观	屋顶绿化比例
		建成区绿地率
	自然环境	二级空气质量达标天数
		区内地表水环境质量达标率
		声环境功能区噪声达标率
低碳空间组织	绿色建筑	绿色建筑比例
	城市空间	小型街区比例
	立体城市	地下空间利用率
		地下交通分担率
		地下管道综合走廊长度比例
低碳交通出行	绿色出行	低碳交通比例
		公共交通分担率
		新型能源公交车、城管用车比例
		交通系统换乘距离
	基础设施	地面公交站点300米服务范围覆盖建成区的比例
		公共服务中心500米服务范围覆盖居民用地比例
低碳经济发展	经济活力	人均GDP
	低碳经济	绿色采购覆盖率
		公共建筑碳盘查率
		大型公共建筑参与碳交易的比例
低碳城市运行	智慧城市	城市应急联动系统覆盖率
		智能交通覆盖率
		智能电网覆盖率
		智慧管理服务覆盖率
	低碳生活	低碳政策完善度

下面，请您就指标是否入选做出选择，并提出您的建议：

框架一：目标型框架

目标层	准则层	指标层	您的建议	定义
资源节约	能源利用	区域能源集约供应覆盖率	□入选 □删除	区域能源站提供冷热源服务的建筑面积，占建成区总建筑面积的比例
		可再生能源利用率	□入选 □删除	区域内可再生能源（风能、太阳能等非化石能源）年使用量占总能源使用量的百分比
		能源消费弹性系数	□入选 □删除	能源消费量年平均增长速度与国民经济年平均增长速度之比
	您建议增加哪些指标?			
	资源利用	绿色建筑比例	□入选 □删除	建成区绿色建筑占建筑物总数的比例
		日人均耗水量	□入选 □删除	区域内每人每日生活用水中新鲜水的平均使用量
		非传统水资源利用率	□入选 □删除	区域内，非传统水资源（再生水、雨水等）使用量占总用水量的比例
		水喉水达标率	□入选 □删除	满足国家《生活饮用水卫生标准》和世界卫生组织《饮用水水质标准》现行标准的水质达标率
		垃圾分类收集资源化率	□入选 □删除	一定时期内进行分类收集且资源化处理的垃圾量占垃圾总量的百分比
		人均建设用地面积	□入选 □删除	区域内城市建设用地面积与相应范围人口之比
		地下空间利用率	□入选 □删除	建成区内地下空间开发建筑面积与建成区建筑面积之比
	您建议增加哪些指标?			
环境友好	环境质量	二级空气质量达标率	□入选 □删除	区域内，一年中空气质量达到国家二级空气质量标准要求天数的比例
		PM2.5日平均浓度达标天数	□入选 □删除	一年中空气中的PM2.5浓度达到国家《环境空气质量标准（修订版）》规定标准的天数
		屋顶绿化比例	□入选 □删除	区域内设置绿化屋顶面积占区域内总屋面面积的比例
		建成区绿化覆盖率	□入选 □删除	建成区内，植被的垂直投影面积占城市总用地面积的比值
		声环境功能区噪声达标率	□入选 □删除	区域内环境噪声达标区面积占建成区总面积的比例
	您建议增加哪些指标?			

续表

目标层	准则层	指标层	您的建议	定义
环境友好	减排	碳强度	□入选 □删除	区域内单位GDP的二氧化碳排放量
		绿色采购覆盖率	□入选 □删除	区域内绿色商品采购量占总采购量的比例
		公共建筑碳盘查率	□入选 □删除	区域内进行ISO14064温室气体盘查的公共建筑所占的比重
		人均碳排放量	□入选 □删除	区域内人口（生产和消费）活动排放的碳总量，用该区域的人口相除，以吨/人表示
	您建议增加哪些指标?			
经济持续	低碳经济	现代服务业产值占GDP比重	□入选 □删除	区域内现代服务业的生产总值在国内生产总值中所占的比例
		大型公共建筑参与碳交易的比例	□入选 □删除	区域内参与碳排放权交易的大型公共建筑的数量占大型公共建筑总量的比率
	您建议增加哪些指标?			
	低碳活力	人均GDP	□入选 □删除	区域内，人均国民生产总值
		R&D投入占GDP比重	□入选 □删除	全社会R&D投入占GDP比例
	您建议增加哪些指标?			
社会和谐	低碳生活	低碳交通比例	□入选 □删除	区域内，选择低碳交通方式出行的次数占总体出行次数的比例
	您建议增加哪些指标?			
	智慧城市	信息网络完善度	□入选 □删除	区域内，互联网、物联网及智能网服务建筑面积占总建筑面积的比例
	您建议增加哪些指标?			
	低碳政策	低碳政策完善度	□入选 □删除	考量区域内是否具有低碳经济发展战略规划，是否建立碳排放监测、统计和监管体系，公众的低碳经济意识如何，建筑节能标准的执行情况，以及是否具有非商品能源的激励措施和力度等
	您建议增加哪些指标?			
	城市安全	城市应急联动系统覆盖率	□入选 □删除	政府各部门纳入统一的指挥调度系统，在区域内的覆盖面积占总面积的比例
	您建议增加哪些指标?			

框架二：导向型框架

目标层	准则层	指标层	您的建议	定义
低碳资源利用	低碳发展	碳排放总量	□入选 □删除	区域一定时间周期内人口（生产和消费）活动排放的碳总量
		碳强度	□入选 □删除	区域内单位GDP的二氧化碳排放量
		人均碳排放量	□入选 □删除	区域内人口（生产和消费）活动排放的碳总量，用该区域的人口相除，以吨/人表示
	您建议增加哪些指标?			
	能源使用	区域能源集约供应覆盖率	□入选 □删除	区域能源站提供冷热源服务的建筑面积，占建成区总建筑面积的比例
		可再生能源利用率	□入选 □删除	区域内可再生能源（风能、太阳能等非化石能源）年使用量占总能源使用量的百分比
	您建议增加哪些指标?			
	水源利用	日人均耗水量	□入选 □删除	区域内，每人每日生活用水中新鲜水的平均使用量
低碳资源利用	水源利用	水喉水达标率	□入选 □删除	满足国家《生活饮用水卫生标准》和世界卫生组织《饮用水水质标准》现行标准的水质达标率
		非传统水源利用率	□入选 □删除	区域内，非传统水资源（再生水、雨水等）使用量占总用水量的比例
	您建议增加哪些指标?			
	土地集约	人均建设用地面积	□入选 □删除	区域内城市建设用地面积与相应范围人口之比
	您建议增加哪些指标?			
	垃圾处理	垃圾分类收集资源化率	□入选 □删除	一定时期内进行分类收集且资源化处理的垃圾量占垃圾总量的百分比
	您建议增加哪些指标?			
低碳环境保护	生态景观	屋顶绿化比例	□入选 □删除	区域内设置绿化屋顶面积占区域内总屋面面积的比例
		建成区绿地率	□入选 □删除	建成区内，植被的垂直投影面积占城市总用地面积的比值
	您建议增加哪些指标?			
	自然环境	二级空气质量达标天数	□入选 □删除	区域内，一年中空气质量达到国家二级空气质量标准要求的天数
		区内地表水环境质量达标率	□入选 □删除	区域内地表水环境质量达到相应功能水体要求，区内跨界断面出境水质达到国家或省考核目标
		声环境功能区噪声达标率	□入选 □删除	区域内环境噪声达标区面积占建成区总面积的比例
	您建议增加哪些指标?			

续表

目标层	准则层	指标层	您的建议	定义
低碳空间组织	绿色建筑	绿色建筑比例	□入选 □删除	建成区绿色建筑占建筑物总数的比例
	您建议增加哪些指标?			
	城市空间	小型街区比例	□入选 □删除	采用窄街廓、密路网的街道长度占区域内街道总长度的比例
	您建议增加哪些指标?			
	立体城市	地下空间利用率	□入选 □删除	建成区内地下空间开发建筑面积与建成区建筑面积之比
		地下交通分担率	□入选 □删除	区域居民选择地下交通系统出行的交通量占总交通量的比率，以百分数表示
		地下管道综合走廊长度比例	□入选 □删除	区域内设置在地下的各类公用类管线集中容纳于一体，并留有供检修人员行走通道的隧道结构的铺设长度与主干路网长度的比例
	您建议增加哪些指标?			
低碳交通出行	绿色出行	低碳交通比例	□入选 □删除	区域内，选择低碳交通方式出行的次数占总体出行次数的比例
		公共交通分担率	□入选 □删除	区域内选择公共交通（包括常规公交和轨道交通）出行的总人次占区域内出行总人次的百分比
		新型能源公交车、城管用车比例	□入选 □删除	区内生物质、混合动力、电能等新型能源公交车及城市管理用车数量占总公交车及城市管理用车数量的比例
低碳交通出行	绿色出行	交通系统换乘距离	□入选 □删除	行人经历从一个公共交通站点下车换乘另一公共交通站点上车的水平距离
	您建议增加哪些指标?			
	基础设施	地面公交站点300米服务范围覆盖建成区的比例	□入选 □删除	步行300米范围可达公交站点的区域占整个建成区域面积的比例
		公共服务中心500米服务范围覆盖居民用地比例	□入选 □删除	500米服务范围内公共服务中心覆盖居住用地的比例
	您建议增加哪些指标?			
低碳经济发展	经济活力	人均GDP	□入选 □删除	区域内，人均国民生产总值
	您建议增加哪些指标?			
	低碳经济	绿色采购覆盖率	□入选 □删除	区域内绿色商品采购量占总采购量的比例
		公共建筑碳盘查率	□入选 □删除	区域内进行ISO14064温室气体盘查的公共建筑所占的比重
		大型公共建筑参与碳交易的比例	□入选 □删除	区域内参与碳排放权交易的大型公共建筑的数量占大型公共建筑总量的比率
	您建议增加哪些指标?			

续表

目标层	准则层	指标层	您的建议	定义
低碳城市运行	智慧城市	城市应急联动系统覆盖率	□入选 □删除	政府各部门纳入统一的指挥调度系统，在区域内的覆盖面积占总面积的比例
		智能交通覆盖率	□入选 □删除	区域交通系统内具有道路监控、交通管理信息系统及停车管理信息系统的交通网点数量占全区交通网点总数的比例
		智能电网覆盖率	□入选 □删除	区域内纳入智能电网范围的建筑面积占区域内总建筑面积的比例
		智慧管理服务覆盖率	□入选 □删除	区域内采用智能化管理服务平台的数量占全区管理服务平台总数的比例
	您建议增加哪些指标?			
	低碳生活	低碳政策完善度	□入选 □删除	考量区域内是否具有低碳经济发展战略规划，是否建立碳排放监测、统计和监管体系，公众的低碳经济意识如何，建筑节能标准的执行情况，以及是否具有非商品能源的激励措施和力度等
	您建议增加哪些指标?			

参考文献

[1] 宋恩华.生态宜居城市建设：河北省城市转型发展探索与实践[M].北京：中国建筑工业出版社，2012.

[2] Hiroaki Suzuki, Hiroaki Suzuki.Eco2城市：生态经济城市[M].北京：中国金融出版社，2011.

[3] 蔡博峰.低碳城市规划[M].北京：化学工业出版社

[4] 仇保兴.兼顾理想与现实：中国低碳生态城市指标体系构建与实践示范初探[M].北京：中国建筑工业出版社

[5] 顾朝林,谭纵波,韩春强,等.气候变化与低碳城市规划[M].南京:东南大学出版社，2005.

[6] Hoyt H. The structure and growth of residential neighborhoods in American cities[M]. Washington, D.C: Federal Housing Administration, 1939.

[7] 中新天津生态城指标体系课题组.导航生态城市中新天津生态城指标体系实施模式[M]. 北京：中国建筑工业出版社，2010.

[8] 赵清,张珞平,陈宗团.生态城市指标体系研究：以厦门为例[J].海洋环境科学，2009(2)：92-96.

[9] 龚道孝,王纯,徐一剑,等.生态城市指标体系构建技术方法及案例研究：以潍坊滨海生态城为例[J].城市发展研究，2011(6)：44-49.

[10] 吴琼,王如松,李宏卿,等.生态城市指标体系与评价方法[J].生态学报，2005(8)：2090-2095.

[11] 钟荣丙,匡跃辉.长株潭生态城市群评价指标体系和模型研究[J].工业技术经济，2010(11)：69-73.

[12] 郭珉媛.1999年以来国内生态城市评价指标体系研究述评[J].前沿，2011(23)：142-145.

[13] 朱曙光,李光明,徐竟成,等.滨海新城低碳城市建设方案与评价体系研究[J].安徽建筑工业学院学报(自然科学版)，2012(10)：29-33.

[14] 刘洋,李丹.滨海新区新城规划思路探讨：以天津南部新城为例[J].城市，2011(2)：53-59.

[15] 路正南,孙少美.城市低碳化可持续发展指标初探[J].科技管理研究，2011(4)：57-59.

[16] 周传斌,戴欣,王如松.城市生态社区的评价指标体系及建设策略[J].现代城市研究，2010(12)：11-15.

[17] 谈琦.低碳城市评价指标体系构建及实证研究：以南京、上海动态对比为例[J].生态经济，2011(12)：81-85.

[18] 刘海猛,任建兰.低碳城市评价指标体系构建研究：以北京、济南和兰州为例[J].山东师范大学学报(自然科学版)，2011(12)：61-65.

[19] 郑云明.低碳城市评价指标体系研究综述[J].商业经济，2012(2)：28-31.

[20] 颜文涛,王正,韩贵锋,等.低碳生态城规划指标及实施途径[J].城市规划学刊，2011(3)：39-50.

[21] 孙菲,罗杰.低碳生态城市评价指标体系的设计与评价[J].辽宁工程技术大学学报(社会科学版)，2011(5)：260-262.

[22] 周跃云,赵先超,晨风,等.低碳生态城市群宜居性评价指标体系研究[J].湖南工业大学学报(社会科学版)，2011(4)：1-9.

[23] 邵超峰,鞠美庭.基于DPSIR模型的低碳城市指标体系研究[J].生态经济，2010(10)：95-99.

[24] 张良,陈克龙,曹生奎.基于碳源/汇角度的低碳城市评价指标体系构建[J].能源环境保护，2011(12)：8-12.

[25] 黄光宇.生态城市研究回顾与展望[J].城市发展研究，2004(6)：41-48.

[26] 李爱民,于立.中国低碳生态城市指标体系的构建[J].建设科技，2012(12)：24-29.

[27] 吴颖婕.中国生态城市评价指标体系研究[J].生态经济，2012(12)：52-56.

[28] 邓明君,罗文兵,尹立娟.国外碳中和理论研究与实践发展述评[J].资源科学,2013(05):1084-1094.

[29] Wee-Kean Fong.Energy Consumption and Carbon Dioxide Emission Considerations in the Urban planning Process [J]. Energy policy 2007,(11):3665-3667.

[30] 戴亦欣.低碳城市发展的概念沿革与测度初探[J].现代城市研究，2009(11):7-12

[31] 戴亦欣.中国低碳城市发展的必要性和治理模式分析[J].中国人口·资源与环境，2009，(3):13:15~16:12

[32] DijkgraafE,GradusRHJM. Costsavingsinunit-basedPricingofhousehold waste—ThecaseofTheNetherlands[J]. ResouceandEnergyEconomics，2004，26:353—371

[33] 颜文涛,王正,韩贵锋,等.低碳生态城规划指标及实施途径[J].城市规划学刊,2011(3):39-50.

[34] 仇保兴.我国城市发展模式转型趋势：低碳生态城市[J]. 现代城市. 2010(01):1-6.

[35] 王金.CBD发展理论研究及武汉CBD发展模式初探[J].经济研究.2010(12)：37-41.

[36] Murphy R E, J E Vance, BT Epstein.

Internal structure of the CBD[J]. Economic Geography, 1955, 31(1): 21-46.

[37] 王远，魏庆芃，薛志峰，等.大型公建节能会诊(三)：调查分析篇大型公共建筑能耗调查分析[J].建设科技.2007(2):17-19.

[38] 杨秀，江亿.中外建筑能耗比较[J].中国能源，2007(6):21-26.

[39] 龙惟定，白玮，梁浩，等.低碳城市的城市形态和能源愿景[J].建筑科学，2010(2): 13-18.

[40] 陈洁燕.无锡太湖新城·国家低碳生态城示范区指标体系探讨[A].2011城市发展与规划大会论文集[C]，2011.

[41] Burgess E W· The growth of the city[C]//Park R E, E W Burgess, R D M ckenzie (eds·)The City. Chicago: University of Chicago Press, 1925:47-62.

[42] 田野，路立，张良，等.城市规划低碳化指标研究：以天津城市低碳化发展为例[A].转型与重构：2011中国城市规划年会议论文集[C]，2011

[43] 张若曦，薛波.浅析指标体系在生态城市规划控制中的应用：以曹妃甸生态城指标体系设计为例[A].规划创新：2010中国城市规划年会议论文集[C]，2010

[44] 王玉芳.低碳城市评价体系研究[D].保定：河北大学，2010.

[45] 邱红.以低碳为导向的城市设计策略研究[D].哈尔滨：哈尔滨工业大学，2011.

[46] 李强.城市生态规划指标体系研究：以河南省商丘市为例[D].天津：天津大学.2004

[47] 陈瑛.特大城市CBD系统的理论与实践：以重庆和西安为例[D].上海：华东师范大学，2002.

[48] 左长安.绿色视野下CBD规划设计研究[D].天津：天津大学，2010.

[49] 贾颖颖.天津滨海新区于家堡CBD可持续发展理论研究[D]天津：天津大学，2007

[50] 诸大建.低碳经济能成为新的经济增长点吗[N].解放日报，2009.6.22

[51] 汤凌志.谈SOM天津于家堡城市设计导则[DB/OL].百度文库http://wenku.baidu.com/link?url=2CrgbgkOM86Kz-d7NWSyv_z3rYb1gaYvH-GDHKPDUNydeMr8QkskhCB_2Xxo6AeKj9EsosjsWG_s4Vsz6cvkpCZY-evCqD32ayZxtrxTfAK

[52] 国家发展改革委员会能演研究所课题组.中国2050年低碳发展之路[M].北京：科学出版社，2009.

[53] 孙健.关于天津市实现“十二五”碳排放强度下降目标的前景分析[J].天津经济，2012(2).

[54] 天津市国民经济和社会发展第十二个五年规划纲要

[55] 滨海新区能源发展第十二个五年规划

[56] 许楠希.天津市碳排放测度及评价研究[D].天津：天津理工大学，2012.

[57] 孙宇飞.城市碳排放清单及其相关因素分析[D].上海：复旦大学，2011.

[58] 徐思源.重庆市二氧化碳排放基准初步测算研究[D].重庆：西南大学，2010.

[59] 李善同.“十二五”至2030年我国经济增长前景展望[J].经济研究参考，2010(43).

[60] 世界银行.中新生态城：中国新兴生态城市案例研究[R].2009.

[61] Axel Baeumler、Ede Ijjasz-Vasquez、Shomik Mehndiratta，中国可持续性低碳城市发展[J]. 世界银行，2012.